特种作业人员安全技术考核培训教材

建筑焊接与切割工

主编　王东升　徐培蓁

中国建筑工业出版社

图书在版编目(CIP)数据

建筑焊接与切割工 / 王东升,徐培蓁主编. —北京:
中国建筑工业出版社,2020.2(2022.1重印)
特种作业人员安全技术考核培训教材
ISBN 978-7-112-24590-1

Ⅰ.①建… Ⅱ.①王… ②徐… Ⅲ.①建筑工程-焊
接-安全培训-教材②建筑工程-切割-安全培训-教材
Ⅳ.①TU758.11

中国版本图书馆 CIP 数据核字(2020)第 010694 号

责任编辑:李　杰
责任校对:赵　菲

特种作业人员安全技术考核培训教材
建筑焊接与切割工
主编　王东升　徐培蓁

*

中国建筑工业出版社出版、发行(北京海淀三里河路9号)
各地新华书店、建筑书店经销
北京红光制版公司制版
廊坊市海涛印刷有限公司印刷

*

开本:787×1092毫米　1/16　印张:17　字数:347千字
2020年5月第一版　2022年1月第二次印刷
定价:**68.00**元
ISBN 978-7-112-24590-1
(35332)

特种作业人员安全技术考核培训教材编审委员会

审定委员会

主 任 委 员	徐启峰				
副主任委员	李春雷	巩崇洲			
委　　　员	李永刚	张英明	毕可敏	张　莹	田华强
	孙金成	刘其贤	杜润峰	朱晓峰	李振玲
	李　强	贺晓飞	魏　浩	林伟功	王泉波
	孙新鲁	杨小文	张　鹏	杨　木	姜清华
	王海洋	李　瑛	罗洪富	赵书君	毛振宁
	李纪刚	汪洪星	耿英霞	郭士斌	

编写委员会

主 任 委 员	王东升				
副主任委员	常宗瑜	张永光			
委　　　员	徐培蓁	杨正凯	李晓东	徐希庆	王积永
	邓丽华	高会贤	邵　良	路　凯	张　暄
	周军昭	杨松森	贾　超	李尚秦	许　军
	赵　萍	张　岩	杨辰驹	徐　静	庄文光
	董　良	原子超	王　雷	李　军	张晓蓉
	贾祥国	管西顺	江伟帅	李绘新	李晓南
	张岩斌	冀翠莲	祖美燕	王志超	苗雨顺
	王　乔	邹晓红	甘信广	司　磊	鲍利珂
	张振涛				

3

本书编委会

主　　编　王东升　徐培蓁

副 主 编　甘信广　司　磊　鲍利珂

参编人员　甘胜滕　张振涛　宋　超　江　南　郭　倩

出 版 说 明

随着我国经济快速发展、科学技术不断进步，建设工程的市场需求发生了巨大变换，对安全生产提出了更多、更新、更高的挑战。近年来，为保证建设工程的安全生产，国家不断加大法规建设力度，新颁布和修订了一系列建筑施工特种作业相关法律法规和技术标准。为使建筑施工特种作业人员安全技术考核工作与现行法律法规和技术标准进行有机地接轨，依据《中华人民共和国安全生产法》《建设工程安全生产管理条例》《安全生产许可证条例》《建筑起重机械安全监督管理规定》《建筑施工特种作业人员管理规定》《危险性较大的分部分项工程安全管理规定》及其他相关法规的要求，我们组织编写了这套"特种作业人员安全技术考核培训教材"。

本套教材由《特种作业安全生产基本知识》《建筑电工》《普通脚手架架子工》《附着式升降脚手架架子工》《建筑起重司索信号工》《塔式起重机工》《施工升降机工》《物料提升机工》《高处作业吊篮安装拆卸工》《建筑焊接与切割工》共 10 册组成，其中《特种作业安全生产基本知识》为通用教材，其他分别适用于建筑电工、建筑架子工、起重司索信号工、起重机械司机、起重机械安装拆卸工、高处作业吊篮安装拆卸工和建筑焊接切割工等特种作业工种的培训。在编纂过程中，我们依据《建筑施工特种作业人员培训教材编写大纲》，参考《工程质量安全手册（试行）》，坚持以人为本与可持续发展的原则，突出系统性、针对性、实践性和前瞻性，体现建筑施工特种作业的新常态、新法规、新技术、新工艺等内容。每册书附有测试题库可供作业人员通过自我测评不断提升理论知识水平，比较系统、便捷地掌握安全生产知识和技术。本套教材既可作为建筑施工特种作业人员安全技术考核培训用书，也可作为建设单位、施工单位和建设类大中专院校的教学及参考用书。

本套教材的编写得到了住房和城乡建设部、山东省住房和城乡建设厅、清华大学、中国海洋大学、山东建筑大学、山东理工大学、青岛理工大学、山东城市建设职业学院、青岛华海理工专修学院、烟台城乡建设学校、山东省建筑科学研究院、山东省建设发展研究院、山东省建筑标准服务中心、潍坊市市政工程和建筑业发展服务中心、德州市建设工程质量安全保障中心、山东省建设机械协会、山东省建筑安全与设备管理协会、潍坊市建设工程质量安全协会、青岛市工程建设监理有限责任公司、潍坊昌大建设集团有限公司、威海建设集团股份有限公司、山东中英国际建筑工程技术有限公司、山东中英国际工程图书有限公司、清大鲁班（北京）国际信息技术有限公司、中国建筑工业出版社等单位的大力支持，在此表示衷心的感谢。本套教材虽经反复推敲核证，仍难免有不妥甚至疏漏之处，恳请广大读者提出宝贵意见。

编审委员会

2020 年 04 月

前　言

　　本书适用于建筑焊接与切割工的安全技术考核培训。本书的编写主要依据《建筑施工特种作业人员培训教材编写大纲》，参考了住房和城建设部印发的《工程质量安全手册（试行）》。本书认真研究了建筑焊接与切割工的岗位责任、知识结构，重点突出了建筑焊接与切割工操作技能要求，内容主要包括焊接与切割的发展与分类、施工现场常用的焊接方法、气焊与气割、安全技术与管理、典型事故案例等，对于强化建筑焊接与切割工的安全生产意识、增强安全生产责任、提高施工现场安全技术水平具体指导作用。

　　本书的编写广泛征求了建设行业主管部门、高等院校和企业等有关专家的意见，并经过多次研讨和修改完成。中国海洋大学、青岛理工大学、山东城市建设职业学院、青岛华海理工专修学院、泰安市建设从业人员教育中心、山东中英国际工程图书有限公司等单位对本书的编写工作给予了大力支持；同时本书在编写过程中参考了大量的教材、专著和相关资料，在此谨向有关作者致以衷心感谢！

　　限于我们水平和经验，书中难免存在疏漏和错误，诚挚希望读者提出宝贵意见，以便完善。

编　者

2020 年 04 月

目　　录

1　基　础　知　识

2　焊接与切割概述

3　施工现场常用的焊接方法

5　其他焊接与切割技术

6　安全技术与管理

7　典型事故案例

1 基础知识

1.1 金属学基本知识

众所周知，所有的物质都是由化学元素组成的，这些化学元素按性质可分成两大类：

第一大类是金属。所谓金属，就是具有一定光泽，富有延展性和良好导电性、导热性、可加工性等特点的一类物质。常见的金属元素有铁、铝、铜、铬、镍、钨等。

第二大类是非金属。非金属元素不具备金属元素的特征，通常条件下为气体、脆性固体或液体。常见的非金属元素有氧、氢、氮、碳、硫、磷、溴等。

合金是通过熔炼、烧结或其他方法，以一种金属为基础，加入其他金属或非金属而获得的具有金属特性的一类材料。施工现场所使用的金属材料主要以合金为主，很少使用纯金属，原因是合金通常比纯金属具有更好的力学性能和工艺性能，而且成本一般较低。习惯上，我们把建筑施工现场所使用的合金材料统称为金属材料。

金属材料是建筑施工生产的主要材料之一。金属材料在房屋建筑中获得广泛应用，主要是由于它具有房屋建筑及施工生产所需要的物理、化学和力学性能，并且可以用较为简便的工艺方法进行加工，亦即具有所需要的工艺特性。

建筑施工中，较常见的金属材料主要是钢材，有钢筋、钢板、槽钢、工字钢、角钢和薄壁钢管等。钢筋按外形可分为光圆钢筋、变形钢筋；按其屈服强度可分为300MPa、400MPa、500MPa 和600MPa 等强度等级。

金属材料的性能与其成分、组织以及加工工艺间的关系是非常密切的，金属学就是在此基础上发展起来的一门研究金属及合金材料的成分、组织、加工工艺与性能间的内在关系，以及在各种条件下的变化规律的应用科学。在建筑施工现场，通过对金属学知识的学习和掌握，对于我们提高正确了解材料性能、合理选定加工工艺、妥善安排工艺路线等方面的能力具有重要意义。

1.1.1 钢的分类及牌号

随着生产科学技术的发展，各种不同焊接金属材料越来越多。钢材是建筑施工中最常用的材料，为了保证焊接结构的安全可靠，焊工有必要掌握钢等常用金属材料的基本性能和焊接特性。

1. 钢的分类

在金属学中，钢和铁统称为铁碳合金，主要由铁和碳两种元素构成。在工业中，将含碳量小于 0.0218％的铁碳合金称为纯铁，含碳量在 0.0218％～2.11％的铁碳合金称为钢，含碳量在 2.11％～6.67％的铁碳合金称为铸铁。

钢中除了铁、碳以外，一般还含有少量其他元素，如锰、硅、硫、磷等。锰、硅是炼钢时作为脱氧剂而加入的，称为常存元素；硫、磷是由炼钢原料带入的，称为杂质元素。

（1）按化学成分分类

1）碳素钢

碳素钢不含有特意加入的合金元素，除铁以外，主要还含有碳、硅、锰、硫、磷等几种元素，这些元素的总量一般不超过 2％。

按含碳量多少，碳素钢又可分为：

① 低碳钢，含碳量小于 0.25％。

② 中碳钢，含碳量为 0.25％～0.60％。

③ 高碳钢，含碳量大于 0.60％。

2）合金钢

合金钢是在碳素钢基础上添加适量的一种或多种合金元素而构成的铁碳合金。这种钢中，一般都会根据需要添加不同的元素，如铬、镍、钛、钼、钨、钒、硼等。另外，如果碳素钢中锰的含量超过 0.8％或硅的含量超过 0.5％时，这种钢也称为合金钢。

根据合金元素的多少，合金钢又可分为：

① 普通低合金钢，合金元素总含量小于 5％。

② 中合金钢，合金元素总含量为 5％～10％。

③ 高合金钢，合金元素总含量大于 10％。

（2）按用途分类

1）结构钢

结构钢是指符合特定强度和可成形等级的钢，按用途不同分为建造用钢和机械用钢两类。建造用钢用于建造锅炉、船舶、桥梁、厂房和其他建筑物；机械用钢用于制造机器或机械零件。

2）工具钢

工具钢是指用于制造切削刀具、量具、模具和耐磨工具的合金钢，具有较高的耐磨性、适当的韧性和较高的硬度，且在高温下能保持高硬度的特性。

3）特殊性能钢

特殊性能钢是指具有特殊物理或化学性能的钢，一般用于制造除要求具有一定的力学性能外，还要求具有特殊性能的零件，如不锈钢、耐酸钢、耐热钢、磁钢等。

（3）按品质分类

1）普通钢

普通钢又称普通碳素钢，其对含碳量、性能范围，以及磷、硫和其他残余元素含量的限制较宽，其含硫量为 0.045%～0.050%，含磷量不超过 0.045%。

2）优质钢

优质钢的含硫量为 0.030%～0.035%，含磷量不超过 0.035%。

3）高级优质钢

高级优质钢的含硫量为 0.020%～0.030%，含磷量为 0.025%～0.030%。

一般情况下，钢材的几种分类方法可以混合使用，按照化学成分和用途综合分类如图 1-1 所示。

例如，碳素结构钢既是按照化学成分分类中的碳素钢，同时也是按照用途分类中的结构钢，这是一种综合分类方式，这种分类方式更符合人们的称谓习惯。

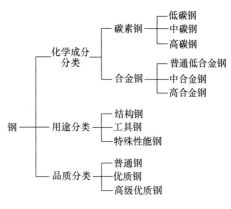

图 1-1　钢材的分类

2. 钢的牌号

在我国，所有钢都按照《钢铁产品牌号表示方法》GB/T 221—2008 和《碳素结构钢》GB/T 700—2006 规定的牌号表示方法表示。

牌号采用汉语拼音字母或英文字母、化学元素符号和阿拉伯数字相结合的方法表示，即用汉语拼音字母、英文字母表示产品的名称、用途、特性或工艺方法；用化学元素符号表示合金元素的种类；用阿拉伯数字表示钢材中碳元素、合金元素的含量及屈服点数值、公称厚度值、最大允许铁损值、电磁性能级别或不同牌号的顺序号。

表示钢材的名称、用途、特性或工艺方法时，一般从产品名称中选取有代表性的汉语拼音首字母或英文单词的首位字母，当和另一产品所取字母重复时，改取第二个字母或第三个字母，或同时选取两个（或多个）汉字或英文单词的首位字母。如沸腾钢用"F"（沸），焊接用钢用"H"（焊），锚链钢用"M"（锚），铆螺钢不再用"M"，而用"ML"（铆螺）。

以下选取几种常用钢材的牌号编写方法予以示例：

（1）碳素结构钢和低合金钢的牌号通常由四部分组成：

第一部分：前缀符号＋强度值（以 N/mm² 或 MPa 为单位），其中通用结构钢前缀符号为代表屈服强度的拼音字母"Q"。

第二部分：钢的质量等级，用英文字母 A、B、C、D、E、F……表示。

第三部分：脱氧方式，即沸腾钢、半镇静钢、镇静钢、特殊镇静钢分别以"F""b""Z""TZ"表示。镇静钢、特殊镇静钢表示符号通常可以省略。

第四部分：产品用途、特性及工艺方法表示符号。

其中第二、三、四部分通常情况下可以省略，必要时予以标注。

如 Q235AF 钢，"Q"为屈服点字母，"235"表示钢材的屈服强度为 235N/mm²，"A"表示该钢材的质量等级为 A 级，"F"表示该钢材为沸腾钢。

（2）优质碳素结构钢的牌号通常由五部分组成：

第一部分：以两位阿拉伯数字表示平均碳含量（以万分之几计）。

第二部分：较高含锰量的优质碳素结构钢，加锰元素符号 Mn。

第三部分：钢材冶金质量，即高级优质钢、特级优质钢分别以 A、E 表示，优质钢不用字母表示。

第四部分：脱氧方式，即沸腾钢、半镇静钢、镇静钢分别以"F""b""Z"表示，但镇静钢表示符号通常可以省略。

第五部分：产品用途、特性或工艺方法表示符号。

同碳素结构钢一样，其中第二、三、四、五部分，通常情况下可以省略，必要时标注。

如 08F，表示平均含碳量为 0.08% 的优质碳素结构沸腾钢；50MnE，表示平均含碳量为 0.50%、含锰量为 0.07%～1.00% 的特级优质碳素结构钢。

（3）合金结构钢的牌号通常由四部分组成：

第一部分：以两位阿拉伯数字表示平均碳含量（以万分之几计）。

第二部分：合金元素含量，以化学元素符号及阿拉伯数字表示。

第三部分：钢材冶金质量，即高级优质钢、特级优质钢分别以 A、E 表示，优质钢不用字母表示。

第四部分：产品用途、特性或工艺方法表示符号，通常情况下可以省略，必要时予以标注。

如 25Cr2MoVA，表示平均含碳量为 0.25%、含铬量为 1.50%～2.49%、含钼量和含钒量均小于 1.50% 的高级合金结构钢。

钢材中的一些特殊合金元素，如 V、Al、Ti、B、Re（稀土元素）等，虽然含量很低，但由于在钢材中会起到很重要的作用，所以也标注在钢的牌号中。如 20MnVB 钢，尽管其中的钒和硼含量很少，但也应该予以标注。

钢筋是指钢筋混凝土用和预应力钢筋混凝土用钢材，其横截面为圆形，有时为带有圆角的方形。钢筋按钢种分为非合金钢钢筋、低合金钢钢筋和合金钢钢筋。钢筋按生产工艺分为热轧钢筋、热处理钢筋、余热处理钢筋、冷轧钢筋和冷拉钢筋等。钢筋按外形分为光圆钢筋和变形钢筋。在变形钢筋中有等高肋钢筋和月牙肋钢筋。钢筋按力学分为：Ⅰ、Ⅱ、Ⅲ、Ⅳ级钢筋。

在建筑施工现场所用的钢筋，按照《钢筋混凝土用钢第2部分：热轧带肋钢筋》GB/T 1499.2—2018的要求，施工现场所使用的热轧带肋钢筋（俗称螺纹钢）使用单独的牌号表示方法。如表1-1所示。

热轧带肋钢筋牌号   表1-1

类别	牌号	牌号构成	英文字母含义
普通热轧钢筋	HRB400	由HRB+屈服强度特征值构成	HRB——热轧带肋钢筋的英文（Hot Rolled Ribbed Bars）缩写 E——"地震"的英文（Earthquake）首位字母
	HRB500		
	HRB600		
	HRB400E	由HRB+屈服强度特征值+E构成	
	HRB500E		
细晶粒热轧钢筋	HRBF400	由HRBF+屈服强度特征值构成	HRBF——在热轧带肋钢筋的英文缩写后加"细"的英文（Fine）首位字母 E——"地震"的英文（Earthquake）首位字母
	HRBF500		
	HRBF400F	由HRBF+屈服强度特征值+E构成	
	HRBF500F		

按照我国《钢筋混凝土用钢第1部分：热轧光圆钢筋》GB 1499.1—2017的要求，施工现场所使用的热轧光圆钢筋（俗称线材）也使用单独的牌号表示方法。如HPB300，其中300表示该型号钢筋的屈服强度为300MPa。

1.1.2 不锈钢的分类及牌号表示方法

1. 不锈钢的分类

不锈钢有两种分类法。一种是按合金元素的特点，划分为铬不锈钢（以铬作为主要合金元素）和铬镍不锈钢（以铬和镍作为主要合金元素）。另一种是按正火状态下钢的组织状态，划分为马氏体不锈钢、铁素体不锈钢、奥氏体不锈钢和奥氏体-铁素体型不锈钢等。

1）马氏体不锈钢。这类钢的铬质量分数较高（13%～17%），碳的质量分数也较高（0.1%～1.1%）。属于此类钢的有10Cr13（1Cr13）、20Cr13（2Cr13）、30Cr13（3Cr13）等，其中，20Cr13（2Cr13）应用最广。此类钢具有淬硬性，多用于制造力学性能要求较高、耐腐蚀性要求相对较低的零件，例如汽轮机叶片、医疗器械等

2）铁素体不锈钢。这类钢的铬的质量分数高（13%～30%），碳的质量分数较低（低于0.15%）。此类钢的耐酸能力强，有很好的抗氧化能力，强度低，塑性好，主要用于制作化工设备中的容器、管道等，广泛用于硝酸、氨肥工业中。

3）奥氏体不锈钢。奥氏体不锈钢是目前工业上应用最广的不锈钢。它以铬、镍为

主要合金元素。它有更优良的耐腐蚀性；强度较低，而塑性、韧性极好；焊接性能良好。主要用作化工容器、设备和零件等。奥氏体不锈钢化学成分类型有 Cr18％-Ni9％（通常称 18-8 不锈钢），Cr18％-Ni12％、Cr23％-Ni13％、Cr25％-Ni20％等几种。常用的有 12Cr18Ni9（1Cr18Ni9）、06Cr25Ni20（0Cr25Ni20）等。

2. 不锈钢牌号的表示方法

根据《不锈钢和耐热钢及化学成分》GB/T 20878—2007 的规定，不锈钢和耐热钢牌号采用汉语拼音字母、化学元素符号及阿拉伯数字组合的方式表示。易切削不锈钢和耐热钢在牌号头部加"Y"。

碳含量：一般在牌号的头部用两位或三位阿拉伯数字表示碳含量（以千分之几或十万分之几）最佳控制值，即只规定碳含量上限，当碳含量上限≤0.10％时，碳含量以其上限的 3/4 表示；当碳含量＞0.10％时，碳含量以其上限的 4/5 表示。例如，碳含量上限为 0.20％时，其牌号中的碳含量以 16 表示；碳含量上限为 0.15％时，其牌号中的碳含量以 12 表示；碳含量上限为 0.08％时，其牌号中的碳含量以 06 表示；规定上下限者，用平均碳含量×100 表示。对超低碳不锈钢（即 C≤0.030％），用三位阿拉伯数字以"十万分之几"表示碳含量。例如，碳含量上限为 0.030％时，其牌号的碳含量以 022 表示；碳含量上限为 0.010％时，其牌号的碳含量以 008 表示。

合金元素含量：平均合金元素含量≤1.50％时，牌号中仅标明元素，一般不标明含量；平均合金元素含量为 1.5％～2.49％、2.50％～3.49％……时，相应地表示为 2、3……专门用途的不锈钢，在牌号头部加上代表钢用途的代号。

例如：平均碳含量为 0.2％、含铬量为 13％的不锈钢，旧牌号为"2Cr13"的不锈钢，新牌号为"20Cr13"；平均碳含量≤0.08％、含铬量为 19％、含镍量为 10％的铬镍不锈钢，旧牌号为"0Cr19Ni10"，新牌号为"06Cr19Ni10"；碳含量≤0.12％、平均含铬量为 17％的加硫易切削铬不锈钢，旧牌号表示为"Y1Cr17"，新牌号为"Y10Cr17"；平均碳含量为 1.10％、含铬量为 17％的高碳铬不锈钢，旧牌号表示为"11Cr17"，新牌号为"108Cr17"；碳含量≤0.03％、平均含铬量为 19％、含镍量为 10％的超低碳不锈钢，旧牌号表示为"00Cr19Ni10"，新牌号为"022Cr19Ni10"。

1.1.3 钢的性能

钢的性能包括钢的物理性能、化学性能、力学性能和工艺性能。

1. 物理性能

钢的物理性能主要有密度、熔点、热膨胀性和导热性等。

（1）密度（ρ）

单位体积内钢的质量称为钢的密度，单位为 g/cm^3。钢的密度为 $7.8g/cm^3$，不同的钢材，其密度也稍有不同。

（2）熔点

金属开始熔化时的温度称为熔解温度，简称熔点。液态金属开始凝固时的温度称为凝固温度，简称凝固点。纯金属的熔点为一固定温度，例如纯铁为 1538℃。而对于合金来说，熔解或凝固都是在一定的温度范围内进行的，其熔点（或凝固点）不是一个固定的温度值，而是一个温度范围。钢属于铁碳合金，其熔点为 1300～1400℃。

（3）热膨胀性

一般固体物质受热后，在其长度、宽度和高度方向上的尺寸都要增加，这种现象就称为热膨胀性，固体温度由 0℃ 起上升 1℃ 所引起的长度（宽度或高度）的增加量与其在 0℃ 时的长度（宽度或高度）之比称为线膨胀系数，用 α 表示。线膨胀系数大的材料，在焊接时产生的变形就大。

不锈钢的线膨胀系数约为低碳钢的 1.5 倍，所以在同样的焊接条件下，不锈钢焊件的变形要较低碳钢焊件的变形大得多。

（4）导热性

物体传导热量的能力称为导热性。钢传导热量的能力用导热系数来表示，符号为 λ，单位为 W/(m·℃)。

不锈钢的导热性比低碳钢差，因此，不锈钢的热影响区温度高，焊接变形大。

2. 化学性能

被焊钢材的化学性能主要指抗腐蚀性和抗氧化性等。

（1）抗腐蚀性

钢在周围介质（大气、水蒸气、酸、碱、盐等）的侵蚀作用下被破坏的现象称为腐蚀。钢材抵抗各种介质侵蚀的能力称为钢材的抗腐蚀性。

（2）抗氧化性

钢的抗氧化性主要是指在一定温度和介质条件下抵抗氧化的能力。抗氧化性差的材料在高温下会很快被周围介质中的氧所氧化，形成氧化皮并逐渐剥落，又使新的表面被氧化。有些钢材在高温下不被氧化而能稳定工作，是由于其表面在高温下迅速形成了一层非常致密、稳定的薄的氧化膜，使内部的钢材不能继续氧化。实际上这层氧化膜起着防护作用，使钢材具有抗氧化性。耐热钢和不锈钢的抗氧化性较好。

3. 力学性能

钢的力学性能是指钢受外力作用时所反映出来的性能。它是衡量钢材的极其重要的指标，钢材的力学性能包括常温力学性能和高温力学性能。

（1）常温力学性能

常温力学性能主要有弹性、塑性、强度、硬度、冲击韧性和疲劳强度等。

1）弹性和塑性

钢受外力作用时产生变形，当外力去掉后仍能恢复原来形状的性能叫做弹性。这种随着外力消失而消失的变形，叫做弹性变形。

钢在外力作用时产生永久变形，而不致引起破坏的性能叫做塑性。在外力消失后留下来的这部分不可恢复的变形叫做塑性变形。

钢是一种既具有弹性又具有塑性的金属材料。其弹性和塑性的表现，常常是有条件的。在常温和一般荷载的条件下，如果外力的作用时间不太长，则钢材在作用力达到某一定值以前，变形是弹性的，超过此值，变形是塑性的。

钢的塑性常用三个指标表示，即延伸率、断面收缩率和冷弯性能。

① 延伸率

延伸率是指钢在拉伸断裂后，总伸长长度与原始长度的百分比，见式（1-1）。

$$\delta = \frac{l - l_0}{l_0} \times 100\% \qquad (1-1)$$

式中　δ——延伸率；

　　l_0——钢材的原始长度，mm；

　　l——钢材受拉伸断裂后的长度，mm。

延伸率愈大，则钢材的塑性愈好；反之，则钢材的塑性愈差。

② 断面收缩率

断面收缩率是指钢受拉力断裂时断面缩小，断面缩小的面积与原面积的百分比，见式（1-2）。

$$\psi = \frac{A_0 - A}{A_0} \times 100\% \qquad (1-2)$$

式中　ψ——断面收缩率；

　　A_0——钢材拉伸前的截面积，mm^2；

　　A——钢材断裂后的截面积，mm^2。

断面收缩率愈大，则钢材的塑性愈好；反之，则钢材的塑性愈差。

③ 冷弯性能

冷弯性能是指钢在常温下承受弯曲变形的能力，一般以它在常温下所能承受的弯曲程度来表示。

弯曲程度以钢材的弯曲角度 α 和弯心直径与钢材厚度（或直径）的比值（d/a）来表示，在钢材弯曲处出现裂缝或起层之前，如果弯曲角度 α 越大，并且 d/a 又较小，则表示钢材的冷弯性能越好。

冷弯试验是通过钢材弯曲处的不均匀塑性变形实现的，相对于延伸率而言，是对钢材塑性更为严格的检验，它能在一定程度上揭示钢材是否存在内部组织的不均匀、内应力和夹杂物等缺陷。冷弯试验对钢材的焊接质量也是一种严格的检验方法，能够揭示焊件受弯表面是否存在未熔合、微裂纹和夹杂物等缺陷。

2）强度

强度是钢在外力作用下抵抗变形和断裂的一种性能，也就是抵抗外力而不致失效的能力。按照作用力性质的不同，强度可分为抗拉强度、抗压强度、抗弯强度、抗扭强度和抗剪强度等，其中，最常用的有抗拉极限强度和屈服极限强度两种。

① 抗拉极限强度

抗拉极限强度用 σ_b 表示，是指钢材在拉断前所能承受的最大应力，见式（1-3）。

$$\sigma_b = \frac{F_b}{A_0} \tag{1-3}$$

式中　σ_b——抗拉极限强度，Pa；

　　　F_b——受力，N；

　　　A_0——钢材拉伸前的截面积，mm^2。

抗拉极限强度 σ_b 在选择、评定钢材时有着重要意义，钢材不能在超过其 σ_b 的条件下工作，否则会引起结构或建筑物的塑性变形。

② 屈服极限强度

所谓屈服，是指钢在外力作用下发生塑性变形，当外力的作用停止时，塑性变形继续进行的现象。

屈服极限强度用 σ_s 表示，是指钢材发生屈服现象时的屈服极限，亦即抵抗微量塑性变形的能力，见式（1-4）。

$$\sigma_s = \frac{F_s}{A_0} \tag{1-4}$$

式中　　σ_s——屈服极限强度，Pa；

　　　F_s——受力面积，N；

　　　A_0——钢材原来的截面积，mm^2。

屈服极限强度 σ_s 在选择、评定钢材时有着重要意义，钢材不能在超过其 σ_s 的条件下工作，否则会引起结构或建筑物的破坏。

3）硬度

钢抵抗更硬的物体压入其内的能力，叫做硬度。它是金属性能的一个综合物理量，表示钢在一个小的体积范围内抵抗弹性变形、塑性变形或破断的能力，同时，它也是钢抵抗残余变形和反破坏的能力。硬度可以用不同的方法、在不同的仪器上测定，通常有布氏硬度（HB）、洛氏硬度（HR）、维氏硬度（HV）三种表示方法，其中布氏硬度使用比较广泛。

布氏硬度（HB）测定时，一般是用一个一定直径的淬火钢球，在一定压力 P 下，将钢球垂直地压入钢材表面，并保持压力至规定的时间后卸荷，测得压痕的直径。然后根据所用压力的大小和所得压痕面积，算出压痕表面所承受的平均应力值，这个应力值就叫做布氏硬度，其单位为 N/mm^2（MPa）。

由于硬度反映钢材在局部范围内对塑性变形的抗力，故硬度与强度之间有一定的关系，硬度与强度之间的换算一般可参考下列经验数据：

低碳钢 $\sigma_b = 0.36HB$

高碳钢 $\sigma_b = 0.34HB$

调质合金钢 $\sigma_b = 0.325HB$

灰铸铁 $\sigma_b = 0.1HB$

4) 冲击韧性

冲击韧性是指钢抵抗冲击荷载而不致破坏的能力。一般用钢材一次冲击击断后，缺口处单位截面积上的冲击功来表示冲击韧性。冲击值的大小与很多因素有关，不仅受钢材形状、表面光洁度、内部组织等的影响，还与实验时周围温度有关。因此，冲击值一般作为选择、评定钢材的参考，不直接用于强度计算。

5) 疲劳强度

在建筑结构中，许多钢结构构件都是在交变荷载的作用下工作的，这种受交变应力的构件发生断裂时的应力远小于钢的屈服强度，这种现象叫做疲劳破坏。

钢材在无数次重复交变荷载作用下而不致引起断裂的最大应力，叫做疲劳强度。

一般规定，当钢材的应力循环次数达 10^7 次仍不发生疲劳破坏，就认为其不会再发生疲劳破坏。

产生疲劳破坏的原因，一般认为是由于钢材中有夹杂、表面损坏及其他能引起应力集中的缺陷，而导致裂纹的产生。这种微裂纹随应力循环次数的增加而逐渐扩展，致使钢材不能承受所加荷载而突然破坏。

(2) 高温力学性能

1) 蠕变

钢在一定温度和应力作用下，随着时间的增长，慢慢地发生塑性变形的现象叫做蠕变。它与塑性变形不同，塑性变形通常只是在应力超过弹性极限之后才会出现，而蠕变则是在应力小于弹性极限的情况下，只要保持相当长的应力作用时间，塑性变形也会出现。

蠕变在低温和常温下也会发生，但在高温或长期荷载作用下表现得更为明显，即温度越高、应力作用时间越长，则钢材的蠕变也就越显著。

2) 持久强度

持久强度是指钢材在高温和应力的长期作用下抵抗断裂的能力。

3) 热脆性

钢材的冲击韧性在高温和长期应力作用下产生下降的现象，称为热脆性。温度越高、应力作用时间越长，则钢材的热脆性也就越显著。

4. 工艺性能

钢材的工艺性能包括可切削性、可铸性、可锻性和可焊性等。

(1) 可切削性

可切削性是指钢材接受切削加工的能力，即钢材经过切削加工而形成合乎要求的工件的难易程度。

（2）可铸性

可铸性是指钢材铸造时的流动性、收缩性和偏析的趋向。铸件在凝固后其化学成分的不均匀性称为偏析。偏析现象也经常在焊接过程中发生。

（3）可锻性

可锻性是指钢材在压力加工时能改变形状而不产生裂纹的性能。

（4）可焊性

可焊性即可焊接性，是指在一定的焊接工艺条件下，钢材获得合格焊接接头的难易程度。由于焊缝主要经历的是冶金、结晶过程，而焊缝周围的热影响区主要经历的是焊接热循环过程，所以钢材的可焊性应从钢材的冶金可焊性和热可焊性两个方面来考虑。

碳当量是判断碳钢、低合金结构钢焊接性最简便的方法之一。所谓碳当量是指把钢中合金元素（包括碳）的含量按其淬硬倾向换算成碳的相当含量，作为评定钢材焊接性的一种参考指标。这是因为碳是钢中的主要元素之一，随着碳含量增加，钢的塑性下降，并且在高应力的作用下，产生焊接裂纹的倾向也大为增加。因此钢中含碳量是影响焊接性的主要因素之一。同时，如在钢中加入铬、镍、锰、钼、钒、铜、硅等合金元素时，焊接接头的热影响区在焊接过程中产生淬硬的倾向也加大，即焊接性也将变差。对于碳钢和低合金结构钢，碳当量的计算公式（1-5）为：

$$C_E = C + \frac{Mn}{6} + \frac{Ni + Cu}{15} + \frac{Cr + Mo + V}{5}(\%) \tag{1-5}$$

根据经验：$C_E < 0.4\%$ 时，钢材的焊接性优良，淬硬倾向不明显，焊接时一般不必预热，当焊接大厚度板时，需适当预热；$C_E = 0.4\% \sim 0.6\%$ 时，钢材的淬硬倾向逐渐明显，需要采取适当预热，控制线能量等工艺措施；$C_E > 0.6\%$ 时，淬硬倾向更强，属于较难焊的材料，需采取较高的预热温度和严格的工艺措施。

利用碳当量来评定钢材的焊接性只是一种近似的方法，因为它没有考虑到焊接方法、焊件结构、焊接工艺等一系列因素对焊接性的影响，例如热裂纹倾向等。

1.1.4　钢的热处理

所谓钢的热处理，就是把钢在固态下加热到一定的温度，进行必要的保温，并以适当的速度冷却到常温，以改变钢的内部组织，从而得到所需性能的工艺方法。热处理与其他加工方法（锻造、铸造、切削加工等）不同，它只改变钢的组织和性能，而不改变其形状和大小。常用的热处理方法主要有退火、正火、淬火和回火。

（1）退火

所谓退火，是将钢件加热到高于或低于钢的临界点，保温一段时间，随后在炉中或埋入导热性较差的介质中缓慢冷却，以获得接近平衡状态组织的一种热处理工艺。退火的目的在于：

1) 降低硬度，以利于切削加工。

2) 细化晶粒，改善组织，提高力学性能。

3) 消除内应力，焊接结构经常采用退火的方法予以消除焊接应力。

4) 提高钢的塑性和韧性，便于进行冷冲压或冷拉拔加工。

由于退火的目的不同，退火的工艺方法也有多种，主要包括完全退火、不完全退火、球化退火和低温退火等。

（2）正火

所谓正火，其作用与退火相似，就是将钢加热到临界点以上 40～60℃或更高的温度，保温一段时间，然后在空气中冷却的简便、经济的热处理工艺过程。

正火与退火的主要区别在于冷却速度不同。正火时，冷却速度快，得到的组织较细，所以，同一种钢材正火后的强度和硬度比退火后高，具有更好的力学性能。

（3）淬火

所谓淬火，就是把钢件加热到临界温度以上 30～50℃，并保温一段时间，使钢组织全部转变为奥氏体，然后在油或水中急冷的工艺过程。

一般情况下，当焊接含碳量较高的钢件时，热影响区容易产生马氏体组织，促使产生裂纹。在焊接有淬火倾向的钢材时，常采用预热和焊后保温缓冷等措施，其目的就是避免产生这种既硬又脆的马氏体组织。

（4）回火

所谓回火，就是把淬火后的钢重新加热到某一温度，保温一段时间，然后置于空气或水中冷却的热处理工艺。

回火的目的就是为了消除淬火时因冷却过快而产生的内应力，降低淬火钢的脆性，使它具有一定的韧性。所以，回火总是伴随在淬火之后进行的。

根据加热温度的不同，回火可分为低温回火、中温回火和高温回火三种。

1.1.5 金属晶体结构基础知识

1. 晶体的概念

所谓晶体，是指其原子（更确切些说是离子）呈规则排列的物体。各种金属及其合金都是晶体。晶体之所以具有这种规则的原子排列，主要是各原子之间的相互吸引力与排斥力相平衡的结果。由于晶体内部原子排列的规律性，有时甚至可以见到某些物质的外形也具有规则的轮廓，如水晶、食盐及黄铁矿等，但包括钢在内的金属晶体一般看不到这种规则的外形。

为了便于分析各种晶体中的原子排列规律，人们常把各原子用假想的线段连接起来，形成的表示晶体中原子排列形式的空间格子称为晶格。显然，由于晶体中原子重复排列具有规律性，因此可以从其晶格中确定一个最基本的几何单元来表达其排列形式的特征，我们把这种能够完全代表晶格中原子排列形式特征的最基本的几何单元称为晶胞，晶胞的各边尺寸叫做晶格常数。

各种晶体物质，或晶格形式不同，或晶格常数不同，主要与其原子构造、原子间的结合力（或称结合键）的性质有关；由于晶格形式及晶格常数不同，因此不同晶体便表现出不同的物理、化学和力学性能。

晶体中，所有基本颗粒都按共同的规律排列，这样的晶体称为单晶体。由许多杂乱无章排布的单晶体所组成的晶体称为多晶体。多晶体中的每一个小的单晶体称为晶粒。晶粒之间的边界称为晶界。单晶体与多晶体的结构示意如图 1-2 所示。普通金属材料都是多晶体，在钢材的晶体结构，即多晶体的晶界处，由于晶格排

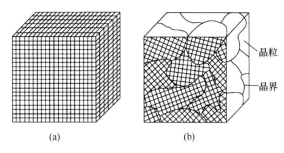

图 1-2　单晶体与多晶体的结构示意图
（a）单晶体；（b）多晶体

列方向极不一致，犬牙交错，相互咬合，从而加强了金属的结合。金属的晶粒越细，其力学性能就越好。

综上所述，金属的各项性能除了与其化学成分有关外，还与金属的晶体结构有关。化学成分相同的两种金属，若晶体结构不同，则力学性能就不同，甚至会有很大差别。

2. 金属晶格

固态物质按其原子（或分子）的聚集状态可分为晶体与非晶体两大类。

在晶体中，原子（或分子）按一定的几何规律做周期的排列。而非晶体则是无规则地堆积在一起，如普通玻璃、松香、石蜡等是非晶体。

晶体与非晶体的根本区别在于原子（或分子）的堆积排列方式不同。晶体与非晶体在性能上也有区别。晶体具有固定的熔点（如纯铁为 1538℃，纯铜为 1083℃，纯铝为 660℃），且在不同方向上具有不同的性能，即表现出晶体的各向异性。而非晶体没有固定的熔点，随温度升高，固态非晶体将逐渐变软，最终成为有显著流动性的液体。

晶体分为金属晶体与非金属晶体。在化学元素中有 83 种是金属元素，有 22 种是非金属元素。常见的金属元素有铁、铝、铜、铬、镍、钨等；常见的非金属元素有碳、氧、氩、氮、硫、磷等。

金属晶体与非金属晶体在内部结构与性能上除有着上述晶体所共有的特征外，还

具有独特的性能。如具有不透明、有光泽、有延展性、有良好的导电性和导热性等特性，并且随着温度的升高和其他元素的加入，金属的导电性降低，电阻率增大，延展性降低。而非金属晶体不具备金属晶体的特征，且与金属晶体相反，随着温度的升高，非金属的电阻率减小，导电性提高。

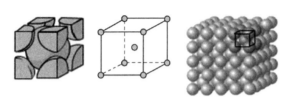

图 1-3　体心立方晶格示意图

金属的晶格形式，最常见的只有三种类型，分别是体心立方晶格、面心立方晶格和密排六方晶格。

（1）体心立方晶格

体心立方晶格的晶胞是由 8 个原子构成的立方体，并在其立方体的体积中心还有一个原子，因其晶格常数相等，故通常只用一个常数即可表示。其构造如图 1-3 所示。这类晶格形式的钢一般都具有相当大的强度和较好的塑性。

（2）面心立方晶格

面心立方晶格的晶胞也是由 8 个原子构成的立方体，但在立方体的每一面的中心还各有一个原子。其构造如图1-4所示。这类晶格形式的钢一般都具有很好的塑性。

（3）密排六方晶格

密排六方晶格的晶胞是由 12 个原子构成的六方柱体，上下底面中心处各有一个原子，上下两个六方面的中间也有 3 个原子。其构造如图 1-5 所示。

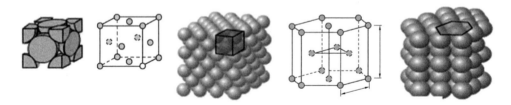

图 1-4　面心立方晶格示意图　　　　图 1-5　密排六方晶格示意图

有些金属的晶格结构会随着温度的变化而发生变化，即由一种晶格转变为另一种晶格，这种晶格之间的转变现象叫做金属的同素异构转变。如纯金属铁。

铁属于立方晶格，纯铁在常温至 912℃其原子呈体心立方晶格排列，称为 α 铁（α-Fe）；在 912℃转变为 γ 铁（γ-Fe）时，就变为面心立方晶格；再升温至 1394℃时，转变为 δ 铁（δ-Fe），面心立方晶格又重新转变为体心立方晶格。同素异构转变都是可逆转变，冷却过程发生相反转变。如图 1-6 所示。

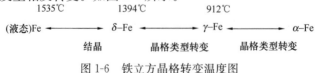

图 1-6　铁立方晶格转变温度图

铁的晶格的这一变化，是钢铁之所以能够通过不同的热处理获得不同性能的基础，也是焊接时热影响区中的各个区段彼此之间与母材比较具有不同的金相组织的依据之一。

3. 合金组织

合金是由两种或两种以上的金属元素与非金属元素组成的具有金属特性的物质。例如碳钢和铸铁是由铁元素和碳元素组成的合金。组成合金的最基本的独立的物质叫作组元。组元通常是纯元素，但也可以是稳定的化合物。根据组成合金组元数目的多少，合金可分为二元合金、三元合金和多元合金。在合金中具有同化学成分且结构相同的均匀部分叫作相，合金在固态下，多由两个以上固相组成多相合金。

合金的性能一般都是由组成合金的各相成分、结构、性能和组织所决定的，合金性能高于纯金属的原因是组织结构更复杂，组成合金的元素相互作用不同会形成各种不同的相结构所致。

根据两种元素相互作用的关系，以及形成晶体结构和显微组织的特点可将合金的组织分为三类：

（1）化合物

化合物就是组成合金的各种元素，按一定的整数比化合而成，而且具有一定的金属特性的一种新的物质。它具有与组元原来晶格不同的特殊的新晶格。例如 Fe_3C 就是铁和碳组成的化合物。

化合物的性能与组元的性能也有显著不同。化合物通常要比其组元的熔点高、硬度高、脆性大、塑性低。如铁的布氏硬度为 HB80，石墨的为 HB3，而化合物 Fe_3C 的硬度可达到 HB800。

（2）固溶体

有些合金组元在固态时也具有相互溶解的能力。例如碳和许多元素的原子就能溶解到铁的晶格里，这时铁是溶剂，碳和其他元素是溶质。这种溶质原子溶入溶剂晶格而仍保持溶剂晶格类型的金属晶体，叫做固溶体。固溶体是单一均匀的物质，其中所含的组元，即使在显微镜下充分放大，也不能区别出来。如图 1-7 所示为固溶体的示意图。

根据组元相互溶解能力的不同，固溶体可分为有限固溶体和无限固溶体两种。大多数组元的溶解能力是有限的，而且有限固溶体的饱和溶解度还随温度

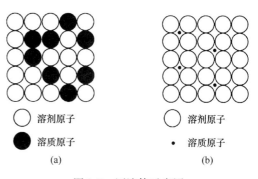

图 1-7　固溶体示意图

（a）置换固溶体；（b）间隙固溶体

的变化而有所变化，通常温度愈高，溶解度愈高。

根据原子在晶格上的分布形式，固溶体可分为置换固溶体和间隙固溶体。如果某一元素晶格上的原子部分地被另外一种元素的原子替代，就称为置换固溶体；如果另外一种元素的原子挤入元素的晶格之间的空隙中，就称为间隙固溶体。

由于各种元素的原子大小不一，化学性质也不尽相同，当溶质原子溶入溶剂中时，会造成溶剂晶格的畸变。这种畸变使金属晶格在塑性变形时，晶面之间的相对滑移阻力增加，表现为固溶体的强度和硬度较纯金属的高。

（3）机械混合物

有时组成合金的各组元在固态下既互不溶解，又不形成化合物，而是按一定的重量比例，以混合方式存在，形成各组元晶体的机械混合物。各组元的原子仍按自己原来的晶格类型来结成晶体，在显微镜下可以区别出各组元的晶粒。

机械混合物既可以是纯金属、固溶体或化合物各自的混合物，也可以是它们之间的混合物。

钢和铁都是经常以机械混合物的类型存在的。机械混合物合金往往比单一固溶体合金有更高的强度和硬度，但塑性和可锻性不如单一的固溶体，因此，钢在锻造时总是先把钢加热转变成为单一固溶体，然后进行锻造。

4. 铁碳合金组织与相图

（1）铁碳合金组织

凡是含碳量小于 2.11% 的铁碳合金，可称为钢。钢的微观组织主要有铁素体、渗碳体、珠光体、奥氏体、马氏体、莱氏体、贝氏体以及魏氏组织等。

1）铁素体（F）

铁素体是少量的碳和其他合金元素固溶于 $\alpha\text{-Fe}$ 中的间隙固溶体。$\alpha\text{-Fe}$ 为体心立方晶格，碳原子以填隙状态存在，合金元素以置换状态存在。铁素体溶解碳的能力很差，在 723℃ 时为 0.0218%，室温时仅 0.00577%。铁素体的强度和硬度低，但塑性和韧性很好，所以含铁素体多的钢（如低碳钢）就表现出强度、硬度较低，而塑性和韧性较好的特点。

2）渗碳体（Fe_3C）

渗碳体是铁与碳形成的稳定化合物，分子式是 Fe_3C，其性能与铁素体相反，硬而脆，随着钢中含碳量的增加，钢中渗碳体的量也增多，钢的硬度、强度也增加，而塑性、韧性则下降。

3）珠光体（P）

珠光体是铁素体和渗碳体形成的机械混合物，含碳量在 0.77% 左右，只有当温度低于 727℃ 时才存在。珠光体的性能介于铁素体和渗碳体之间，同时取决于渗碳体的形态。

4）奥氏体（A）

奥氏体是碳和其他元素在 γ-Fe 中的固溶体。在一般钢材中，只有高温（727℃）时存在。奥氏体为面心立方晶格，强度和硬度不高，塑性和韧性很好。奥氏体的另一特点是没有磁性。

5）马氏体

马氏体是碳原子在 α-Fe 中的过饱和固溶体，用符号 M 表示。马氏体具有体心立方晶格，是含碳量较高的钢淬火后得到的一种组织。马氏体又硬又脆，硬度随含碳量增加而增加，只有要求硬度高的零件才希望获得马氏体组织。

6）莱氏体

莱氏体是奥氏体和渗碳体的机械混合物，用符号 Ld 表示。分为低温莱氏体和高温莱氏体。莱氏体的性能与渗碳体相似，硬度高、塑性差。

7）贝氏体

贝氏体是过饱和的铁素体和细小渗碳体组成的机械混合物，用符号 B 表示。它是奥氏体冷却到约 550～240℃的中温区共析转变产物，介于珠光体和马氏体之间的一种组织，塑性很差。

8）魏氏组织

在奥氏体晶粒较粗大，冷却速度适宜时，钢中的先共析相以针片状形态与片状珠光体混合存在的复相组织，称为魏氏组织，一般可通过退火或正火进行消除。

（2）铁碳合金相图

铁碳合金相图是反映合金在极缓慢加热（或冷却）条件下，不同成分的铁碳合金在不同温度时所具有的状态或组织的图形。该图形是研究钢铁的成分、组织和性能之间关系的理论基础，也是制定各种热加工工艺的依据，如图 1-8 所示。

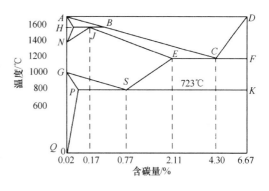

图 1-8 铁—碳平衡状态图

Fe₃C 中碳的含量为 6.67%，由于含碳量超过 6.67% 的铁碳合金脆性很大，没有使用价值，所以，有实际意义并被深入研究的铁碳合金相图只是含碳量为 0～6.67% 的 Fe-Fe₃C 部分。

图中的纵坐标表示温度，横坐标表示成分，即铁碳合金中碳的百分含量。例如，在横坐标的左端，碳含量为零，即为纯铁；在 E 点对应的合金成分是含碳量约为 2.11% 和铁的质量分数为 97.89%，这里是钢与生铁的分界点。

铁碳合金图上有六条重要的线，其意义如下：

1）ABCD 线，这条线温度最高，它表示液体合金在冷却时开始凝固结晶的温度，故称液相线。这条线说明，纯铁在1538℃凝固结晶，随着钢中含碳量的增加，铁碳合金的凝固结晶温度降低。

2）AHJECF线，它表示液态合金在冷却时全部凝固结晶为固溶体的温度，称为固相线。

3）HJB水平线，在此线温度发生包晶转变：L＋δ→γ，转变产物是奥氏体，称为包晶反应线（1495℃）。

4）GS线，表示含碳量低于0.77％的钢在缓慢冷却条件下由奥氏体中开始析出铁素体的温度，反之，在加热时，GS线为铁素体转变为奥氏体的终了温度，用A_3符号表示。

5）ES线，表示含碳量为0.77％～2.11％的钢在缓慢冷却条件下由奥氏体开始沉淀渗碳体的温度，用AC_m符号表示。

6）PSK水平线，它表示所有含碳量的钢在缓慢冷却时，奥氏体全部转变为珠光体的温度，相当于727℃。反之，在缓慢加热条件下，该线表示由珠光体转变为奥氏体的温度，用A_1符号表示。

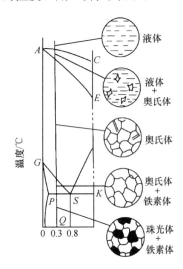

图1-9 低碳钢由高温冷却下来的组织变化示意图

图中E点为钢与生铁的分界点。S点为共析点。正对S点成分的钢，称为共析钢其组织全部为珠光体；S点左边的钢称为亚共析钢，其组织为铁素体和珠光体两部分，离S点越远，则铁素体越多，珠光体越少；S点右边的钢称为过共析钢，其组织由珠光体和渗碳体两部分组成，离S点越远，则渗碳体越多。

根据铁碳合金相图，以含碳量为0.2％的低碳钢为例，说明它从液态冷却到常温过程中其组织结构变化情况：当液态钢冷却至AC线时，开始凝固，从钢液中生成奥氏体晶核，并不断长大；当温度下降到AE线时，钢液全部凝固为奥氏体；当温度下降到GS（A_3）线时，从奥氏体中开始析出铁素体晶核，并随温度的下降，晶核不断长大；当温度下降到PSK（A_1）线时，剩余未经转变的奥氏体转变为珠光体；从A_1下降至常温，其组织为铁素体＋珠光体，不再变化。如图1-9所示。

1.2 施工现场临时供电系统

根据《施工现场临时用电安全技术规范（附条文说明）》JGJ 46—2005规定，当建筑施工现场临时用电工程为专用的电源中性点直接接地的220/380V三相四线制低压电力系统时，必须采用三级配电、二级漏电保护和TN—S接零保护系统。

1.2.1 三级配电系统

施工现场的配电是通过用电工程系统中设置的总配电箱（配电柜）、分配电箱和开关箱来实现的，即三级配电系统，如图1-10所示。

电源进线→总配电箱→分配电箱→开关箱→用电设备（如电焊机、塔机等）
　　　　　（一级箱）（二级箱）（三级箱）

（1）一级总配电箱（配电柜）向二级分配电箱配电可以分路，即当采用电缆配线时，总配电箱（配电柜）可以分若干分路向若干分配电箱配电；当采用绝缘导线架空配线时，每一架空分路也可连接若干分配电箱。

（2）二级分配电箱向三级开关箱配电同样也可以分路，即从二级分配电箱向三级开关箱配电，当采用电缆配线时，一个分配电箱可以分若干分路向若干开关箱配电。

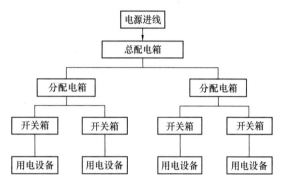

图1-10　施工现场三级配电系统结构示意图

（3）三级开关箱向用电设备配电实行所谓"一机一闸"制，不存在分路问题，即每一开关箱只能控制一台与其相关的用电设备。

1.2.2 TN—S接零保护系统

1. TN—S系统定义

在中性点直接接地的低压供电系统中，其电气设备的保护方式，按照国际IEC/TC64标准，分为TT和TN两种保护系统。

所谓TT保护系统，是指将电气设备的金属外壳作接地的保护系统；所谓TN保护系统，是指将电气设备的金属外壳作接零保护的系统。

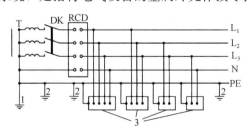

图1-11　专用变压器供电时TN—S接零
保护系统示意图

1—工作接地；2—PE线重复接地；3—设备外壳

TN保护系统又分为TN—C和TN—S两种形式。电气设备的保护零线与工作零线合一设置的系统，称为TN—C系统；电气设备的保护零线与工作零线分开设置的系统，称为TN—S系统，如图1-11所示。

2. 施工现场下列电气设备不带电的外露可导电部分应作保护接零

（1）电机、变压器、电器、照明器具、

19

手持式电动工具的金属外壳。

（2）电气设备传动装置的金属部件。

（3）配电柜与控制柜的金属框架。

（4）配电装置的金属箱体、框架及靠近带电部分的金属围栏和金属门。

（5）电力线路的金属保护管、敷线钢索、起重机的底座和轨道、滑升模板金属操作平台等。

（6）安装在电力线路杆（塔）上的开关、电容器等电气装置的金属外壳及支架。

3. TN—S 接零保护系统需要注意的问题

（1）保护零线绝对不应断开，否则，在接零设备发生带电部分碰壳或是漏电时，就构不成单相回路，会产生两个后果：一是使接零设备失去安全保护；二是使后面的其他完好的接零设备外壳带电，引起大范围的电气设备外壳带电，将造成可怕的触电威胁。因此，在《施工现场临时用电安全技术规范（附条文说明）》JGJ 46—2005 中规定，专用保护线必须在首末端作重复接地。

（2）同一用电系统中的电气设备不得一部分设备作保护接零，另一部分设备作保护接地。

（3）保护接零 PE 线的材料及连接要求：

1）保护零线的截面应不小于工作零线的截面，并使用黄/绿双色线。

2）配电装置和电动机械相连接的 PE 线应为截面积不小于 $2.5mm^2$ 的绝缘多股铜线。

3）保护零线与电气设备连接应采用铜鼻子等进行可靠连接，不得采用铰接。

4）电气设备接线柱应镀锌或涂防腐油脂。

5）保护零线在配电箱中应通过端子板连接，在其他地方不得有接头出现。

1.2.3　二级漏电保护系统

二级漏电保护系统是指用电系统至少应设置总配电箱漏电保护和开关箱漏电保护二级保护。总配电箱和开关箱中二级漏电保护器的额定漏电动作电流和额定漏电动作时间应合理配合，形成分级分段保护。漏电保护器应安装在总配电箱和开关箱靠近负荷的一侧，即用电线路先经过闸刀电源开关，再到漏电保护器，不能反装。

漏电保护器应满足以下要求：开关箱中漏电保护器的额定漏电动作电流不大于 30mA，额定漏电动作时间不大于 0.1s，使用于潮湿场所的漏电保护器额定漏电动作电流不大于 15mA，额定漏电动作时间不大于 0.1s。总配电箱中漏电保护器的额定漏电动作电流应大于 30mA，额定漏电动作时间应大于 0.1s，但其额定漏电动作电流与额定漏电动作时间的乘积不应大于 30mA·s。漏电保护器应动作灵敏，不得出现不动作或者误动作的现象。

1.2.4 二次侧触电保护器

手工电弧焊机也必须满足三级配电和"一机一闸"要求，其中交流电弧电焊机所用开关箱应为交流电弧电焊机专用开关箱。专用开关箱中除了需按规定装设隔离开关、断路器和漏电保护器等电器元件外，还应装设二次侧触电保护器，如图 1-12 所示。

交流电弧电焊机实质上是一台电磁感应变压器，具有一次、二次侧回路。普通开关箱漏电保护器采用监测剩余电流来产生动作，即当流出漏电保护器的电流 I_1 和流回漏电保护器的电流 I_2 相等时，漏电保护器即认为电路未发生漏电，因此漏电保护器不动作。一次侧线圈和导线本身构成一个闭合回路，漏电保护器只能保护一次侧回路。二次侧是另一个相对独立的闭合回路。二次线圈通过电磁感应产生电动势，相当于这部分电路的电源，这部分电路独立于一次侧，普通

图 1-12　弧焊机二次侧触电保护器

开关箱漏电保护器对二次侧回路不能起到保护作用。由于引弧的最初阶段焊条和焊件的空气间隙不够热，要求引弧电压比较高（70～90V），此引弧电压远大于安全电压（36V），因此，当二次侧漏电时可能发生触电事故。当引弧完成后，空气成为导体，作用于电弧上的电压迅速下降，此时电焊机二次侧的工作电压在 20V 左右，低于安全电压，对操作者而言是安全的。

因此，由于普通开关箱漏电保护器只能对电焊机的一次侧电路进行保护，对二次侧回路来说漏电保护器不起保护作用，在电焊机引弧和空载时，由于二次侧的电压大于安全电压也可能导致触电事故。

当二次侧不工作时，二次侧触电保护器信号执行电路监测到断路信号后，会立即采取动作控制电路，使电路降压部分开始工作，将交流弧焊机的一次侧的电压降低。由于交流弧焊机空载时电压的比值是一定的，因此当一次侧电压降低时，二次侧电压随之降低。安装二次触电保护器后，二次侧空载电压在 20V 左右，低于 36V 的安全电压。二次侧触电保护器对电焊机二次侧的保护是通过降压来实现的，因此，也有人将其称为二次降压装置。当二次侧不工作时（断路），二次侧触电保护器的信号执行电路监测到断路信号，会控制电路使降压电路开始工作，将输出电焊机一次侧的电压降低。由于电焊机空载时的电压比值是一定的，因此当一次侧的电压降低时，二次侧的电压也随之降低，安装二次侧触电保护器后，二次侧空载电压在 20V 左右，低于 36V 的安全电压。二次侧触电保护器接线图如图 1-13 所示。

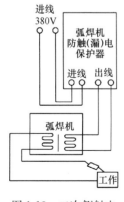

图 1-13　二次侧触电保护器接线图

如焊条和焊件接触时产生短路，信号执行电路可以监测到此短路信号，此短路信号经过放大传送给控制电路，控制电路控制降压电路使其停止工作，电焊机的一次侧和二次侧电压迅速升高，使二次侧的电压达到引弧电压的要求，产生此短路信号的条件是二次侧电阻小于 500Ω，此升压过程时间一般小于 0.1s。当引弧成功后，二次侧电压又迅速降低到 20V 左右。当停止电焊或操作失误引起电弧熄灭时，电焊机恢复空载状态，二次侧电压又迅速升高，以保证电焊作业的连续性。同时为保证安全，二次保护器使二次侧有 1s 左右的延时期，此时间内的二次电压为 70～90V，1s 以后，二次侧触电保护器工作电压下降到安全电压。

可见，安装了二次侧触电保护器后，电焊的整个过程中，二次侧存在危险电压的时间非常短（仅存在于引弧和灭弧过程），并且引弧产生危险电压的条件是二次侧短路，从产生条件和存在时间上严格控制了危险电压，产生触电的可能性大大降低，从而使电焊机二次侧的安全性大大提高。

焊接过程中，触电的危险程度主要决定于电流，即电流越大，作用时间越长，危险性就越大。因此，即使发生了触电，由于断路电阻远远小于人体电阻，分配在人体的电流也非常小，同时，由于引弧时间非常短，作用于人体电流的时间也非常短，触电时的危险性也就大大降低。

需要注意的是，初次使用二次触电保护器时，可能会感觉引弧比较困难，交流弧焊机的数字显示会出现波动现象。这是因为引弧时电压有一个升压过程，时间一般小于 0.03s。此时应尽量保持焊把与焊件的稳定，不要频繁快速点击焊件引弧。

二次侧触电保护器的规格参数见表 1-2。

二次侧触电保护器常用参数　　　　　　　　　　　　　表 1-2

序号	项目	参数	序号	项目	参数
1	额定电压	380V、50Hz	7	二次空载安全电压	<24V
2	额定电流	63、80、100A	8	启动时间	<0.06s
3	漏电动作电流	30mA	9	延时时间	<1.0s
4	漏电不动作电流	15mA	10	启动灵敏度	<500Ω
5	漏电动作时间	0.1s	11	空载节能省电	可达 75%
6	负载持续率	35%			

1.2.5 电焊机开关箱

电焊机开关箱一般要求配有短路保护、过载保护、漏电保护及足够截面的接地线。电焊机开关箱示意见图 1-14。

开关箱必须装设隔离开关、断路器或熔断器，以及漏电保护器。当漏电保护器为同时具有短路、过载、漏电保护功能的漏电断路器时，可不装设断路或熔断器。隔离

图 1-14　电焊机开关箱

开关应采用分断时具有可见分断点，能同时断开电源所有极的隔离电器，并应设置于电源进线端。当断路器是具有可见分断点时，可不另设隔离开关。

开关箱中的隔离开关只可直接控制照明电路和容量不大于 3.0kW 的动力电路，且不应频繁操作。容量大于 3.0kW 的动力电路应采用断路器控制，操作频繁时还应附设接触器或其他启动控制装置。开关箱中各种开关电器的额定值和动作整定值应与其控制用电设备的额定值和特性相适应。漏电保护器应装设在总配电箱、开关箱靠近负荷的一侧，且不得用于启动电气设备的操作。

电焊机开关箱内设 DZ20-100/2 系列或 KDM1-100/2（100A、380V）透明塑壳断路器作为控制开关，DZ15LE-100/2（DZ20L-100/2）或 LBM－1-100/2（100A）漏电断路器，BFGD 系列二次防触电保护器；PE 端子排为 3 个接线螺栓。电焊机开关箱 PE 线端子板、箱门电气连接节点见图 1-15，电焊机电气系统图见图 1-16。

图 1-15　电焊机开关箱 PE 线端子板、箱门电气连接节点

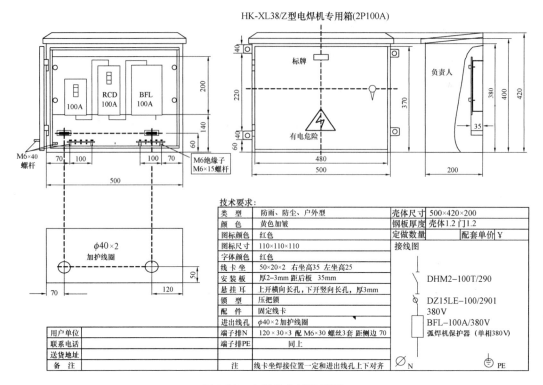

图1-16 电焊机电气系统图

1.3 燃烧与爆炸基础知识

1.3.1 燃烧

1. 燃烧现象

燃烧是在自然界中经常发生的一种化学变化过程。广义地讲，燃烧现象是可燃物质与氧发生的激烈氧化反应。反应伴随着发光效应和放热效应。

燃烧现象按其发生瞬间的特点，分为着火、自燃、闪燃三种类型。

着火：可燃物质受到外界火源的直接作用而开始的持续燃烧现象叫着火。着火是日常生活中最常见的燃烧现象，例如，用火柴点燃柴草，就会引起着火。

自燃：可燃物质虽没有受到外界火源的直接作用，但当受热达到一定温度，或由于物质内部的物理（辐射、吸附）、化学（分解、化合等）或生物（细菌、腐败作用等）反应过程所释放的热量积聚起来达到一定的温度，发生的自行燃烧的现象叫做自燃。例如，黄磷暴露于空气中时，即使在室温下，它与氧发生氧化反应放出的热量累积起来也足以使其达到自行燃烧的温度，故黄磷在空气中很容易发生自燃。

闪燃：这是液体可燃物的特征之一。当火焰或炽热物体接近一定温度下的易燃或可燃液体时，其液面上的蒸气与空气的混合物会产生一闪即灭的燃烧，这种燃烧现象叫闪燃。

此外，对于火炸药或爆炸性气体混合物的燃烧，由于其燃速很快，亦称为爆燃。

2. 燃烧的三要素

发生燃烧必须同时具备三个条件，即可燃物、助燃物（氧化剂）和着火源。

（1）可燃物

凡是能与空气中的氧或其他氧化剂起燃烧化学反应的物质称为可燃物。可燃物按其物理状态分为气态可燃物、液态可燃物和固态可燃物三类，按其化学成分不同可分为无机可燃物质（如氢气、一氧化碳）和有机可燃物质（如甲烷、乙炔）两类。

物质的可燃性随着条件的变化而变化。大块的铝、镁在自然条件下可看做是不燃物，但在纯氧中就是可燃物，铝粉、镁粉不但能自燃，还可能发生爆炸。

（2）助燃物（氧化剂）

帮助和支持可燃物燃烧的物质，即能与可燃物发生氧化反应的物质称为氧化剂。燃烧过程中的助燃物（氧化剂）主要是空气中游离的氧，另外如氟、氯等也可以作为燃烧反应的氧化剂。

（3）着火源

着火源是指供给可燃物与助燃剂发生燃烧反应的能量来源。常见的是热能，包括化学能、电能、机械能等转变的热能。如焊接与切割过程中产生的灼热铁屑、高温金属、火花等都是着火源。

可燃物、助燃物、着火源构成燃烧的三要素，缺一不可。燃烧反应在浓度、压力、组成和着火源等方面都存在着极限值，如果可燃物未达到一定浓度，或助燃物数量不足，或着火源不具备足够的温度或热量，那么燃烧就不会发生。对于已经进行着的燃烧，若消除其中任何一个要素，燃烧便会终止，这就是灭火的基本原理。

3. 燃烧的种类

可燃性气体、液体或固体在空气中燃烧时，其燃烧形式一般有四种，即扩散燃烧、蒸发燃烧、分解燃烧和表面燃烧。

（1）扩散燃烧

如氢、乙炔等可燃性气体从管口等处流向空气时的燃烧，就是由于可燃性气体分子和空气分子互相扩散、混合，在浓度达到可燃极限范围时，形成的火焰使燃烧继续下去的现象。

（2）蒸发燃烧

如酒精、乙醚等易燃液体的燃烧，就是由于液体蒸发产生的蒸气被点燃起火后，形成的火焰温度进一步加热液体表面，从而促进蒸发，使燃烧继续下去的现象。

（3）分解燃烧

很多固体或非挥发性液体的燃烧是由热分解产生可燃性气体来实现的。如木材和煤，大多是由于分解产生可燃性气体再行燃烧的。

（4）表面燃烧

当可燃固体（如木材）燃烧到最后，分解不出可燃性气体时，就会剩下炭和灰，此时没有可见火焰，燃烧转为表面燃烧。金属的燃烧也是一种表面燃烧，无气化过程，燃烧温度较高。

此外，根据燃烧反应的进行程度或燃烧产物还可分为完全燃烧和不完全燃烧。

可燃物质的燃烧一般在气态下进行，由于可燃物质的状态不同，其燃烧的特点也不同。燃烧按可燃物质的物态不同可分为气体燃烧、液体燃烧和固体燃烧三种。

（1）气体燃烧

气体容易燃烧，只要达到其本身氧化分解所需要的热量便能迅速燃烧。

易燃与可燃气体的燃烧不需要像固体、液体物质那样经过熔化、蒸发等准备过程，仅需氧化或分解气体并将气体加热到燃点，因此容易燃烧，而且燃烧速度快。

气体燃烧有两种形式，一是扩散燃烧，二是预混燃烧。可燃气体与空气边混合边燃烧，这种燃烧就叫扩散燃烧（或称稳定燃烧），如用石油液化气烧饭；可燃气体与空气在燃烧之前混合，遇到着火源爆炸，形成燃烧，这种燃烧就叫预混燃烧，如石油液化气罐气阀漏气时，漏出的气体与空气形成爆炸混合物，一遇到着火源，就会以爆炸的形式燃烧，并在漏气处转变为扩散燃烧。

（2）液体燃烧

液体在火源作用下，首先使其蒸发形成蒸气，然后蒸气氧化分解进行燃烧。

可燃液体通常挥发性较强，有的甚至在常温下，表面上就漂浮着一定浓度的蒸气，遇到着火源即可燃烧。

可燃液体种类繁多，化学成分不同，燃烧的过程也不同。如汽油、酒精化学成分比较简单，沸点较低，在一般情况下就能挥发，在表面形成一定浓度的蒸气，遇有着火源时可与氧化剂作用而燃烧。而有些化学组成比较复杂的液体燃烧过程就比较复杂。如原油（石油）是一种多组分的混合物，燃烧时首先是点燃蒸发出的沸点较低的组分，而后才是沸点较高的组分蒸发、燃烧。

（3）固体燃烧

固体是有一定形状的物质，它的化学结构比较紧凑，常温下均以固态存在。固体物质的化学组成是不一样的，如果是简单物质，如硫、磷、钾等都是由同种元素构成的物质，受热时首先熔化，然后蒸发、燃烧，没有分解过程。有的比较复杂，如木材、纸张和煤炭等，是由多种元素构成的化合物，受热时首先分解成气体或液态产物，然后气态产物和液态产物的蒸气着火燃烧。

固体物质的燃烧与其熔点、分解温度的高低及其体态情况有关，熔点和分解温度低的物质，容易发生燃烧。燃烧的速度与其体积、颗粒的大小有关，小则快，大则慢，如散放的木方要比垛成堆燃烧得快，其原因就是与氧的接触面大，燃烧较充分，因此燃烧速度快。

4. 燃烧的特性

（1）闪燃与闪点

各种液体的表面都有一定量的蒸气。可燃液体表面挥发的蒸气与空气混合而形成混合气体，遇明火时发生一闪即灭的瞬间火苗或闪光的现象叫闪燃。引起闪燃的最低温度叫做闪点（闪点的概念主要适用于可燃性液体）。当可燃性液体温度高于其闪点时，则随时都有被点燃的危险。

不同的可燃液体有不同的闪点，闪点越低，火险越大。它是评定液体火灾危险性的主要依据。几种常见液体的闪点见表1-3。

常见液体的闪点　　　　表1-3

液体名称	闪点（℃）	液体名称	闪点（℃）	液体名称	闪点（℃）
汽油	−58～10	苯	−15	乙酸乙酯	−5
煤油	28～45	奈	86	松节油	35
甲醇	9.5	丙酮	−17	桐油	239
乙醇	11	二乙醚	−45.5	樟脑	65.5

（2）着火与燃点

所谓着火，即是可燃物质遇火源能燃烧，并且在火源移去后仍能保持继续燃烧的现象。可燃物质发生着火的最低温度，称为着火点或燃点。几种物质的燃点见表1-4。

几种物质的燃点　　　　表1-4

物质名称	燃点（℃）	物质名称	燃点（℃）	物质名称	燃点（℃）
蜡烛	190	煤油	86	松节油	53
硫	207	赛璐珞	100	豆油	220

（3）受热自燃与自燃点

可燃物质在外部条件作用下，温度升高，当达到其自燃点时即着火燃烧，这种现象称为受热自燃。自燃点是指物质（不论固态、液态或气态）在没有外部火花和火焰的条件下，能自动引燃和继续燃烧的最低温度。

物质的自燃点越低，其发生火灾的危险性越大。物质受热自燃是发生火灾的一种主要原因，掌握物质的自燃点，对防火工作有重要意义。几种物质的自燃点见表1-5。

几种物质的自燃点　　　　表1-5

物质名称	自燃点（℃）	物质名称	自燃点（℃）	物质名称	燃点（℃）
木材	300～350	松香	240	赛璐珞	150
煤炭	450	豆油	460	黄磷	34～45
柴油	350～380	桐油	410	赤磷	200～250
煤油	240～290	乙醚	180	二硫化碳	112

5. 灭火方法

一切灭火措施，都是为了破坏已产生的燃烧条件。基本的灭火方法有：隔离灭火法、窒息灭火法、冷却灭火法和抑制灭火法。

（1）隔离灭火法

隔离灭火法就是将火源处或其周围的可燃物质隔离或移开，燃烧会因缺少可燃物而停止。如将火源附近的可燃、易燃、易爆和助燃物品搬走；关闭可燃气体、液体管路的阀门，以减少和阻止可燃物质进入燃烧区；设法阻拦流散的液体；拆除与火源毗连的易燃建筑物等。

（2）窒息灭火法

窒息灭火法就是阻止空气流入燃烧区或用不燃物质冲淡空气，使燃烧物质得不到足够的氧气而熄灭。如用不燃或难燃物捂盖燃烧物；用水蒸气或惰性气体灌注容器设备；封闭起火的建筑、设备的孔洞等。

（3）冷却灭火法

冷却灭火法就是将灭火剂直接喷射到燃烧物上，降低燃烧物的温度，使燃烧物的温度低于燃点，则燃烧停止；或者将灭火剂喷洒在火源附近的物体上，使其免受火焰辐射热的威胁，避免形成新的火焰。

（4）抑制灭火法

抑制灭火法就是使灭火剂参与到燃烧反应过程中去，使燃烧过程中产生的游离基消失，而形成稳定分子或低活性的游离基，使燃烧反应因缺少游离基而停止。如使用干粉灭火剂扑灭气体火灾。

1.3.2　爆炸

1. 爆炸现象

爆炸是在自然界中经常发生的一种物理变化过程。广义地讲，爆炸是物质非常急剧的物理、化学变化。在变化过程中，物质所含能量快速转化，变成物质本身或变化产物或周围介质的压缩能或运动能。爆炸的一个显著特征是爆炸点周围介质发生剧烈的压力突跃，并且由于介质受振动而发生一定的音响效应。

爆炸现象通常可分为物理爆炸、化学爆炸和核爆炸。

物理爆炸：由物质发生剧烈的物理变化所引起的爆炸现象称为物理爆炸。最常见的暖水瓶爆炸和蒸汽锅炉的爆炸、闪电、地震等都属于此类爆炸。发生物理爆炸的前后，爆炸物质的性质及化学成分均不改变。

化学爆炸：由物质化学结构发生剧烈变化而引起的爆炸现象称为化学爆炸。化学爆炸的例子很多，如矿井瓦斯爆炸、煤矿粉尘爆炸及炸药爆炸。

核爆炸：由原子核的裂变或聚变所释放出来的能量引起的爆炸现象称为核爆炸，

如原子弹爆炸。

2. 化学爆炸的三要素

化学性爆炸需同时具备下列三个条件时才能发生：

1）可燃易爆物。

2）可燃易爆物与空气或氧气混合并达到爆炸极限，形成爆炸性混合物。

3）存在着火源。

防止化学性爆炸的措施的实质，就是制止上述三个条件的同时存在。

3. 爆炸的分类

爆炸可按其过程分为物理爆炸、化学爆炸和核爆炸，但在大多数情况下，是按照形成爆炸的物质所具有的物理状态而分为气相爆炸和凝相爆炸。一般来说，凝相指的是液相和固相。因为凝相比气相的密度大 $10^2 \sim 10^3$ 倍，所以凝相爆炸与气相爆炸在状态上常有很大的差别。

气相爆炸包括混合气体爆炸、气体分解爆炸、粉尘爆炸等。凝相爆炸包括混合危险物爆炸、爆炸性化合物爆炸、蒸气爆炸等。

爆炸灾害总的来说可划分为六种：

（1）混合气体的爆炸

如果用点火源点燃按一定比例混合的可燃性气体和助燃性气体，就会引起混合气体的爆炸。这种混合物就叫作爆炸性混合气体。形成爆炸性混合气体的浓度极限范围就叫作该气体的爆炸极限浓度。在可燃性气体中，除了氢气、天然气、乙炔、液化石油气之外，还包括汽油、苯、酒精、乙醚等可燃液体的蒸气。在助燃性气体中，除了有空气、氧气之外，还包括有一氧化氮、二氧化氮、氯气、氟等气体。在密闭的容器内发生气体爆炸时，爆炸生成的压力可达最初压力的 $7 \sim 10$ 倍。

在聚乙烯工厂、液化气装置、油轮等场所发生的爆炸事故，大部分都是混合气体的爆炸事故。

（2）气体分解爆炸

尽管气体成分单一，但该气体分子分解所产生的热量同样会引起爆炸，这种现象称作气体分解爆炸。如乙炔、环氧乙烷、乙烯、氧化乙烯、丙二烯、甲基乙炔、二氧化氯、联氨、叠氮化氢等，就属于这一类气体。

在乙炔装瓶的工厂中，屡次发生过高压乙炔分解爆炸事故。最近，在聚乙烯工厂中，有过这样的教训，100MPa 以上的高压乙烯发生了分解爆炸以后，泄漏的乙烯在大气中形成了爆炸性混合物，又再次发生了强烈的爆炸。

（3）粉尘爆炸

可燃固体的粉尘，或者是可燃液体的雾状飞沫，分散在空气或助燃性气体中且浓度达到某一数值时类似于爆炸性混合气体，被点火源点着就会引起粉尘爆炸。粉尘爆炸除了在硫黄粉尘中发生之外，还会在塑料、食品、饲料、煤等粉尘以及在氧化反应中放热较多的金属如镁、铝、钛等粉末中发生。

此类爆炸经常在煤矿的坑道、硫黄粉碎机、食品饲料工厂、合金粉末工厂等场所中发生。另外，油压设备在高压下喷出机械油之后，会使得空气中含有大量油雾状飞沫，因而也有可能引起爆炸。

（4）混合危险物爆炸

氧化性物质和还原性物质相混合之后可能立即起火爆炸，也可能在混合物上给予冲击或加热下引起爆炸。另外，有些物质与碱混合再受热也会引起爆炸，如液体氰氢酸、二乙烯酮、顺丁烯二酸酐等。

混合危险物引起的爆炸，在制造礼花和炸药过程中可能发生，在工厂里由于管线被腐蚀穿孔、阀门误开动、低温表面凝结、药品从高处掉下来等意外情况下也可能发生。

（5）爆炸性化合物爆炸

指炸药在制造、加工、运输和使用过程中发生的爆炸。此外，在化学反应中产生敏感的残留过氧化物时发生的爆炸也属于此类爆炸；在高压或低温条件下液化的 1,3-丁二烯吸收二氧化氮时，也能形成爆炸性化合物等。

（6）蒸气爆炸

水、有机液体或液化气体等处于过热状态时，会瞬间成为蒸气，即可呈现爆炸现象；地面的积水中，掉进灼热的碳化钙或熔化的铁水时，也可引起爆炸；在罐内的低沸点液体，因为吸收合成热或外部火焰的热而使温度升高，提高了罐内的蒸气压力，当容器裂开时，则残留的过热液体瞬间发生激烈的汽化也会引起爆炸等。

4.爆炸性混合物的特性

（1）直接与空气混合形成的爆炸性混合物的特性

1）可燃气体的特性

可燃气体（如乙炔、氢）由于容易扩散流窜，而又无形迹可察觉，所以不仅在容器设备内部，而且在室内通风不良的条件下，容易与空气混合，浓度能够达到爆炸极限。因此在生产、储存和使用可燃气体的过程中，要严防容器、管道的泄漏。

2）可燃蒸气的特性

闪点低的易燃液体（如汽油、丙烷）在常温条件下能够蒸发出较多的可燃蒸气。闪点高的可燃液体在加热升温超过闪点时，也能蒸发出较多的可燃蒸气。因此在液体燃料容器、管道以及室内通风不良的条件下，可燃蒸气与空气混合的浓度往往可达到爆炸极限。所以在生产、储存和使用可燃液体过程中要严防跑、冒、滴、漏，室内应加强通风换气。在暑热夏天储存闪点低的易燃液体时，必须采取隔热降温措施，严禁明火。

3）可燃粉尘的特性

可燃粉尘如果飞扬悬浮于空气中，浓度达到爆炸极限时，则会与空气形成爆炸性混合物，遇到着火源就会发生爆炸。可燃粉尘飞扬悬浮于大气中有形迹可察觉，这类爆炸大多发生于生产设备、输送罩壳、干燥加热炉、排风管道等内部空间。因此，在生产、储存和使用可燃粉尘过程中，必须采取防护措施，防止静电，严禁明火。

（2）间接与空气混合形成的爆炸性混合物的特性

块、片、纤维状态的可燃物质，如电石、电影胶片、硝化棉等，虽然不能直接与空气形成爆炸性混合物，但是当这些物质与水、热源、氧化剂等作用时，会迅速反应分解释放出可燃气体或可燃蒸气，然后与空气形成爆炸性混合物，遇着火源也会发生爆炸。因此在生产、储存和使用这类可燃物质时，应采取防潮、密闭、隔热等相应的安全措施。

5. 爆炸极限

可燃性物质与空气的混合物，在一定的浓度范围内才能发生爆炸。可燃物质在混合物中发生爆炸的最低（高）浓度称为爆炸下限（上限）。在低于下限和高于上限的浓度时，是不会发生着火爆炸的。爆炸下限和爆炸上限之间的范围，称为爆炸极限。

6. 爆炸预防和限制措施

爆炸灾害的预防措施：对于火灾，有初期灭火的方法，但对于爆炸来说，因为在瞬间完成整个爆炸过程，所以应对爆炸灾害的首要措施应该着眼于预防。为此，必须充分考虑可能引起爆炸的危险性物质和点火源之间的关系，使其不产生爆炸。尤其重要的是须按生产流程图认真检查所有导致爆炸的可能性。在整个系统范围内，比如查看温度、压力、组分、杂质、流速、操作阀门、计量、净化、废物排放、修理和其他各种因素时，如果能够事先发现产生爆炸的可能性并及时采取措施，爆炸一般是可以预防的。因此，在工业建设中，有必要从规划设计阶段就开始考虑安全方面的问题。不但要研究单纯爆炸灾害的预防问题。还要综合研究由于泄漏有害物质而引起的中毒、职业病、废物公害以及生产中工伤事故等问题。

爆炸灾害的限制措施：所谓限制措施，就是指在预料之外发生了爆炸，为减轻爆炸灾害，所采取的各项措施。限制措施之一就是设置安全装置。设置安全装置的目的一般在于当储罐、反应罐、粉碎机、筛分器、锅炉、受压容器，高压气体容器等设备内部压力或温度超过其限定的压力和温度时，触发相应动作，把内部压力向外释放，避免容器、设备等被破坏。在安全装置中，依靠压力动作和温度动作两种方式，但不管哪一种，都各有其优点和缺点。要注意的问题是，在气体爆炸、爆炸性化合物爆炸时，急剧升高的压力，使安全装置有时不能及时有效地动作。

另外，在激烈喷出高压气体或液化气时，紧急关闭阀门是一种有效的限制措施。此外，在有爆炸危险的设备周围，应设置防爆墙；对于开闭阀门和监视仪表，可在墙外进行，并且在周围要留有适当的空地。为避免爆炸后发生火灾，在有爆炸危险的工作场所，要避免堆积可燃物质。

1.3.3 燃爆危险性物质的种类

一般来说，凡是能够引起火灾或爆炸的物质就叫燃爆危险物质。燃爆危险物质根据其化学性质，归纳起来分为八类。

1. 可燃性气体或蒸气

在这一类中，有可燃性气体，如氢气、天然气、乙烯、乙炔、城市煤气等；可燃液化气，如液化石油气、液氨等；可燃液体的蒸气，如乙醚、酒精、苯等的蒸气。

2. 可燃液体

是指有可燃性而在常温下为液体的物质，如汽油、煤油、酒精等。

3. 可燃固体

纸、布、丝、棉等纤维制品及其碎片，木材、煤、沥青、石蜡、硫黄、树脂、柏油、重油、油漆、火柴等一般可燃物，木质建筑物、家具、涂漆物等均属于这一类。

4. 可燃粉尘

前面所说的可燃固体，以粉状或雾状分散在空气中时，这种空气有可能被点燃，发生粉尘爆炸。如空气中分散的煤粉、硫黄粉、木粉、合成树脂粉、铝粉、镁粉、重油雾滴等，都属于爆炸性粉尘。

5. 爆炸性物质

区别于前面所述的爆炸性混合气体和爆炸性粉尘，具有爆炸性的固体或凝结状态的液体化合物统称为爆炸性物质。在这类物质中，最典型的代表是炸药，此外，还有各种有机过氧化合物，硝化纤维制品、硝酸铵、具有特定官能基团（如硝基 NO_2、硝胺 $N-NO_2$、硝酸酯 ONO_2）的化合物、氧化剂和可燃剂组成的化合物也都属于爆炸性物质。

6. 自燃物质

这类物质在无任何外界火源的直接作用下，依靠自身发热，经过热量的积累逐渐达到燃点而引起燃烧。至于自行发热的原因，应考虑到分解热、氧化热、吸收热、聚合热、发酵热等。

在自行分解中，积蓄分解热能引起自燃的物质有：硝化棉、赛璐珞、硝化甘油等硝酸酯制品以及有机过氧化物制品；靠氧化热的积累而自燃的物质中有含不饱和油的破布、纸屑、脱脂酒槽、锅炉布等，油脂物、煤粉、橡胶粉、活性炭、硫化矿石、金属粉等；干草等物质是靠发酵产生热量的，当分解炭化后，干草可被积蓄的热量点燃。

此外，为方便起见，黄磷、还原铁、还原镍等与空气直接接触就能着火的低燃点物质，也叫做自燃物质。

7. 忌水性物质

忌水性物质是指吸收空气中的潮气或接触水分时有着火危险或发热危险的物质。这类物质有金属钠、铝粉、碳化钙、磷化钙等，它们与水反应后可生成可燃性气体。其他一些物质，如生石灰、无水氯化铝、过氧化碱、苛性钠、发烟硫酸、三氯化磷等，与水接触时所发出的热量可将其邻近可燃物质引燃着火，均为忌水性物质。

8. 混合危险性物质

如果两种或两种以上物质，由于混合或接触而产生着火危险，则被称作混合危险性物质。

混合物质引起的危险有如下三种情况。

第一种，物质混合后形成类似混合炸药的爆炸性混合物。作为混合性炸药的黑色炸药（硝酸钾、硫黄、木炭粉）、礼花（硝酸钾、硫黄、硫化砷）等。

第二种，物质混合时发生化学反应，形成敏感的爆炸性化合物。例如，硫酸等强酸与氯酸盐、过氯酸盐、过锰酸盐等混合时，会生成各种游离酸或无水物（如 Cl_2O_5、Cl_2O_7、Mn_2O_7），显出极强的氧化性能，当它们接触有机物时，会发生爆炸；将氯酸钾与氨、铵盐、银盐、铅盐等接触时，也产生具有爆炸性的氯酸铵、氯酸银、氯酸铅等。

第三种，物质混合的同时，引起着火或爆炸。如在铬酐中注入乙醇时，其会立即开始燃烧；把漂白用的次氯酸钠粉末混合于溴酸或硫代硫酸钠粉末中时，也会立即燃烧，等等。

1.3.4 点火源的种类

燃烧三要素之一是点火源，没有点火源，燃烧不可能发生。

点火源归纳起来，大致有以下几种。

1. 明火

这里所指的明火，主要包括如下几类。

生产火：直接与生产作业有关的烟火，如喷灯、焊机、生产炉等能够动的烟火。

非生产火：与生产无直接关系的烟火，如暖炉、火柴、香烟等所产生的烟火。

火炉：如焙烧炉、加热炉等的烟火。

实际上，现实生活中"严禁烟火"中的"烟火"就是指以上各类明火。

2. 摩擦与撞击

在燃烧爆炸性物质特别是炸药的制造、运输和储藏过程中，由于摩擦和撞击所引起的燃爆事故比较多，因此，工作时必须小心谨慎，做到轻拿轻放。

3. 电火花

根据放电原理，可将电火花分为如下三种：

高电压的火花放电：当电极带高电压时，电极周围部分空气的绝缘性被破坏，会产生电晕放电；当电压继续升高时，会出现火花放电。要使在一般空气中产生火花放电，需要 400V 以上的电压。

短时间内的弧光放电：是指在开闭同路、断开线路、接触不良、短路、漏电、打坏灯泡等情况下发生的时间极短的放电。

接点上的微弱火花：是指在自动控制用的继电器，或电动机整流子或滑环等器件，在低压情况下，随着接点的开闭，产生的用肉眼可见的微弱火花。

4. 静电

两种物体互相接触，在分离时往往会产生静电。如皮带在滑动时或与皮带轮接触后，离开时均会产生静电；人坐在椅子上，座席和衣服摩擦时，以及人行走时都会产生静电。这种静电虽然电流很小，但其所带的电压却很高，可达 1000～10000V。这种积聚的静电，在空气中放电产生火花时，就有引起可燃物质着火的危险。在工厂中，由于静电所造成的爆炸事故不仅数目多，而且往往出乎意料。

5. 雷电

雷电实质上是自然界的一种放电现象。根据雷电的危险程度及产生条件，雷电破坏（雷击）的方式分为直接雷击、感应雷击、雷击冲击电压侵入和球形雷击等。

（1）直接雷击

雷云与地面上较高物体之间直接放电称为直接雷击。直接雷击的热效应和机械效应会使地面物体烧焦或破坏。

（2）感应雷击

由于雷云的静电感应或放电时的电磁感应作用，使地面金属物体上聚集大量电荷，从而引起严重后果，这种雷击现象叫感应雷击。

（3）雷电冲击电压侵入

当雷电击中室外架空线路或金属管道时，会产生很高的冲击电压，雷电沿着线路和管道迅速传人室内，从而引起室内易燃物的燃烧甚至爆炸。当然，这种事故多发生在线路和管道没有良好避雷措施情况下。

（4）球形雷击

球形雷击是由特殊气体形成的一种特殊雷击现象。它是直径为 0.2～10m 的火球，能在地上滚动，也能从门、窗等通道进入室内，俗称"滚地雷"。球形雷击只在少数山区发生，平原地区罕见。

6. 易燃物自行发热

许多自燃物质在环境温度适宜时能由本身自行发热而产生自燃现象。

7. 机械和设备故障

在生产作业进行的过程中，有时机械设备会发生故障，如压药机压力控制失灵以致压力过大等。如出现这种情况，瞬间就有可能发生事故。

8. 绝热压缩

绝热压缩的点燃现象，在柴油机中比较普遍。在柴油机中，当压缩比为 $13\sim14$，压缩行程终点的压缩压力达到 3.6MPa 左右时，绝热压缩作用能使气缸温度升高至 500℃ 左右，这个温度已远远超过柴油的燃点，故能够立即点燃喷射在气缸内的柴油雾滴。

在爆炸性物质的处理过程中，如果其含有微小气泡，有可能受到绝热压缩，从而导致意想不到的爆炸事故；在急剧打开高压气体管线的阀门时，也可出现由绝热压缩引起的事故。

此外，光线和射线有时也能成为点火源。

点火源、危险性物质及火灾和爆炸之间的关系如图 1-17 所示。

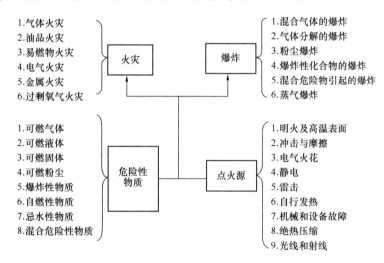

图 1-17　燃爆危险物质及点火源的种类及其关系

2 焊接与切割概述

2.1 焊接与切割工艺的发展

2.1.1 焊接与切割技术的发展概况

焊接与切割是应用较为广泛的金属加工方法。

我国是最早应用焊接技术的国家之一。据考古证实，远在我国战国时期，一些金属制品在制作过程中就已经采用了焊接技术。河南省辉县市玻璃阁战国墓中出土的殉葬铜器的本体、耳、足就是用钎焊工艺来实现连接的；800多年前，宋代科学家沈括的《梦溪笔谈》一书中，也提到了焊接技术；明代科学家宋应星在其所著的《天工开物》一书中，更是对锻焊和钎焊工艺作了详细的叙述。

1801年迪威发现了电弧放电现象，这是近代焊接技术的起点

19世纪中叶人们提出了利用电弧熔化金属并进行材料连接的想法，许多年后真正出现了达到实用程度的电弧焊接方法。最初可以称作电弧焊接的是1885年俄国人发明的碳弧焊，该方法以碳电极作为阳极产生电弧，被用在铁管及容器的制造及蒸汽机车的修理中。

俄国人在1891年提出以金属电极取代碳电极的金属极焊接法，最初是在空气中产生金属极（铁）电弧进行焊接，焊接区的品质用现在的知识判断是不合格的。

气焊、气割大约是在1892年前后出现的，那时，所使用的气体还主要是氢气和氧气，氢氧混合气体的燃烧最高只能达到2000℃。因此也只能焊接、切割一些较薄的工件，加之氢气在使用过程中很不安全，极易发生事故，因此这种气焊、气割技术一直没有得到更进一步的发展。

瑞典人在1907年发明了焊条，对这一状况加以改进，并于1912年开发出保护性能良好的厚涂层焊条，确立了焊条电弧焊技术的基础。从"利用电弧进行金属的熔化焊接"这一新思想产生开始，经历了50多年，焊接技术的基础才得以确立。与当时使用着的螺钉等机械连接法相比，电弧焊接能够减少使用材料、确保接合强度、缩短作业时间，因此很快被产业界所采用。

1920年英国全焊接船已下水使用。焊条焊接法的成功进一步促进了电弧焊接法的发展。由于焊条焊接采用了有限长度的焊条，因此其所进行的焊接是断续的，不符合连续焊接的要求。

1930 年开发了埋弧焊。埋弧焊向颗粒状焊剂中连续送进钢制焊丝,电弧放电所需电流从导电嘴供给,这种电流供给方式成为现代自动焊的原形。

为了对电弧及焊接金属进行保护,使其同空气隔绝,从很早开始人们就考虑到利用保护气体。1930 年以后以美国为主,把钨电极与氩气组合,进行了气体保护钨电极电弧焊接法的研究,该焊接法的最初适用对象是镁及不锈钢薄板。

铝合金由于表面氧化膜的存在,焊接困难。1945 年左右人们知道了电弧放电的阴极(严格讲是阴极点)具有去除氧化膜的作用,随后出现了以铝合金为对象的交流 CTA 焊接法。

氩氦气保护气氛中采用铝焊丝的直流金属极焊接法,即 GMA 焊接法。

欧美等发达国家的专家认为,未来一段时间内,焊接仍将是制造业的重要加工技术和手段,且将进一步发展成为一种精确、可靠、低成本的连接方法。

焊接技术(包含连接、切割、涂敷)将是各种材料、产品加工的首选方法;焊接将逐步集成到产品的全寿命过程中。从产品的设计、开发、制造,再到维修、再循环的各个阶段,都将出现焊接的身影;在降低产品全寿命过程的成本,提高产品的质量和可靠性,增强产品的市场竞争力等方面,焊接技术都将起着至关重要的作用。

2.1.2 焊接与切割的应用

焊接与切割工艺具有生产周期短、成本低,结构设计灵活,用材合理及能够以小拼大等一系列优点,因而在工业生产中得到了广泛的应用。如造船、电站、汽车、石油、桥梁、矿山机械等行业中,焊、割已成为不可缺少的加工手段和加工工艺。

世界上主要的工业国家,每年钢产量的 45% 左右要用于生产焊接结构。制造一辆小轿车需要焊接 5000～12000 个焊点,一艘 30 万吨油轮要焊 1000km 长的焊缝,而一架飞机的焊点多达 20 万～30 万个。

此外,随着工业的发展,被焊接材料的种类也愈来愈多,除了普通的材料外,如超高强钢、活性金属、难熔金属以及各种非金属等越来越依靠焊接和切割工艺来完成连接与分离。同时,由于各类产品日益向着高参数(高温、高压、高寿命)、大型化方向发展,焊接结构越来越复杂,焊接与切割的工作量也越来越大,这对于焊接、切割生产的质量、效率等提出了更高的要求。这也推动了焊接、切割技术的飞速发展,使它在工业生产中的应用前景更加广阔。焊接和切割工艺在建筑施工领域也被广泛使用。

焊接过程的实质是用加热或压力等手段,借助于金属原子的结合和扩散作用,使分离的金属材料牢固地连接起来。它具有以下优点:

1) 节省材料和工时。建筑施工现场钢筋工程中,用焊接代替绑扎,一般可节省钢材 5%～15%。

2) 能化大为小,拼小成大。在大型钢结构施工时,可以用化大为小、化复杂为简单的办法来准备部件，然后用逐次装配焊接的方法拼小成大。

3）可以制造双金属结构。用焊接方法可以制造复合层容器，还可用焊接方法对不同材料零部件进行对焊、摩擦焊、钎焊和具有特殊性能表面层的堆焊等，以满足设备、设施的特殊性能要求，节省贵重金属材料。

4）成形方便。焊接的方法灵活多样，工艺简便。在制造大型、复杂结构和零件时，可采用铸焊、锻焊方法，化大为小，化复杂为简单，再逐次装配焊接而成。

5）适应性强。采用相应的焊接方法，不仅可生产微型、大型和复杂的金属构件，也能生产气密性好的高温、高压设备和化工设备；此外，采用焊接方法，还能实现异种金属或非金属的连接。

6）生产成本低。与铆接相比，焊接结构可节省材料 $10\%\sim20\%$，并可减少划线、钻孔装配等工序，提高了劳动生产率。另外，采用焊接结构能够按使用要求选用材料。在结构的不同部位，按强度、耐磨性、耐腐蚀性、耐高温等要求选用不同材料，具有更好的经济性。此外，焊接设备一般也比铆接生产所需的大型设备（如多头钻床等）投资低。焊接结构还比铆接结构具有更好的密封性，这是压力容器特别是高温、高压容器不可缺少的性能。同时，焊接生产与铆接生产相比，有劳动强度低、劳动条件好等优点。

通常，焊接结构件的质量，比铸钢件轻 $20\%\sim30\%$，比铸铁件轻 $50\%\sim60\%$，这是因为焊接结构的截面可以按需要来选取，不必像铸件那样受工艺条件的限制而加大尺寸，且不需要用过多的肋板和过大的圆角。而且采用轧制材料的焊接材质一般比铸件好。即使不用轧制材料，用小铸件拼焊成大件，也比大铸件的质量更容易保证。

当然，焊接也有一些缺点，如会产生焊接应力和变形，焊缝中会存在一定数量的缺陷，焊接过程中还会产生有毒有害的物质等。焊接应力会削弱结构的承载能力，焊接变形会影响结构的和尺寸精度，焊缝中的缺陷会使焊接接头的性能和安全性下降，弧光、烟尘、噪声、射线高频电磁波等都对焊工的身体健康带来危害等，这些都是焊接过程中需要注意的问题。

切割，本教材主要指气割，其实质是利用气体火焰的热能在工件上通过预热、喷出高速切割气流和材料燃烧等过程，实现材料的可靠分离。气割是利用可燃气体与氧气混合燃烧的预热火焰，将金属加热到燃烧点，并在氧气射流中剧烈燃烧而将金属分开的加工方法。可燃气体与氧气的混合及切割氧的喷射是利用割炬来完成的。气割所用的可燃气体主要是乙炔、液化石油气和氢气等。氧炔焰气割过程是：预热—燃烧—吹渣。它具有以下优点：

1）气割的速度较之机械切割速度快，且较为经济。

2）对于机械切割法难以完成的切割形状和达到的切割厚度，气割可以很顺利地实现。

3）气割过程中，可以在一个很小的半径范围内快速改变切割方向。

4）不需要外部电源，设备简单容易携带，切割钢板时，比机加工切割速度快。

5）对于坡口制备及斜接头的加工比较经济；能切割厚大板；能够通过轨迹导航、模型和计算机控制割炬实现切割过程的自动化。

缺点是：气割适用的材料范围窄；气割的尺寸精度比机械切割差；淬硬钢切割时需要进行预热、后热处理或控制切割部位钢的冶金性能等。

但是，焊接与气割技术还存在一些问题，如影响质量的因素较多，容易产生质量缺陷，对原材料要求较严，某些材料的焊接与气割还有一定困难等。

2.1.3 学习焊接与切割安全技术的必要性

焊接与切割作业时，使用的气体均易燃、易爆，焊接作业使用的焊机一般情况下接 220V 或 380V 电网电源，焊接过程中焊工经常接触各种金属结构、电气设备和有毒介质，并且焊接与切割过程总是伴随强烈的弧光、高温金属熔滴的飞溅、有害气体、弧光辐射、高频电磁场、噪声、射线及烟尘的产生。在工作环境方面，焊工有时需要在高空、临边及洞口附近，甚至在坑内、地下室等狭窄区域工作。

上述焊接与切割作业环境和条件的不安全及不卫生因素，在一定的条件下会引起爆炸、火灾、烫伤、中毒、触电等事故，可能导致人身伤害，甚至致人死亡，或者造成经济损失，还可能会使操作人员染成尘肺、慢性中毒、血液疾病、电光性眼炎和皮肤病等职业病。所以，对从事焊接、切割作业人员和管理人员进行必要的焊接安全与卫生防护培训教育，加强焊接与切割安全、卫生防护的研究和管理，以保证安全操作，这对于保护作业人员的人身安全，避免不应有的经济损失，具有十分重要的意义。

随着焊接与切割新技术的不断出现，劳动保护的措施也要不断地发展才能适应安全工作的需要。焊接与切割安全技术研究的主要内容是防火、防爆、防触电以及在尘毒、磁场、辐射等条件下如何保障工人的身心健康实现安全操作。焊接与切割工人只有详细地了解焊接与切割生产过程的特点和工艺、工具及操作方法，才能深刻地理解和掌握焊接与切割安全技术的措施，严格地执行安全规程和实施防护措施，从而保证安全生产，避免发生事故。

2.2 焊接与切割分类

2.2.1 焊接

焊接是借助于原子的结合，把两个分离的物体连接成一个整体的过程。为实现焊接过程，必须使两个被焊物体接近到原子间的力能够发生相互作用的程度。要达到这

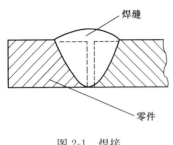

图 2-1 焊接

个目的，可利用加热、加压或两者并用，并且用或不用填充材料的方法来实现（图 2-1）。焊接方法可用于金属或非金属，但目前应用最多的是金属焊接。

金属焊接方法按照焊接过程中金属所处的状态不同，可分为熔化焊、压力焊和钎焊三类，如图 2-2 所示。

1. 熔化焊

熔化焊是利用局部加热的方法将连接处的金属加热至熔化状态而完成的一种焊接方法。在加热的条件下，增强了金属原子的功能，促进了原子间的相互扩散，当被焊接金属加热至熔化状态形成液态熔池时，原子之间可以充分扩散和紧密接触，因此冷却凝固后，即可形成牢固的焊接接头。常见的气焊、电弧焊、电渣焊、气体保护焊、等离子弧焊等均属于熔化焊的范畴。

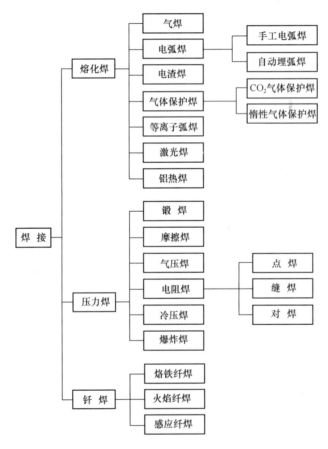

图 2-2 焊接分类

2. 压力焊

压力焊是利用焊接时施加一定压力，从而完成焊接的方法。压力焊有两种基本形式：一是将被焊金属接触部分加热至塑性状态或局部熔化状态，然后施加一定压力，以使金属原子间相互结合形成牢固的焊接接头，如锻焊、接触焊、摩擦焊和气压焊等就是这种类型的压力焊方法；二是不进行加热，仅在被焊金属接触面上施加足够大的压力，借助于压力所引起的塑性变形，以使原子间相互接近而获得牢固的压挤接头，这种压力焊的方法有冷压焊、爆炸焊等。电渣压力焊示意图见图 2-3。

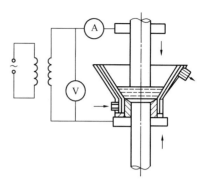

图 2-3　电渣压力焊示意图

建筑施工现场常用的压力焊主要是电阻焊。电阻焊是利用电流通过焊件及接触处产生的电阻热作为热源，将焊件局部加热到塑性或熔化状态，然后在压力下形成焊接接头的焊接方法。电阻焊具有生产率高、焊件变形小、焊工劳动条件好、不需要添加焊接材料、易于自动化等特点，但设备较一般熔化焊复杂、耗电量大，适用接头形式和可焊工件厚度（或断面）受到限制。电阻焊分为点焊、缝焊和对焊三种形式。

（1）点焊

焊件装配成搭接接头，并压紧在两电极之间，利用电流通过焊件时产生的电阻热熔化母材金属冷却后形成焊点，这种电阻焊方法称为点焊，如图 2-4 所示。点焊过程包含三个彼此衔接的阶段：焊件预先压紧、通电并把焊接区加热到熔点以上并在电极压力下凝固冷却。点焊时由于使用一定直径的电极加压，焊件产生一定的变形，焊件间的电流通道。

（2）缝焊

缝焊是点焊的一种演变，是用圆形焊轮取代点焊电极，在焊轮连续或断续滚动并通以连续或断续电流脉冲时，形成由一系列焊点组成的焊缝，如图 2-5 所示。当点距较大时，形成的不连续焊缝与点焊类似，称为应点焊，用以提高生产率。

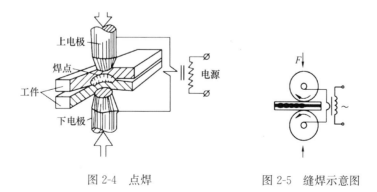

图 2-4　点焊　　　　　图 2-5　缝焊示意图

（3）对焊

对焊是利用电阻热使两个工件在整个断面上焊接起来的一种方法，如图 2-6 所示。

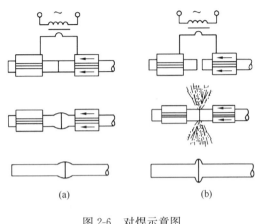

图 2-6 对焊示意图

（a）电阻对焊；（b）闪光对焊

根据焊接过程不同，对焊又分为电阻对焊和闪光对焊。其中电阻对焊过程分为预压、加热、顶锻维持和休止等程序。其中前三个程序参与电阻对焊接头的形成，后两个则是操作中的必要辅助程序。等压式电阻对焊时，顶锻与维持合一，较难区分。闪光对焊分为连续闪光对焊和预热闪光对焊两种。后者比前者多一个预热阶段。闪光对焊的基本程序有预热、闪光（亦称烧化）和顶锻三个阶段。连续闪光对焊时无预热阶段。

3. 钎焊

钎焊是利用熔点比焊接金属低的钎料作填充金属，适当加热后钎料熔化，将处于固态的工件连接起来的一种焊接方法。焊接时被焊金属处于固体状态，工件只适当地进行加热，没有受到压力的作用，仅依靠液态金属与固态金属之间的原子扩散形成牢固的焊接接头。

钎焊是一种古老的金属永久连接的工艺，但由于钎焊的金属结合机理与熔焊和压力焊是不同的，并且具有一些特殊的性能，所以在现代焊接技术中仍占有一定的地位。常见的钎焊方法有烙铁钎焊、火焰钎焊和感应钎焊等多种方法，具体详见图 2-7。

钎焊作为一种金属连接方法，已有几千年历史，但钎焊技术在很长一段时期并没有得到较大发展。直至近代，随着科学技术的进步，钎焊技术才有了较大的发展。目前钎焊已成为现代焊接技术的三大重要技术之一，并在各工业部门中起着越来越重要的作用，特别是在机械、电子、仪表及航空工业中已成为一种不可取代的工艺方法。

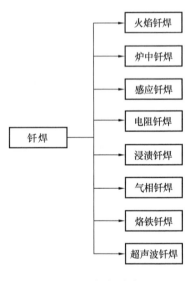

图 2-7 钎焊分类

钎焊具有以下优点：

1）钎焊接头光滑平整、外观美观。

2）工件变形较小，尤其是对工件采用整体均匀加热的钎焊方法。

3）钎焊加热温度较低，对母材组织性能影响较小。

4）某些钎焊方法一次可焊成几十条或成百条焊缝，生产效率高。

5）可以实现异种金属或合金以及金属与非金属的连接。

但是，钎焊也有其本身的缺点，如钎焊接头强度比较低、耐热性能较差、装配要求高等。

2.2.2 切割

切割是指利用压力或高温的作用断开物体的连接，把板材或型材等切成所需形状和尺寸的坯料或工件的过程，它在人们的生产、生活中起着重要的作用。

金属的切割方法很多，分冷切割和热切割。

冷切割是在分离金属材料过程中不对材料进行加热的切割方法。目前应用较多的是高压水射流切割。其原理是将水增压到超高压（100～400MPa）后，经节流小孔流出，使水压势能转变为射流动能，用这种高速集度的水射流进行切割。其包括锯切割、线切割和超高压水切割等，冷切割的目的是保持现有材料特性。

热切割是利用集中热源使材料分离的方法。热切割主要有两种方法：1）将金属材料加热到尚处于固相状态时进行的切割，目前此方法应用最为广泛。2）将金属材料加热到熔化状态时进行的切割亦称为熔割。根据热源的产生情况不同，可分为火焰切割、等离子弧切割、电弧切割和激光切割等，建筑施工现场常用的火焰切割是氧-乙炔切割。

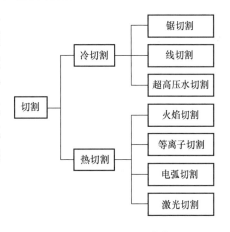

图 2-8　切割方法分类

切割方法分类如图 2-8 所示。

1. 火焰切割

火焰切割是钢板粗加工的一种常用方式，又称为气割。

气割是利用气体火焰的热能将工件切割处预热到一定温度后，喷出高速切割氧流，使材料燃烧并放出热量实现切割的方法。可燃气体一般用乙炔气，也可用石油气、天然气或煤气，但是因为这三种气体安全性低，大多数建筑工地不允许使用。

火焰切割的成本较低，并且是切割厚金属板材较为经济有效的手段，但是在薄板切割时，尚有其不足之处。与等离子切割相比较，火焰切割的热影响区更广，热变形更大。为了切割准确、有效，操作人员需要拥有较高的技术水平，才能在切割过程中及时回避金属板材的热变形。

火焰切割主要有割炬切割和切割机切割两种方法，施工现场常用的是割炬切割。

2. 等离子切割

等离子切割是用等离子弧作为热源，借助高速热离子气体（如氮、氩及氩氮、氩氢等混合气体）熔化金属并将其吹除而形成割缝（图 2-9）。同样条件下，等离子切割的速度大于火焰切割，且切割材料的范围也比火焰切割更广。

等离于弧切割的特点：

1）弧柱能量集中、温度高，冲击力大。

2）可以切割目前绝大部分金属材料。

3）切割铜、铝、不锈钢等金属时，生产率高，经济效果好，切口窄、光滑，不再加工即可进行装配焊接。

4）切缝上宽下窄。由于等离子弧在切割工件厚度方向的温度梯度和电流分布上下差别较大，因此，一般切缝是上宽下窄（特殊的微束等离子弧切割，可以做到切缝上下相等）。

5）切薄板速度快。例如切 10mm 厚的铝板，速度可达每小时 200～300m，切 12mm 厚的不锈钢板，速度可达每小时 100～130m。

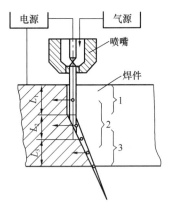

图 2-9 等离子弧切割切口能量分布图

3. 电弧切割

电弧切割是利用电弧热能熔化切割处的金属，实现切割的方法。用电弧作为热源的热切割与火焰切割相比较，其切割质量较差，但因电弧温度较高，能量较集中，能切割的材料种类比气割广泛，大多数金属材料都可以用电弧切割。

电弧切割一般可分为碳弧切割、气刨和空心焊条电弧切割三种主要形式。

4. 激光切割

激光切割是利用聚焦的高功率密度激光束照射工件的方法。在超过激光阈值的激光功率密度的前提下，激光束的能量以及活性气体辅助切割过程所附加的化学反应热能全部被材料吸收，由此引起激光作用点的温度急剧上升。激光切割的温度一般超过 11000℃，足以使任何材料汽化。激光切割的切口细窄、尺寸精确、表面光洁，质量优于其他任何切割方法。达到沸点后材料开始汽化，并形成孔洞，随着光束与工件的相对运动，最终使材料形成切缝，切缝处的熔渣，被一定的辅助气体吹除。

激光切割的分类：激光切割大致可分为汽化切割、熔化切割、氧助熔化切割和控制断裂切割，其中以氧助熔化切割应用最广。根据切割材料可分为金属激光切割和非金属激光切割。

（1）汽化切割

当高功率密度的激光照射到工件表面时，材料在极短的时间内被加热到汽化点，部分材料化作蒸气逸去，形成割缝，其功率密度一般为 108W/cm² 量级，是熔化切割机制所需能量的 10 倍，这是大部分有机材料和陶瓷所采用的切割方式。汽化切割机理可具体描述如下：

1）激光束照射工件表面，光束能量部分被反射，剩余部分被材料吸收，反射率随着表面继续加热而下降。

2）工件表温升高到材料沸点温度的速度非常快，足以避免热传导造成的熔化。

3）蒸气从工件表面以近声速飞快逸出，其加速力在材料内部产生应力波，当功率密度大于 $10^9 \mathrm{W/cm^2}$ 时，应力波在材料内的反射会导致脆性材料碎裂，同时它也会升高蒸发前沿压力，提高汽化温度。

4）蒸气随身带走熔化质点和冲刷碎屑，形成孔洞，汽化过程中，60％的材料以熔滴形式被去除。

5）当功率密度大于 $10^8 \mathrm{W/cm^2}$ 时，形成类似于点载荷的应力场，应力波在材料内部反射。

6）如发生过热，来自孔洞的热蒸气由于高的电子密度会反射和吸收入射激光束。这里存在一个最佳功率密度，对不锈钢，其值为 $5 \times 10^8 \mathrm{W/cm^2}$，超过此值，蒸气吸收阻挡了增加的功率，吸收波开始从工件表面朝光束方向移开。

7）对某些光束局部可透的材料，热量在内部吸收，蒸发前沿发生内沸腾，以表面下爆炸形式去除材料。

（2）熔化切割

利用一定功率密度的激光加热熔化工件，同时借与光束同轴的非氧化性辅助气流把孔洞周围的熔融材料吹除、带走，形成割缝。其所需功率密度约为汽化切割的1/10。熔化切割的机理可概括如下：

1）激光束射到工件表面，除反射损失外，剩下能量被吸收，加热材料并蒸发出小孔。

2）小孔形成后，作为黑体吸收所有光束能量，被熔化金属壁所包围，依靠蒸气流高速流动，使熔壁保持相对稳定。

3）熔化等温线贯穿工件，依靠辅助气流喷射压力将熔化材料吹走。

4）随着工件移动，小孔横移并留下一条切缝，激光束继续沿着这条缝的前沿照射，熔化材料持续或脉动地从缝内被吹掉。

对薄板材料，切割速度过慢会使大部分激光束直接通过切口白白损失能量，速度提高使更多光束照射材料，增加与材料的耦合功率，获得保证切割质量的较宽参数调节区。对厚板材料，由于激光蒸发作用或熔化产物移去速度不够快，光束在割缝内材料切面上多次反射，只要熔化产物能在其被冷气流凝团前除去，切割过程将继续进行。

所有激光切割口边缘都呈条纹状，其原因是：切割过程开始于导致氧燃烧的某功率值，而在较低的功率水平停止；切割断面陡立，以致在它上面的功率密度不能持续地维持熔化过程，而在切割面形成台阶，使切割面在切割过程中间歇地前进；切割产生的吸收或反射等离子或烟雾可引起间歇效应。

（3）氧助熔化切割

利用激光将工件加热至其燃点，利用氧或其他活性气体使材料燃烧，由于热基质的点燃，除激光能量外的另一热源同时产生，同时作为切割热源。氧助熔化切割其机制较为复杂。

（4）控制断裂切割

通过激光束加热，易受热破坏的脆性材料高速、可控地切断，称为控制断裂切割。其切割机理可概括为：激光束加热脆性材料小块区域，引起温度梯度剧变和随之而来的严重热变形，使材料形成裂缝。

3 施工现场常用的焊接方法

3.1 手工电弧焊

3.1.1 原理及特征

1. 电弧焊的焊接原理

电弧焊是利用焊材与焊件之间的电弧热量熔化金属进行焊接的方法。电弧焊可以焊接各种碳素钢、低合金结构钢、不锈钢、铸铁以及部分高合金钢，一直是应用最广泛的焊接方法。

手工电弧焊由焊接电源、焊接电缆、焊钳、焊材、焊件和电弧构成回路，焊接时，利用焊材和工件接触引燃电弧，在焊接电源提供合适电弧电压和焊接电流下电弧稳定燃烧，产生高温，焊条和焊件局部被加热到熔化状态。

焊材端部熔化的金属和被熔化的焊件金属熔合在一起，形成熔池。在焊接中，电弧随焊材不断向前移动，熔池也随着移动，熔池中的液态金属逐步冷却结晶后便形成焊缝，使两焊件焊接在一起。液态熔渣密度比液态金属密度小，浮在熔池上面，从而起到保护熔池的作用。熔池内金属冷却凝固时熔渣也随之凝固，形成焊渣覆盖在焊缝表面，防止高温的焊缝金属被氧化，并且降低焊缝的冷却速度。

电弧焊的焊接过程如图 3-1 所示。

2. 焊接电弧及其特性

（1）电弧的形成

电弧焊属于熔化焊，熔化金属的热源是焊接电弧。电弧是发生在电极与气体介质中持续的大功率放电。通常情况下气体是不导电的，为了使其导电，必须使之电离，即必须在气体中形成足够数量的自由电子和正离子。

电弧的形成过程如下：

当弧焊电源输出端的两个极（即电极与焊件）短接时，表面局部突出部位首先接触，在接触区域有电流通过，金属熔化并形成液态小桥，拉开电极则小桥爆断，使金属受热汽化。当电极与工件分离后，在极小的间隙中，在电源电压作用下，会形成较大的电场强度。电子

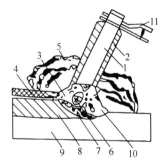

图 3-1 电弧焊焊接示意图
1—焊条芯；2—焊药；3—液态熔渣；
4—凝固的熔渣；5—保护气体；
6—熔滴；7—熔池；8—焊缝；
9—工件；10—电弧；11—焊钳

在电场的作用下，自阴极逸出，形成"电子发射"，由阴极发射出的电子，在电场的作用下快速向阳极运动，与中性气体粒子相撞并使其电离，分离成电子和正离子，电子被阳极吸收，而正离子向阴极运动，形成电弧放电过程。

电弧引燃后，弧柱中就充满了高温电离气体，放出大量的热能和强烈的光。电弧热量的多少与焊接电流和电压的乘积成正比。电流越大，电弧所产生的热量就越多。一般来说，对直流电弧焊机的焊接过程中热量在阳极区产生的较多，约占总热量的43%；阴极区因放出大量电子时消耗一定热量，所以产生的热量较少，约占总热量36%；其余的21%左右是在弧柱中产生的。手工电弧焊只有65%～80%的热量用于加热和熔化金属，其余的热量则散失在电弧周围或飞溅的金属熔滴中。焊接钢材时，阳极区温度约为2600℃，阴极区温度约为2400℃，电弧中心温度最高，可达6000～8000℃。

如焊接时使用的是交流电焊设备，输入电源频率为50Hz时电流每秒钟正负变换达100次，所以两极加热一样，温度都在2500℃左右，不存在正接和反接的问题。

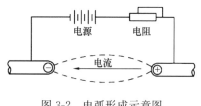

图 3-2　电弧形成示意图

当电弧稳定燃烧时，电弧电压降（通称电弧电压）主要与电弧长度，即电焊条和工件间的距离有关。电弧长度越大，电弧电压也越大。一般情况下电弧电压在16～35V范围内。电弧形成过程如图3-2所示。

通过上述介绍，我们知道，电弧形成的必要条件是气体电离和阴极电子发射，这两个条件缺一不可。

1）气体电离

使中性的气体分子或原子释放出电子，并形成正离子的过程称为气体电离。在焊接工艺过程时，使气体介质电离的种类主要有热电离、电场电离和光电离三种基本形式。

① 热电离

气体粒子受热的作用而产生的电离，称为热电离。温度越高，热电离作用越大。

② 电场电离

带电粒子在电场的作用下，各自按照一定的规律做定向高速运动，产生较大的动能，当不断与中性粒子相碰撞时，则不断地产生电离。两电极间的电压越高，电场作用越大，则电离越激烈。

③ 光电离

中性粒子在光辐射的作用下产生的电离，称为光电离。

2）阴极电子发射

阴极的金属表面连续地向外发射出电子的现象，称为阴极电子发射。一般情况下，电子是不能自由离开金属表面向外发射的，要使电子逸出电极金属表面而产生电子发射，就必须加给电子一定的能量，使它能够及时克服电极金属内部正电荷对它的静电引力。所加的能量越大，则阴极电子发射活动就越强烈。

（2）电弧的焊接特性

焊接电弧是能量比较集中的热源，用于熔化母材和焊材。焊接电弧电压在整个弧长上的分布是不均匀的，明显地分为三个区域：靠近阴极一段极小长度区域（$10^{-6} \sim 10^{-5}$mm）为阴极压降区，靠近阳极一段极小长度的区域（$10^{-4} \sim 10^{-3}$mm）为阳极压降区，中间部分为弧柱区。

（3）焊接电弧的静态伏安特性

电弧静态伏安特性又称静特性，系指弧长不变条件下电弧电压与流经电弧的电流之间的函数关系，其形状如图 3-3 所示，为弧长为 2mm（曲线 1）和 5mm（曲线 2）时的电弧静态伏安特性曲线。由曲线可以看出，在常规的手工电弧焊电流范围内，电弧电压几乎不随焊接电流变化，即电弧的伏安特性为平特性。当弧长增加时，电弧电压亦增加，即伏安特性向上平移。

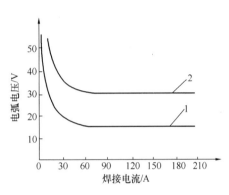

图 3-3 电弧伏安特性曲线
1—弧长 $L=2$mm；2—弧长 $L=5$mm

3. 焊接冶金原理

（1）焊接熔池的形成

在焊接电源作用下，母材上所形成的具有一定几何形状的液态金属部分称为熔池。它主要由熔化的焊条金属和局部熔化的母材金属所组成。

熔池的形状近似呈半椭圆球状。熔池的大小与焊接工艺参数、母材性质、坡口形状和尺寸大小有关。熔池的形成有一段过渡时间，然后才能进入稳定状态，一般只存在几秒至几十秒，这时，熔池的形状、大小和质量基本保持不变。对于手工电弧焊，熔池金属的质量一般在 $0.6 \sim 16$g 范围之内，多数情况在 5g 以下。

随着热源的移动，熔池沿焊接方向做同步移动。在熔池的前部母材不断地熔化，温度较高；熔池的尾部，熔池内的金属不断地凝固，温度逐渐降低。

（2）焊接化学冶金

焊接化学冶金是指熔焊时，焊接区的熔化金属、熔渣、气体之间在高温下进行的一系列化学反应，这些冶金反应会直接影响焊缝的成分、组织和性能。

手工电弧焊的化学冶金过程是在气、渣联合保护的前提下，分别在药皮反应区、熔滴反应区和熔池反应区连续进行。

1）气体对熔化金属的作用

焊接区的气体主要有一氧化碳、二氧化碳、氢气、氧气和氮气等，其中，氮气对焊接质量的影响最大。

① 氧气

氧气主要来源于空气中的氧、药皮中的氧化物和母材表面的铁锈、水分的分解产物。氧在电弧高温下，能与铁和其他合金元素发生氧化反应，造成合金元素烧损，氧化产物（如 MnO、SiO_2、TiO_2、Al_2O_3 等）一般浮到熔渣中去，也会夹杂于焊缝中。

氧与碳或氢反应，生成不溶于金属的气体一氧化碳或水蒸气，若不能顺利逸出，就会形成气孔。电弧焊时，通过焊条药皮中的脱氧剂、造气剂和焊芯中的脱氧元素的作用，能使焊缝金属中的含氧量显著减少。

焊缝金属中含氧量的增加，将使金属的伸长率和冲击韧性下降，脱氧生成物作为夹渣分布于晶界上，会使组织变脆，引起热脆等破坏焊接材料的缺陷。

② 氮气

氮气主要来自于空气。氮在高温下虽然不活泼，但是在电弧的高温作用下会溶解于铁中，又能形成稳定的化合物（如 Fe_4N、Fe_2N 等），还可以气态存在于焊接熔池中。

焊缝中的含氮量增加，对金属性能影响很大，如抗拉强度增大，伸长率和冲击韧度下降，产生时效硬化等。为了减少焊缝金属中的含氮量，防止空气中的氮侵入，必须对焊接电弧加强保护。

③ 氢气

氢气主要来自于焊条药皮中的水分和有机物及焊条表面的水分、铁锈、油脂、油漆等。氢不和金属化合，但它能溶于 Fe、Ni、Cu、Cr、Mo 等金属中，随着温度的升高其溶解度增大。焊接时，由于冷却速度很快，容易造成过饱和的氢残留在焊缝金属中，形成气孔。焊缝金属中的含氢量的增加，对金属的性能影响很大，如变脆，焊缝金属内产生气孔、白点和裂纹等。

2）熔渣对熔化金属的作用

熔渣主要由酸性氧化物（SiO_2、TiO_2）、碱性氧化物（CaO、MnO）和中性氧化物（Al_2O_3、Fe_3O_4）组成。熔渣总是覆盖在熔滴和熔池金属的表面，以隔绝空气；同时，熔渣还能与熔化金属发生一系列化学冶金反应，如脱氧、脱硫、脱磷、渗合金等，从而提高焊缝质量。

4. 熔池结晶和焊缝组织

熔焊时，焊缝金属由高温液体冷却到常温固态，中间要经过两次组织变化过程，第一次是熔池金属从液态变为固态的结晶过程，称为焊缝的一次结晶；焊接熔池一次结晶结束后，熔池就转变为了固体焊缝，高温的焊缝金属冷却到常温时，要经过一系列的组织相变过程，这种相变过程称为焊缝金属的二次结晶，即固态相变。

（1）焊接熔池的一次结晶

焊接熔池的一次结晶对焊接金属的组织和性能有着极大的影响，焊接过程的许多缺陷，如气孔、裂纹、夹渣和偏析等大都是在一次结晶过程中产生的。

（2）焊缝金属的二次结晶

对低碳钢焊缝金属而言，它的一次结晶组织主要是粗大的奥氏体晶粒。当冷却到900℃以下某一临界温度时，就会在奥氏体晶界析出铁素体；当继续冷却到低于727℃的相变温度时，在剩余的奥氏体晶粒中，会同时析出铁素体和渗碳体，形成珠光体。所以，低碳钢焊缝的常温组织一般为铁素体和珠光体。焊缝的力学性能取决于铁素体和珠光体的相对含量及晶粒的粗细程度。如果珠光体含量高而铁素体含量少，且晶粒细，那么焊缝的强度和硬度就会提高，而塑性和韧性则会有所降低，焊缝的冷却速度对焊缝组织有很大的影响。

二次结晶组织多数情况下仍以铁素体和珠光体为主，但在高强钢焊缝中，且冷却速度较大的情况下，也会有贝氏体，甚至马氏体出现。贝氏体和马氏体的产生，会使焊缝的脆性增大，硬度增加，力学性能变差。

3.1.2 焊接设备及工具

焊接设备及工具是实现焊接工艺所必需的装备。焊接设备包括焊机、焊接工艺装备和焊接辅助器具。这里针对手工电弧焊进行介绍，如图3-4所示。

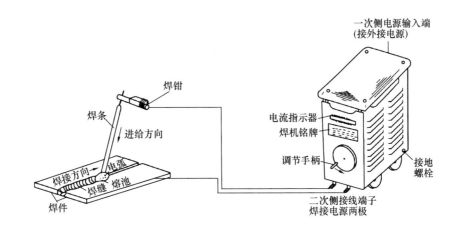

图3-4 手工电弧焊基本焊接示意图

手工电弧焊的主要设备是弧焊机，工具有夹持的焊钳，保护眼睛、皮肤免于灼伤的电弧手套和面罩，以及清理焊缝表面及渣壳的清渣锤和钢丝刷等。

1. 弧焊电源的种类

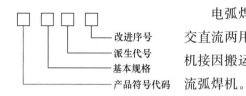

图 3-5 手工电弧焊机
表示方法示例

电弧焊按电源种类分为交流弧焊机、直流弧焊机和交直流两用弧焊机等。随着电子技术的进步，直流弧焊机接因搬运方便、性能稳定、节能等特点，逐渐代替交流弧焊机。

焊机型号按《电焊机型号编制方法》GB/T 10249—2010 规定编制，采用汉语拼音字母和阿拉伯数字表示，如图 3-5 所示。部分产品的符号代码见表 3-1。

部分产品的符号代码　　　　　　　表 3-1

产品名称	第一字母		第二字母		第三字母		第四字母	
	代表字母	大类名称	代表字母	小类名称	代表字母	附注特征	数字序号	系列
电弧焊机	B	交流弧焊机（弧焊变压器）	X	下降特性	L	高空载电压	省略	磁放大器或饱和电抗器式
							1	动铁芯式
							2	串联电抗器式
			P	平特性			3	动圈式
							4	
							5	晶闸管式
							6	变换抽头式
	Z	直流弧焊机（弧焊整流器）	Z	下降特性	省略	一般电源	省略	磁放大器或饱和电抗器式
							1	动铁芯式
					M	脉冲电源	2	
			P	平特性			3	动线圈式
					L	高空载电压	4	晶体管式
			D	多特性			5	晶闸管式
					E	交直流两用电源	6	变换抽头式
							7	逆变式
电阻焊机	U	对焊机	N	工频	省略	一般对焊	省略	固定式
			R	电容储能	B	薄板对焊	1	弹簧加压式
			J	直流冲击波	Y	异形截面对焊	2	杠杆加压式
			Z	次级整流	G	钢窗闪光对焊	3	悬挂式
			D	低频	C	自行车轮圈对焊		
			B	逆变	T	链条对焊		

例如：

BX3—500 为具有陡降外特性的动圈式交流弧焊变压器，其额定焊接电流为 500A。

ZX5—400 为具有陡降外特性的晶闸管式弧焊整流器，其额定焊接电流为 400A。

2. 弧焊电源的特性要求

为了保证电弧的稳定燃烧，对弧焊电源提出以下基本要求：

（1）电源的空载电压

当弧焊电源的输出端没有荷载时，其输出端的电压称为电源空载电压，空载电压通常控制在 60～80V。从引弧和电弧的稳定性考虑，电源的空载电压愈高愈好，亦即电源空载电压越高则越容易引弧，且电弧燃烧越稳定；空载电压太低，则会导致引弧困难，电弧燃烧也会不稳定。但是，若空载电压过高，设备体积和设备质量就要随之增大，耗费的材料也就必然增多，而且其功率因数也会降低，使用不方便、成本不经济；同时，空载电压过高也不利于焊工的人身安全。

（2）电源的外特性

为了保证焊接过程中的正常引弧及电弧的稳定燃烧，要求弧焊电源能提供一个较高的空载电压，电弧燃烧后，随着电流的增加，电压急剧下降；当焊条与焊件短路时，又能将短路电流限定在一定的范围内，具有上述特性的弧焊电源，称之为陡降外特性电源。在坐标图上表示这种特性的曲线，称之为陡降外特性曲线。如图 3-6 所示曲线 2 即为焊接电源的陡降外特性曲线，其斜率应大于 7%，即当电流变化 100A 时，电压的变化应大于 7V。

具有陡降外特性的电源，不但能保证电弧的稳定燃烧，而且能在发生短路时不会产生过大的电流，因而也就避免了电源设备或焊件在大电流作用下发生过热导致烧损的事故。一般弧焊电源的短路电流为焊接电流的 120%～150%，最大不超过 200%。

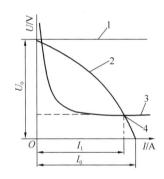

图 3-6　外特性曲线图
1—普通照明的平直外特性；2—焊接电源的
陡降外特性；3—电弧燃烧的特性曲线；
4—电弧燃烧点

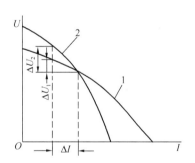

图 3-7　两种不同下降程度
的外特性曲线
1—缓降外特性曲线；
2—陡降外特性曲线

由于熔滴过度、热惯性以及操作等原因，焊接时，电弧长度总是在不断地发生变化，因而，电弧电压和焊接电流也随之变化。为保证焊接质量，焊接过程中，焊接电流的变动越小越好。从图 3-7 中可以看出，当焊接电流发生相应变化（变化值 ΔI）时，具有陡降外特性的弧焊电源所引起的电压变化值 ΔU_2 大于具有缓降外特性弧焊电源引

起的电压变化值 ΔU_1。即对于相同的电弧长度变化，具有陡降外特性的弧焊电源所引起的电流变化要比具有缓降外特性的弧焊电源所引起的焊接电流变化小得多。所以，弧焊电源必须具有陡降的外特性。

（3）电源的动特性

开始引弧时，电极与焊件相碰要发生短路，这时要求电源能迅速提供合适的焊接电流；电极抬起时，电源的输出电压要很快达到空载电压；施焊过程中，熔滴过渡时弧长会不断地发生变化从而引起焊接电流和电弧电压发生相应的变化。如果弧焊电源输出的电流和电压不能很快地适应弧焊过程中负载的这些变化，电弧就不能稳定地燃烧甚至熄灭。弧焊电源适应焊接电弧这样的动态负载所输出电流、电压相对时间变化的特性，称为弧焊电源的动特性。

动特性良好的弧焊电源，很容易引弧，引弧电流适当则不会感到电弧"冲力"不足，或"冲力过大将焊件烧穿"，焊接过程飞溅少，电弧突然拉长也不易熄灭。使用这种电源焊接时，电弧很"柔软"，富有弹性，焊接过程很"安静"。用动特性不好的电源焊接，引弧时焊条容易黏合在焊件上，焊条拉开距离稍大一些，就不能起弧，只有拉开距离很小时，才能起弧，且焊接过程飞溅较严重，容易熄弧，使用这种电源焊接时，会使人感到电弧"硬"且"暴躁"。

（4）电源的调节特性

焊接时，根据母材的特性、厚度、几何形状的不同，要选用不同的焊接电流和电弧电压。因此，要求弧焊电源能在较大范围内均匀、灵活地选择合适的焊接电流值。

（5）电源的负载持续率

电源的负载持续率是指负载工作的持续时间与全工作周期时间的比值，可用百分数表示，见下式（3-1）。

$$负载持续率 = \frac{选定的工作时间周期内焊机负载时间}{选定的工作时间周期} \times 100\% \qquad (3-1)$$

当电源连续通电时，负载持续率为 100%。手工电弧焊时，每焊完一根焊条就要更换新的焊条，这就决定了弧焊电源处于周期性断续负载的连续工作负荷状态。焊接时，电源处于负荷状态，各部分温升升高；更换焊条时，电源处于空载状态，温度降低。

铭牌上规定的额定电流是在额定负载持续率和额定输出电压负荷状态下，允许长期使用的焊接电流。如果焊缝都很短，电源空载次数增多，则实际负载持续率比额定负载持续率低，允许使用的焊接电流可比额定电流大。相反，若电源作自动焊电源时，则实际负载持续率比额定负载持续率大，此时，允许使用的焊接电流应比额定电流小。特别是在使用便携式弧焊电源时，因其额定负载持续率只有 20%，而实际焊接时，往往会超过额定负载持续率，故易使其过热而烧毁。因此，良好的弧焊电源应具有较高的负载持续率。

3.常用手工电弧焊电源

（1）交流弧焊机

交流弧焊机也称弧焊变压器，它是一种特殊的变压器，其作用是将电网提供的交流电变成适宜于电弧焊的交流弧焊电源。这种变压器由一次、二次级线圈相隔的主变压器及所需要的调节装置和指示装置组成。根据增加电抗的方式不同，交流弧焊机可分为串联电抗器式和增强漏磁式两大类。串联电抗器式交流弧焊机根据电抗器与变压器配合方式的不同，可分为同体式、分体式和饱和电抗器式三种；增强漏磁式交流弧焊机根据其结构的不同可分为动圈式、动铁式和抽头式三种。

1）基本原理

交流弧焊机为一种具有下降特性的电源，通过增大主回路电感量来获得下降特性。一种方式是做成独立的铁芯线圈电感，称为电抗器，与正常漏磁式主变压器串联；另一种方式是增强变压器本身的漏磁，形成漏磁感抗。前者称为串联电抗式交流弧焊机，后者称为增强漏磁式交流弧焊机。交流弧焊机中的可调感抗不仅可用来获得下降特性，同时还可用来稳定焊接电弧和调节焊接电流。

目前，增强漏磁动铁式交流弧焊机是施工现场应用较为广泛的交流弧焊机，如图3-8所示，这是一台BX1—330交流弧焊机的示意图。它是一个结构特殊的降压变压器。焊机的空载电压为60～70V，工作电压为30V，电流调节范围为50～450A。铁芯由两侧的静铁芯（5）和中间的动铁芯（4）组成，变压器的次级绕组分成两部分，一部分紧绕在初级绕组（1）的外部，另一部分绕在铁芯的另一侧。前一部分起建立电压的作用，后一部分相当于电感线圈。焊接时，电感线圈的感抗电压降可使弧焊机获得较低的工作电压。

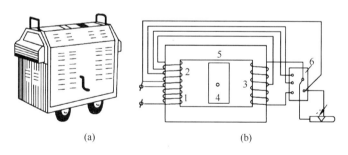

(a)　　　　　　　　　(b)

图3-8　BX1—330交流弧焊机

（a）外形图；（b）原理图

1—初级绕组；2，3—次级绕组；4—动铁芯；5—静铁芯；6—接线板

引弧时，弧焊机能供给较高的电压和较小的电流，当电弧稳定燃烧时，电流增大，而电压急剧降低；当焊条与工件短路时，也限制了短路电流。

焊接电流调节分为粗调和细调两挡。电流的细调靠移动铁芯（4）改变变压器的漏磁来实现。向外移动铁芯，磁阻增大，漏磁减小，则电流增大；反之，则电流减小。

电流的粗调靠改变次级绕组的匝数来实现。

2）常用交流弧焊机的主要技术参数

常用交流弧焊机的主要技术参数见表 3-2。

表 3-2

常用交流弧焊机的主要技术参数

型号与形式	同体式	分体多站式	抽头式	
	BX—500	BP—3×500	BX6—120	BX6—200
额定输入容量（kVA）	40.5	122	6.24	15
电源电压（V）	380	220/380	220/380	380
额定焊接电流（A）	500	3×500	120	200
电流调节范围（A）	150～500	35～210	50～160	65～200
空载电压（V）	80	70	35～60 六挡	48～70
额定工作电压（V）	30	25	22～26	22～28
额定负载持续率（%）	60	100	20	20
用途	手工电弧焊和电弧切割	可同时供 12 个焊工工作	手提便携式	手提便携式

3）常用交流弧焊机的使用环境条件

① 周围环境空气温度为 $-10～40℃$，空气相对湿度为 20℃时应不大于 90%。

② 周围空气中的灰尘、酸、腐蚀性气体或物质等不超过正常含量，由焊接过程产生的除外。

③ 海拔高度不超过 1000m，不适宜长时间在含盐的空气中使用。

④ 电源电压的波动量不超过焊机额定输入电压的 ±10%。

⑤ 工作场所的风力不大于 1.5m/s，不适合在雨中使用，不适宜长时间在阳光下暴晒。

4）常用交流弧焊机的安装与使用

① 交流弧焊机的安装与连接，必须由专业焊工和专业电工配合完成，要注意检查配电系统开关、熔断器是否合适、齐全；检查电源线和焊接电缆线的绝缘是否完好，若有破损，必须用绝缘带包扎完好或更换绝缘良好的导线；检查电网功率是否够用。

② 初次使用的新焊机和长期放置后又重新使用的焊机，接线前，应用兆欧表测量初级线圈与次级线圈之间、初级线圈和次级线圈分别与机架之间的绝缘电阻不得低于 1MΩ。

③ 交流弧焊机应配备具有开关及过流保护功能的专用配电箱，其容量应与所用交流弧焊机的容量相匹配。

④ 交流弧焊机接线前，应确认电源是否已经切断。

⑤ 从配电箱到交流弧焊机输入端的电源线推荐使用 BVR 聚氯乙烯多股铜芯软导线；从交流弧焊机输出端到焊件（接地夹）和焊钳之间的连线应采用 YH 或 YHF 电焊专用橡胶绝缘电缆。当交流弧焊机与焊件间的距离超过 10m 时，必须加大电缆线的截面，使电缆线的电压降不超过 4V。

⑥ 交流弧焊机的外壳必须可靠接地，应采用单独的导线与接地干线连接起来。交流弧焊机的接地线推荐采用截面积不小于 6mm² 的铜芯线；如采用铝芯线时，其截面积一般不小于 10mm²。

⑦ 交流弧焊机使用前，除应对各连接点全面检查外，还应对电源电压与交流弧焊机的输入电压是否一致进行检查。对于可使用 380V 和 220V 两种电压的小型交流弧焊机，打开电源开关时，应确保使开关指向与电源电压一致。

⑧ 多台交流弧焊机安装时，应分别接在三相电网上，尽量使三相负载平衡。

⑨ 交流弧焊机和电缆线连接处必须拧紧，接触不良会导致接头处过热，甚至会烧毁接线板。

⑩ 空载电压相同的交流弧焊机不论型号、容量是否相同，都可以并联应用。

⑪ 空载电压不同的交流弧焊机不能并联使用，因为并联时，在空载情况下，交流弧焊机间会出现不均衡环流。如需要并联时，必须改装，使交流弧焊机的空载电压相同。

⑫ 并联运行的交流弧焊机，要注意负载电流的均衡分配，可通过各交流弧焊机电流调节装置予以调整。

⑬ 交流弧焊机并联时，应将一次线圈接在电网的同一相上。二次线圈也必须同相相连。当检查接线是否正确时，可先将两台交流弧焊机二次线圈任意两个接线端相联，然后用电压表或 110V 灯泡接其余两接线端，若电压表指示为零或灯泡不亮，则接法正确，否则，需调换接线端。

5）常用交流弧焊机的维护与保养

① 交流弧焊机的维护和保养应由专业人员进行，维护保养前必须切断电源。

② 每半年至少进行一次维护保养。

③ 用兆欧表测量初级线圈与次级线圈之间、初级线圈和次级线圈分别与机架之间的绝缘电阻是否大于 1MΩ。

④ 使用压缩空气或刷子除净堆积在机内的灰尘。

⑤ 检查各连接处是否连接牢固，消除所有连接不可靠现象。

⑥ 检查线圈及其他部件固定是否牢固，如有松动，必须加以紧固。

6）常用交流弧焊机的常见故障及排除方法

常用交流弧焊机的常见故障及排除方法见表 3-3。

交流弧焊机的常见故障及排除方法   表 3-3

故障现象	可能原因	排除方法
无电流输出	(1) 输入端无电压输入。 (2) 内部接线脱落或断路。 (3) 内部线圈烧毁	(1) 检查配电箱到交流弧焊机输入端的开关、导线等是否完好，各接线处是否接线牢固。 (2) 检查交流弧焊机内部开关、线圈的接线是否完好。 (3) 更换烧毁的线圈
电流偏小或引弧困难	(1) 电网电压过低。 (2) 电源输入线截面积过小。 (3) 焊接电缆线过长或截面积过小。 (4) 焊件上有油漆等污物。 (5) 交流弧焊机的输出电缆线与焊件接触不良	(1) 待电网电压恢复到额定值后再使用。 (2) 按照交流弧焊机的额定输入电流配备截面积足够的电源线。 (3) 加大焊接电缆线截面积或减少焊接电缆线长度，一般不超过 15m。 (4) 清除焊缝处的污物。 (5) 使输出电缆线与焊件接触良好
交流弧焊机过热、冒烟或有焦味冒出	(1) 交流弧焊机超负载使用。 (2) 交流弧焊机绕组短路。 (3) 输入电压过高。 (4) 风机不转	(1) 严格按照交流弧焊机的负载持续率工作，避免过载使用。 (2) 检查线圈绕组，排除断路故障。 (3) 按实际输入电压接线和操作，对可用 220V 和 380V 两种电压的交流弧焊机检查，消除错误接法。 (4) 检查风机，排除风机故障。 (5) 对初次使用的交流弧焊机，有轻微绝缘漆味冒出进行判断，如有则属正常
接头连接处过热	连接螺栓松动	将接头连接处拆开，用砂纸或小刀对接触导电处进行清理，然后再把螺栓拧紧
交流弧焊机噪声大	(1) 线圈短路。 (2) 线圈松动。 (3) 动铁芯振动过大。 (4) 外壳或底架紧固螺栓松动	(1) 检查线圈，排除短路处。 (2) 检查线圈，紧固好松动处。 (3) 调整动铁芯，拧紧螺栓。 (4) 检查紧固螺栓，消除螺栓松动现象
冷却风机不转	(1) 风机接线脱落、断线或接触不良。 (2) 风叶被卡死。 (3) 风机上的电机烧毁	(1) 检查风机接线处，排除故障。 (2) 轻轻拨动风叶，检查是否转动灵活。 (3) 更换电机或整个风机
交流弧焊机外壳带电	(1) 电缆线或焊接电缆线处碰外壳。 (2) 焊接电缆线破损处碰焊件。 (3) 线圈松动后碰铁芯。 (4) 内部裸导线碰外壳或机架	(1) 检查接线处，排除碰外壳现象。 (2) 检查焊接电缆，用绝缘带包扎好破损处。 (3) 检查线圈，调整和紧固好松动的线圈。 (4) 检查内部导线，排除碰外壳现象

（2）直流弧焊机

1）工作原理

将 50Hz 的工频输入电压经整流滤波成为直流电压，然后通过功率电子开关转换成高频（100kHz）的交流电压，再通过变压器将此交流电压变为适合焊接工艺要求的交流电压，最后经整流滤波变为直流焊接电压。通过脉冲宽度调节控制技术（PWM），对输出电流进行控制并调节。由于采用了开关电源逆变技术，焊机重量和体积大幅度下降，效率提高，同时降低了能耗，具有节约能源、体积小、重量轻、输出电流稳定等优点。

直流弧焊机根据工作原理不同，分为逆变式与脉冲式，实际生产中广泛采用的是逆变式直流焊接，脉冲直流电焊机也叫脉冲氩弧焊机，主要用于高质量、高要求的焊接，一般用于薄板焊接，工件变形相对较小的场合。

2）常用直流弧焊机的使用环境条件

① 周围介质温度不高于 40℃，相对湿度不大于 85%，不宜在雨中使用。不得有铁屑、污物等侵入。不宜长时间在含盐的空气中使用。工作场所的风力不大于 1.5m/s，不宜长时间在阳光下暴晒。

② 通风良好，无有害工业气体，无腐蚀气体，周围空气中的灰尘、酸、腐蚀性气体或物质等不超过正常含量。

③ 附近不可放置汽油、柴油或其他易燃易爆物品。

④ 电源电压的波动量不超过焊机额定输入电压的 ±10%。

3）直流弧焊机的安装与使用

① 直流焊机应安装在通风良好的干燥场所。安装时，应采取防潮措施，新的或长期未使用的直流弧焊机，安装前，必须对其绝缘情况进行检查，可用 500V 兆欧表测定其绝缘电阻。测定前，应先用导线将整流器或硅整流元件短路，防止整流元件因过电压而击穿。

测定时，如兆欧表指针为零，则表示该回路短路，应设法消除短路处；若指针不为零，但又达不到绝缘电阻指标，说明该焊机可能绝缘受潮，应设法对绕组进行烘干。

一般整流式直流弧焊机的电源回路对机壳的绝缘电阻应不小于 1MΩ；焊接回路对机壳的绝缘电阻应不小于 0.5MΩ；一、二次绕组间绝缘电阻应不小于 1MΩ。

② 安装前，应检查直流弧焊机的内部是否有损坏，各接头处是否拧紧，有无松动现象。

③ 安装前，应检查专用开关箱内的各种电器元件和电缆线是否正确，电缆线绝缘是否良好。

④ 电源输入电缆线和焊接电缆线的导线截面和长度要合适，以保证在额定负载时输入电缆线的电压降不大于电网电压的 5%，焊接回路电缆线总的电压降不得大于 4V。

⑤ 机壳接地。直流焊接使用前，应将机壳牢固接地。

⑥ 整流式直流弧焊机使用时，应特别注意对硅整流元件及晶闸管元件的保护和冷却。冷却风扇工作一定要可靠，应定期维护、清理。风扇出现故障时，应立即停机排除。

⑦ 电流调节盒或遥控盒应注意保护，不能猛拉、强扭，以免拉脱焊透，折断电缆线。

⑧ 焊接作业中，整流器如突然发生异常，应立即停机检查。

4. 手工电弧焊机的选择

交流弧焊机与直流弧焊机的比较

交流弧焊机的主要优点是成本低、制造简单、维护保养简便容易、噪声较小，缺点是不能适应碱性焊条，且焊接电压、电流容易受到电网波动的干扰；直流弧焊机的优点是电弧稳定、焊条适应性强，缺点是电路复杂、维修保养较复杂。表3-4是对两类焊机的比较。

直流弧焊机与交流弧焊机的比较 表 3-4

项目	直流弧焊机	交流弧焊机
电弧稳定性	高	低
极性可换性	有	无
构造与维修	复杂	简单
工作时的噪声	很小	较小
供电方式	单项/三相供电	单相/三相供电
触电危险性	较小	较大
功率因数	较高	较低
耗能指数	小	较大
成本	较高	低
重量	轻	较重

5. 手工电弧焊辅助工具和设备

手工电弧焊的常用辅助工具和设备包括焊钳、焊接电缆线、焊接电缆线快速接头、清理工具、焊条保温筒和防护用品等。

（1）焊钳

焊钳是夹持焊条并传导焊接电流的操作器具。其主要作用是使焊工能夹住和控制焊条，同时也起着从焊接电缆线向焊条传导焊接电流的作用。焊钳应具有良好的导电性、不易发热、质量轻、夹持焊条牢固及装换焊条方便等特性。焊钳的构造如图3-9所示，主要由上下钳口、弯臂、弹簧、直柄、手柄及固定销等几部分组成。

按允许使用电流值，焊钳可分为 300A 和 500A 两种。选用焊钳应按以下原则进行：

1）焊钳应轻便、易于操作，同时要求有良好的绝缘性和良好的隔热性。

2）焊钳钳口材料要有较高的导电性和一定的力学性能，应用纯铜制造。

3）焊钳能夹住焊条，焊条在焊钳夹持端能根据焊接的需要变换多种角度。

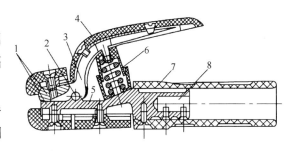

图 3-9　焊钳的构造示意图

1—上下钳口；2—固定销；3—弯臂；

4—弯臂罩壳；5—直柄；6—弹簧；

7—手柄；8—电缆线固定处

4）焊钳与焊接电缆线的连接应简便可靠，接触电阻小。

5）电缆线的橡胶包皮应伸入到钳柄内部，使导体不外露，起到屏护作用。

焊钳的规格和主要技术数据见表 3-5。

电焊钳的规格和主要技术数据　　　　　　　　　　表 3-5

规格（A）	额定值			适用焊条直径（mm）	耐电压性能（V/min）	能连接的最大电缆截面（mm²）
	负载持续率（%）	工作电压（V）	工作电流（A）			
500	60	40	500	4.0～8.0	1000	95
300	60	32	300	2.5～5.9	1000	50
100	60	26	160	2.0～4.0	1000	35

（2）焊接电缆线

电焊机电缆一般是指焊机输出到焊件进行焊接工作的电缆，全称为高强度橡套电焊机电缆，俗称焊把线，是 YC 电缆（通用橡套电缆）的一种。结构为单线芯，一般为多根铜丝组成铜丝组，多组铜丝组则组成电焊机电缆的导体部分，电缆线体较粗，铜丝数百根。多组铜丝的周围被一层耐热聚酯薄膜绝缘包裹。绝缘层一般为纯天然橡胶，铜丝为无氧铜，这样才能保证线芯的良好导电性及电缆的安全性。

焊接电缆线的作用是传导焊接电流。焊接电缆线应采用橡皮绝缘多股软电缆线，根据焊机的容量，选取适当的电缆线截面，选取时可参考表 3-6。不允许用扁铁、螺纹钢搭接或采用其他办法来代替焊接电缆线，以免因接触不良而使回路上的压降过大，造成引弧困难和焊接电弧的不稳定。选用焊接电缆线应注意以下事项：

焊接电缆线选用　　　　　　　　　　表 3-6

最大焊接电流（A）	200	300	450	600
焊接电缆线截面积（mm²）	25	50	70	95

1）焊接电缆又分为下面几种，其截面积应根据焊接电流和导线长度来确定。

① 一次线：电焊机的输入线缆，和电源相连，一般采用三芯橡胶线缆，并做好接地处理。

② 二次线：电焊机的输出到焊把的线缆，一般采用单芯多股线缆，选择原则见表 3-6。

③ 接地线：为了防止电焊机漏电伤人而设置的接地（零）保护线。

④ 搭铁线：电焊机两根输出线中的另一根与焊件连接的线。

2）焊接电缆线外皮必须完好、柔软、绝缘性好，如发现外皮损坏，必须及时处理或更换。

3）焊接电缆线长度一般不宜超过 30m，如确需加长时，可将焊接电缆线分为两节导线，连接焊钳的一节用细电缆线，以减轻焊工的手臂负重劳动强度，另一节按长度及使用的焊接电流选择粗一点的电缆线，两节间用电缆线快速接头连接，使焊接电缆线上的电压降不超过 4V，以保证引弧容易及电弧燃烧稳定。

4）焊机和焊接手柄与焊接电缆线的接头必须拧紧，表面应保持清洁，以保证其良好的导电性能。

（3）焊接电缆线快速接头

焊接电缆线快速接头（图 3-10）是一种快速方便地连接焊接电缆线与焊接电源的装置，它的主体采用导电性能好并具有一定强度的黄铜加工而成，外套采用氯丁橡胶，具有轻便适用、接触电阻小、无局部过热、操作简单、连接快、拆卸方便等特点。

（4）接地夹钳

如图 3-11 所示，接地夹钳是将焊接导线或接地电缆线接到焊件上的一种器具。接地夹钳必须既能形成牢固的连线，又能快速且容易地夹到焊件上。对于低负载率来说，弹簧夹钳比较合适。使用大电流焊接时，需要螺丝夹钳，以使夹钳不过热并形成良好的连接。

图 3-10　焊接电缆快速接头　　　　图 3-11　接地夹钳

（5）焊条烘干保温设备

焊条烘干保温设备主要用于焊条在焊接前的烘干及保温，减少或防止因焊条药皮吸潮而在焊接过程中形成的气孔、裂纹等缺陷。

（6）焊条保温筒

焊条保温筒是焊工在施工现场必备的一种辅具，携带方便。将已经烘干的焊条放在保温筒内保存，并供现场使用，能起到防潮、防雨淋等作用，能够避免使用过程中焊条药皮的含水率上升。焊条从烘干箱中取出后，应立即放入焊条保温筒内运送到施工现场。施焊时，逐根从保温筒内取出并使用。

（7）磨光机

磨光机有电动和气动两种，电动磨光机转速平稳、力量大、噪声小、使用方便。气动磨光机质量轻、安全性高，但对气源要求高。所以，手持电动式磨光机在现场使用较多，也较广泛。磨光机一般用于焊接前的坡口钝边磨削、焊件表面的除锈、焊接接头的磨削、多层焊时的层间缺陷磨削等。

（8）清理工具

清理工具包括敲渣锤、气动打渣器及钢丝刷、毛刷等。

1）敲渣锤是清除焊缝焊渣的工具，焊工应随身携带。敲渣锤有尖锯形和扁铲形两种，常用的是尖锯形。使用敲渣锤清渣时，焊工应戴防护眼镜。

2）气动打渣器可以减轻焊工清渣时的劳动强度，尤其采用低氢型焊条焊接开坡口的厚板接头时，手工清渣占焊工全部工作量的一半以上，采用气动打渣器，可以缩短三分之二的时间，而且清渣更干净、轻便、安全。

（9）防护用品

为防止焊接时触电及被弧光和金属飞溅物伤害，焊工焊接时，应正确使用工作服、电焊手套、工作帽、防护面罩、护腿和绝缘鞋等，另外，在清除焊渣时，还应按规定戴好防护眼镜。

3.1.3 电焊条

焊条电弧焊是施工现场应用最为广泛的焊接方法，作为手工电弧焊用的焊接材料——电焊条，对手工电弧焊的焊接质量、生产效率和经济效益有着重要作用。从事焊接作业的焊工必须熟悉和掌握焊条的组成、作用、分类及性能，焊条的检验、储存保管，以及常用焊条的选用等知识。

1. 焊条的组成

涂有药皮的供手工电弧焊用的熔化电极称为电焊条，简称焊条。它由焊芯和药皮（涂层）两部分组成，其外形及组成如图 3-12 所示。

焊条的一端为引弧端，为了便于引弧，一般将引弧端的药皮磨成约 45°的倒角，并使焊芯外露。为便于焊钳夹持和导电，尾部都设有

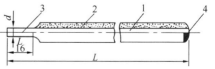

图 3-12　焊条组成示意图

1—焊芯；2—药皮；3—夹持端；4—引弧端

一段裸焊芯，长度为 $15 \sim 25mm$。焊条直径即指焊芯直径，施工现场常用的是 $\phi 2.5mm$、$\phi 3.2mm$ 和 $\phi 4mm$ 三种。

（1）焊芯

焊条中被药皮包覆的金属芯称为焊芯。焊芯一般是一根具有一定长度及直径的金属丝。焊接时焊芯有两个作用：一是传导焊接电流，产生电弧，把电能转换成热能；二是焊芯本身熔化，作为填充金属与液体母材金属熔合形成焊缝。

手工电弧焊接时，焊芯金属占整个焊缝金属的一部分，焊芯的化学成分，直接影响着熔敷金属（熔敷金属是指完全由填充金属熔化后所形成的焊缝金属）的成分和性能，影响着焊接质量。

下面就焊芯中几种合金元素对焊接质量的影响工作简要介绍。

1）碳（C）

碳是钢中的主要合金元素，当含碳量增加时，钢的强度、硬度明显提高，而塑性降低。在焊接过程中，碳起到一定的脱氧作用，在电弧高温作用下与氧发生化合作用，生成一氧化碳和二氧化碳气体，将电弧区和熔池周围空气排除，防止空气中的氧、氮等有害气体对熔池产生不良影响，减少焊缝金属中氧和氮的含量。

2）锰（Mn）

锰在钢中是一种较好的合金剂，随着锰含量的增加，钢的强度和韧性会有所提高。在焊接过程中，锰也是一种较好的脱氧剂，能减少焊缝中氧的含量。锰可与硫化合形成硫化锰浮于熔渣中，从而减少焊缝热裂纹倾向。

3）硅（Si）

硅也是一种较好的合金剂，在钢中加入适量的硅，能提高钢的屈服强度、弹性及抗酸性能。但若含量过高，则会降低钢的塑性和韧性。焊接过程中，硅也具有较好的脱氧能力，可与氧形成二氧化硅，但它会提高熔渣的黏度，易造成非金属夹杂物生成。

4）铬（Cr）

铬能够提高钢的硬度、耐磨性和耐腐蚀性。对于低碳钢而言，铬是一种偶然的杂质。铬的主要冶金特征是易于急剧氧化，形成难熔的氧化物（Cr_2O_3），从而增加了焊缝金属夹杂物的可能性。Cr_2O_3 过渡到熔渣后，能使熔渣黏度提高，流动性降低。

5）镍（Ni）

镍对钢的韧性有比较显著的效果，一般低温冲击值要求较高时，应适当掺入一些镍。

6）硫（S）

硫在钢中是一种有害杂质，随着硫含量的增加，将增大焊缝的热裂纹倾向，因此焊芯中硫的含量不得大于 0.04%。焊接重要结构时，硫含量不得大于 0.03%。

7）磷（P）

磷与硫一样，也是钢中的一种有害杂质，磷的主要危害是使焊缝产生冷脆现象，随着磷含量的增加，将造成低温冲击韧性下降，因此，焊芯中磷含量不得大于0.04%。

（2）药皮

药皮是压涂在焊芯表面的涂层，在焊接过程中发生复杂的冶金和物理、化学变化，对提高焊接质量起着极为重要的作用。若采用无药皮的光焊条焊接，则在焊接过程中，空气中的氧和氮会大量侵入熔化金属，将金属铁和有益元素，如碳、硅、锰等氧化和氮化，形成各种氧化物和氮化物，并残留在焊缝中，造成焊缝夹渣或裂纹。而溶入熔池中的气体更会使焊缝产生大量气孔，这些因素都能使焊缝的力学性能（强度、冲击值等）大大降低，同时使焊缝变脆。此外，采用光焊条焊接，电弧会很不稳定，飞溅严重，焊缝成形差。

1）药皮的组成

焊条药皮由各种矿物类、铁合金有机物和化工产品（水玻璃类）等原料组成。为了达到诸多要求，焊条药皮的组成成分相当复杂。根据药皮中原材料在焊接过程中所起的作用，分如下几种：

① 稳弧剂

稳弧剂由一些容易电离的物质组成，如钾、钠、钙的化合物，碳酸钾、长石、白垩、水玻璃等，其作用是提高电弧燃烧的稳定性，并使电弧易于引燃。

② 造渣剂

造渣剂在焊接过程中与熔池中的氧化物等杂质融合形成熔点、黏度、冶金性能合适的熔渣。熔渣覆盖在熔滴和熔池表面，能保护金属不与空气中的氧、氮发生作用，并使焊缝缓慢冷却，同时在焊接时，熔渣与金属之间进行化学反应，这些反应使焊缝金属脱氧、脱硫、脱磷。

酸性熔渣和碱性熔渣都具有良好的脱氧性能，酸性熔渣不能脱磷，只有碱性熔渣才能部分脱磷。去除金属焊缝中的硫元素主要靠熔渣中的钙、锰等氧化物。

③ 造气剂

造气剂主要由淀粉、木粉、大理石和菱镁矿粉等组成，这些物质在焊条熔化时产生大量的一氧化碳、二氧化碳等气体，在电弧周围形成保护气体。

④ 脱氧剂

脱氧剂的主要作用是消除焊缝气孔及降低含氧量，常用的脱氧剂有锰铁、硅铁和钛铁等。

⑤ 合金剂

合金剂的主要作用是向焊缝金属过渡合金元素，常用的有锰铁、硅铁、铬铁、镍铁、钼铁、钴铁和钒铁等。

⑥ 黏结剂

黏结剂主要用来把各种粉料黏结在一起，再由压涂机把涂料包覆在焊芯上，经烘干后形成牢固的药皮。常用的黏结剂有钠水玻璃、钾水玻璃或钾、钠混合水玻璃等。钾水玻璃还具有稳弧作用。

⑦ 增塑剂

为了改善药皮涂料的塑性和润滑性，使药皮涂料容易在压涂机上压涂生产，药皮配方中有时加上一定量的云母、白泥和钛白粉等增塑剂。

2）药皮的作用

药皮主要具有稳弧、保护、冶金及改善焊接工艺性等几种作用。

① 稳弧作用

保证电弧稳定燃烧，使焊接过程正常进行。

② 保护作用

焊条药皮中含造气剂，当焊条药皮熔化后，可产生大量的气体笼罩电弧区和焊接熔池，把熔化金属与空气隔绝开，保护熔融金属不被氧化、氮化。使焊缝金属冷却速度降低，有助于气体逸出，防止气孔的产生，改善焊缝的组织和性能。

③ 冶金作用

通过熔渣与熔化金属冶金反应，可除去有害杂质（如氧、氢、硫、磷）并添加有益的合金元素，使焊缝获得符合要求的力学性能。

焊接过程中，药皮虽然具有保护作用，但液态金属仍不可避免地有少量空气侵入并发生氧化。另外，药皮中某些物质在电弧高温作用下也会分解释放出氧，使液态金属中的合金元素烧损，导致焊缝质量降低。因此，在药皮中要加入一定量的还原剂物质，使氧化物还原，以保证焊缝质量。

此外，药皮会根据焊条性能的不同加入一些去氢、去硫的物质以提高焊缝金属的抗裂性。

由于电弧的高温作用，焊缝金属中所含的某些合金元素被烧损（氧化或氮化），会使焊缝的力学性能降低。通过在焊条药皮中加入铁合金或另外一些合金元素，随着药皮的熔化而过渡到焊缝金属中去，可弥补合金元素烧损和提高焊缝金属的力学性能。

④ 改善焊接工艺性能

焊条药皮在焊接时形成的套筒，能保证焊条熔滴过渡正常进行，保证电弧稳定燃烧。通过调整焊条药皮成分，可改变药皮的熔点和凝固温度，使焊条末端形成套筒，产生定向气流，既有利于熔滴的过渡，又使得焊接电弧热量集中，提高焊缝金属熔覆效率，可进行全位置焊接。

总之，药皮的作用是保证焊缝金属获得具有合乎要求的化学成分和力学性能，并使焊条具有良好的焊接工艺性能。

2. 焊条的分类

电焊条有三种分类方法：按焊条用途分类、按药皮的主要化学成分分类、按药皮熔化后熔渣的特性分类。

（1）按焊条用途分类

按照焊条的用途，按国家标准规定，分为碳素钢焊条、低合金钢焊条、不锈钢焊条、堆焊焊条、铸铁焊条、铜及铜合金焊条、铝及铝合金焊条、镍及镍合金焊条等。

（2）按药皮的主要化学成分分类

如果按照焊条药皮的主要化学成分来分类，可以将电焊条分为氧化钛型焊条、钛铁矿型焊条、氧化铁型焊条、纤维素型焊条、低氢型焊条、石墨型焊条及盐基型焊条。

（3）按药皮熔化后熔渣的特性分类

按熔渣的碱度，可将焊条分为酸性焊条和碱性焊条两大类，碱性焊条又称低氢型焊条。

1）酸性焊条

药皮中酸性氧化物（TiO_2、SiO_2 等）含量高的焊条称为酸性焊条。

酸性焊条的药皮里有各种氧化物，具有较强的氧化性，能促使合金元素氧化；但酸性熔渣的脱氧不完全，同时不能有效地清除焊缝中的硫、磷等杂质，因此焊缝金属的力学性能较低，一般用于焊接低碳钢和不太重要的钢结构。

2）碱性焊条

药皮中碱性氧化物（CaO、Na_2O 等）含量高的焊条称为碱性焊条。碱性焊条脱硫、脱磷、去氢能力强，焊缝金属的力学性能和抗裂性均较好，可用于合金钢和重要碳素钢结构的焊接。酸性焊条与碱性焊条的特性对比，见表3-7。

酸性焊条与碱性焊条的特性对比　　　　　　　　　表 3-7

酸性焊条	碱性焊条
（1）对水、铁锈的敏感性不大，使用前经 100～150℃烘焙 1h	（1）对水、铁锈的敏感性较大，使用前经 300～350℃烘焙 1～2h
（2）电弧稳定，可用交流或直流施焊	（2）须用直流反接施焊，药皮加稳弧剂后，可用交直流两用施焊
（3）焊接电流较大	（3）较同规格的酸性焊条小 10%左右
（4）可长弧操作	（4）须用短弧操作，否则易引起气孔
（5）合金元素过渡效果差	（5）合金元素过渡效果好
（6）熔深较浅，焊缝成形较好	（6）熔深较深，焊缝成形一般
（7）熔渣呈玻璃状，脱渣较方便	（7）熔渣呈结晶状，脱渣不及酸性焊条
（8）焊缝的常、低温冲击韧度一般	（8）焊缝的常、低温冲击韧度较高
（9）焊缝的抗裂性较差	（9）焊缝的抗裂性好
（10）焊缝的含氢量较高，影响塑性	（10）焊缝的含氢量低
（11）焊接时烟尘较少	（11）焊接时烟尘稍多

3. 焊条牌号

焊条牌号是以国家标准为依据，反映焊条主要特性的一种表示方法。焊条牌号包括以下含义：焊条、焊条类别、焊条特点（如熔敷金属抗拉强度、使用温度、焊芯金属类型、熔敷金属化学组成类型等）、药皮类型及焊接电源等。

不同牌型的焊条，其表示方法不同，在国家标准中都做了详细规定。

各种焊条的分类及代号见表 3-8。

焊条的分类及代号   表 3-8

类别	代号	代表意义
碳钢焊条	E	字母"E"表示焊条
低合金钢焊条	E	字母"E"表示焊条
不锈钢焊条	E	字母"E"表示焊条，"E"后面的数字表示熔敷金属化学成分分类代号
堆焊焊条	ED	字母"E"表示焊条，字母"D"表示用于表面耐磨堆焊
铸铁焊条	EZ	字母"E"表示焊条，字母"Z"表示用于铸铁焊接
铜及铜合金焊条	ECu	字母"E"表示焊条，"E"后面的字母直接用元素符号表示型号分类
铝及铝合金焊条	E	字母"E"表示焊条，"E"后面的数字表示焊芯用的铝及铝合金牌号
镍及镍合金焊条	ENi	字母"ENi"表示镍及镍合金焊条

由于碳钢焊条、低合金钢焊条在施工现场应用较为广泛，其他如不锈钢焊条、铸铁焊条、堆焊焊条、铜及铜合金焊条、铝及铝合金焊条等应用较少，这里只对碳钢焊条和低合金钢焊条的型号的划分及性能进行介绍。

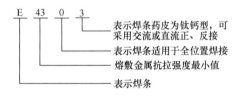

图 3-13　碳钢焊条型号标示举例

（1）碳钢焊条型号的划分及性能

根据《非合金钢及细晶粒钢条》GB/T 5117—2012 标准规定，碳钢焊条型号是根据熔敷金属的抗拉强度、药皮类型、焊接位置和焊接电流种类来划分的。习惯上，按照熔敷金属抗拉强度的不同，碳钢焊条形成两个系列，即 E43 系列和 E50 系列。

以 E4303 举例说明碳钢焊条的型号，如图 3-13 所示。

根据《非合金钢及细晶粒钢条》GB/T 5117—2012 标准规定，碳素钢焊条型号表示如下：

1）首字母"E"表示焊条。

2）前两位数字表示熔敷金属抗拉强度的最小值，单位为 kgf/mm^2（或 × 9.8MPa），如示例中的"43"。

3）第三位数字表示焊条的焊接位置，其中，"0"和"1"表示焊条适用于全位置焊接（平焊、立焊、仰焊、横焊），"2"表示焊条适用于平焊及平角焊，"4"表示焊条适用于向下立焊。

4）当第三和第四位数字组合使用时，表示焊接电流种类及药皮类型。"03"表示钛钙型药皮，交直流两用。

5）在第四位数字后附加"R"，表示耐吸潮焊条；附加"M"表示耐吸潮和力学性能有特殊规定的焊条；附加"—1"表示冲击性能有特殊规定的焊条。

（2）低合金钢焊条型号的划分及性能

根据《热强钢焊条》GB/T 5118—2012 的规定，低合金钢焊条型号是按熔敷金属的力学性能、化学成分、药皮类型、焊接位置和焊接电流种类来划分的。与碳钢焊条相类似，低合金钢焊条有 9 个不同的抗拉强度等级，依次为：E50 系列（熔敷金属抗拉强度 $\sigma_b \geq 490\text{MPa}$）、E55 系列（熔敷金属抗拉强度 $\sigma_b \geq 540\text{MPa}$）、E60 系列（熔敷金属抗拉强度 $\sigma_b \geq 590\text{MPa}$）、E70 系列（熔敷金属抗拉强度 $\sigma_b \geq 690\text{MPa}$）、E75 系列（熔敷金属抗拉强度 $\sigma_b \geq 740\text{MPa}$）、E80 系列（熔敷金属抗拉强度 $\sigma_b \geq 780\text{MPa}$）、E85 系列（熔敷金属抗拉强度 $\sigma_b \geq 830\text{MPa}$）、E90 系列（熔敷金属抗拉强度 $\sigma_b \geq 880\text{MPa}$）、E100 系列（熔敷金属抗拉强度 $\sigma_b \geq 980\text{MPa}$）等。

低合金钢焊条型号的编制在碳钢焊条的编制方法上增加了部分内容。下面以低合金钢焊条 E5018—A1 为例加以具体说明，如图 3-14 所示。

图 3-14 低合金钢焊条型号举例

1）字母"E"表示焊条。

2）"50"表示熔敷金属抗拉强度的最小值为 490MPa。

3）"1"表示焊条适用于全位置焊接。

4）"8"表示焊条药皮为铁粉低氢型，可采用交流或直流反接焊接。

5）紧跟数字后的字母（称为后缀字母）为熔敷金属的化学成分分类代号，并以短划"—"与前面数字分开，如例中的"A1"代表碳钼钢类焊条。

6）若焊条还具有附加化学成分时，附加化学成分直接用元素符号表示，并以短划"—"与前后缀字母分开。

7）E50××—×、E55××—×型低氢型焊条的熔敷金属化学成分分类后缀字母或附加化学成分后面加字母"R"时，表示耐吸潮焊条。

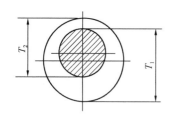

图 3-15　焊条偏心度
测量示意图

4. 焊条的检验

（1）焊条的外观质量检验

焊条的外观质量检验主要包括焊条偏心度、焊条直径、焊条长度、药皮强度、焊条弯曲度、耐潮性、杂质、裂纹、起泡、竹节、损伤、破头、包头、磨尾长度和印字等。

1）焊条偏心度的规定及测量

焊条的偏心度示意图，如图 3-15 所示。

对于碳钢焊条、低合金钢焊条、不锈钢焊条和堆焊焊条等常用的冷拔加工焊芯的焊条，其偏心度应符合表 3-9 的规定。

冷拔焊芯的焊条偏心度　　　　　　　　　　　　　　表 3-9

焊条直径（mm）	偏心度（≤）（%）	
	碳钢焊条、低合金焊条、不锈钢焊条	堆焊焊条
≤ϕ2.5	7	7
ϕ3.2、ϕ4.0	5	
ϕ5.0	4	5

2）焊条药皮强度检验方法

将水平放置的焊条自由落到厚度不小于 14mm、水平放置的光滑平整钢板上，试验时，焊条的落下高度依焊条类型和直径而不同，按标准规定执行，一般在 0.3～1.0m 之间选定。受检焊条的药皮微裂，且只允许在焊的两端，总长度不得大于 30mm。

3）焊条药皮耐潮性检验方法

将焊条浸泡在 15～25℃的水中 4h 后观察，药皮不应有胀开和剥落现象。

（2）焊条焊接工艺性能的检验

焊条焊接工艺性能是指焊条在整个焊接过程中所表现的各种特性，一般包括：电弧的稳定性、再引弧性、熔渣的流动性、覆盖性、脱渣性、飞溅大小、焊缝成形、全位置焊接的适用性及焊接烟尘大小等。这些性能的检测，目前还没有系统、全面、准确的科学方法，通常依靠焊工的感觉和经验来判断和衡量，或以相同类型的焊条做对比试验，虽然不能达到定量的效果，当仍可满足评定焊条工艺性能优劣的需要。

（3）T 形接头角焊缝的检测

T 形接头角焊缝试验对焊条工艺性能、焊缝外观质量和内在质量等均有综合性的考核作用，可直接观察焊缝表面的裂纹、焊瘤、夹渣、气孔、咬边、焊脚尺寸及焊脚长度之差、焊缝凸度等，对碳素钢、低合金钢、不锈钢焊条焊接质量的鉴定尤为重要。

（4）其他检测

除以上性能检测外，还有扩散氢含量测定、熔敷金属力学性能试验、焊条抗裂性能试验等项目检测试验。

5. 焊条的选择

焊条的种类繁多，每种焊条均有一定的特点和用途。选用焊条是焊接准备工作中很重要的一个环节。在实际工作中，除了要认真了解各种焊条的成分、性能及用途外，还应根据被焊焊件的状况、施工条件及焊接工艺等综合考虑。施工现场常见钢筋电弧焊焊条型号选择参见表3-10。

钢筋电弧焊焊条型号 表3-10

钢筋牌号	电弧焊接头形式			
	帮条焊、搭接焊	坡口焊、溶槽帮条焊、预埋件穿孔塞焊	窄间隙焊	钢筋与钢板搭接焊、预埋件T形角焊
HPB235	E4303	E4303	E4316、E4315	E4303
HRB335	E4303	E5003	E5016、E5015	E4303
HRB400	E5003	E5503	E6016、E6015	E5003
RRB400	E5003	E5503	—	—

选择焊条一般应遵循以下原则：

（1）焊接材料的力学性能和化学成分

1）对于普通结构钢，通常要求焊缝金属与母材等强度，应选用抗拉强度等于或稍高于母材的焊条。

2）对于合金结构钢，通常要求焊缝金属的主要合金成分与母材金属相同或相近。

3）在被焊结构刚性大、接头应力高、焊缝容易产生裂纹的情况下，可以考虑选用比母材强度低一级的焊条。

4）当母材中碳及硫、磷等元素含量稍高时，焊缝容易产生裂纹，应选用抗裂性能好的低氢型焊条。

（2）焊件的使用性能和工作条件

1）对承受动荷载和冲击荷载的焊件，除满足强度要求外，还要保证焊缝具有较高的韧性和塑性，应选用塑性和韧性指标较高的低氢型焊条。

2）接触腐蚀介质的焊件，应根据介质的性质及腐蚀特征，选用相应的不锈钢焊条或其他耐腐蚀焊条。

3）在高温或低温条件下工作的焊件，应选用相应的耐热钢或低温钢焊条。

4）珠光体耐热钢一般选用与钢材化学成分相似的焊条，或根据焊件的工作温度来选取。

（3）焊件的结构特点和受力状态

1）对结构形状复杂、刚性大及大厚度焊件，由于焊接过程中产生很大的应力，容易使焊缝产生裂纹，因此应选用抗裂性能好的低氢型焊条。

2）对焊接部位难以清理干净的焊件，应选用氧化性强，对铁锈、氧化皮、油污不敏感的酸性焊条。

3）对受条件限制不能翻转的焊件，有些焊缝处于非平焊位置，应选用全位置焊接的焊条。

（4）施工条件及设备

1）在没有直流电源而焊接结构又要求必须使用低氢型焊条的场合，应选用交、直流两用的低氢型焊条。

2）在狭小或通风条件差的场所，应选用酸性焊条或低尘焊条。

（5）改善操作工艺性能

在满足产品性能要求的条件下，尽量选用电弧稳定、飞溅少、焊缝形成均匀整齐、容易脱渣的工艺性能好的酸性焊条。焊条工艺性能要满足施焊操作需要。

（6）合理的经济效益

1）在满足使用性能和操作工艺性的条件下，应尽量选择使用成本低、效率高的焊条。

2）对于焊接量大的结构，应尽量采用高效率焊条。

同时，为保障焊工的身体健康，在允许的情况下应尽量多采用酸性焊条。

6. 焊条的保管

焊条在周转运输或储存过程中，因保管不善或存放时间过长，都有可能发生焊条吸潮、锈蚀、药皮脱落等缺陷，轻者影响焊条的使用性能，如飞溅增大，产生气孔、白点，焊接过程中药皮成块脱落等，重者使焊条报废，造成不应有的经济损失。保管不善还有可能造成错发、错用，形成质量安全事故，正确保管焊条是保证焊条使用性能、确保焊接质量的一个重要方面。

焊条的保管和使用必须严格遵守《焊接材料质量管理规程》JB/T 3223—2017 的规定。

（1）焊条的储存与保管

1）焊条必须在干燥、通风良好的室内仓库中存放。焊条储存库内，不允许放置有害气体和腐蚀性介质，并应保持整洁。焊条应离地存放在架子上，离地面距离不小于300mm，离墙壁距离不小于 300mm，架下应放置干燥剂，严防焊条受潮。

2）焊条入库前，应首先检查入库通知单或生产厂家的质量证明书，应按种类、牌号、批次、规格、入库时间分类堆放，并应有明确标注，避免混乱。

3）焊条在供应给使用单位之后，至少六个月内可保证使用。应先使用入库的焊条。

4）特种焊条储存与保管要求高于一般性焊条，应堆放在专用仓库或指定区域。受潮或包装损坏的焊条未经处理不许入库。

5）一般焊条一次出库量不能超过2d的用量，已经出库的焊条，焊工必须保管好。

6）对于受潮、药皮变色、焊芯有锈迹的焊条，须经在烘干后进行质量评定，在各项性能指标满足要求后，方可入库，否则不准入库。

7）焊条储存库内，应设置温度计和湿度计。

8）一般情况下，储存1年以上的焊条，应提请质检部门进行复检。复检合格后，方可发放。

（2）焊条使用前的烘焙

由于焊条药皮成分及其他因素的影响，焊条往往会因吸潮而使工艺性能变坏，造成电弧不稳，飞溅增大，并且容易产生气孔、裂纹等缺陷。因此，焊条使用前必须烘焙，烘焙应注意以下几点：

1）焊条使用前，一般应进行烘焙。各类焊条烘焙应符合有关规范和说明书的要求，酸性焊条视受潮情况在150℃左右的温度下烘焙1~2h。碱性低氢型结构钢焊条应在350℃左右的温度下烘焙1~2h，烘干的焊条应放在100~150℃保温箱（筒）内，随用随取。

2）低氢型焊条一般在常温下超过4h，应重新烘干。重复烘干次数不宜超过3次，以免药皮变质、开裂而影响焊接质量。

3）烘干焊条时，取和放进焊条应防止焊条因骤冷骤热而产生药皮开裂、脱皮现象。

4）焊条烘干时应做记录，记录上应有牌号、批号、温度和时间等内容。在烘干期间，应有专门的负责人员对操作过程进行检查和核对，每批焊条不得少于1次，并在操作记录上签名。

5）在焊条烘干期间，应有专门负责的技术人员，负责对操作过程进行检查和核对，每批焊条不得少于1次，并在记录上签字。

6）烘干焊条时，焊条不应成垛或成捆地堆放，应铺放成层状，每层焊条堆放不能太厚（一般1~3层），避免焊条烘干时受热不均和潮气不易排除。

7）露天操作隔夜时，焊条应在低温烘箱中恒温保存，不允许露天存放，否则次日使用前还要重新烘干。

7. 焊条的吸潮与现场判断

焊条的吸潮与环境温度、适度、包装条件、存放时间及焊条药皮本身耐吸潮能力等有关。在现场，往往凭直观经验来判断。

1）先检查焊条包装情况，包装不好或包装破损时，焊条易受潮或已经受潮。

2）检查包装箱上的制造出厂日期，储存期长的焊条，一般说易受潮。若焊条的夹持端、引弧端焊芯裸露部分已经存在锈蚀，药皮已经存在白霜，则表明焊条受潮已相当严重。锈蚀越重，白霜越多，受潮越严重。

3）取 3～5 根焊条在手中做摇动试验，能发出清脆金属声的表明没有受潮；反之发不出金属声，声音沉闷，则表明焊条受潮或烘干不足，或药皮有横向微细裂纹（这种裂纹往往肉眼不易发现，但浸水后立即可见）。

4）去掉药皮观察焊芯，若带有锈蚀或斑点，表明焊条已严重吸潮。

5）双手折焊条，若药皮爆裂破碎，则焊条已经烘干；若药皮仅裂不碎，表明焊条烘干不足。

6）观察引弧端焊芯端面的氧化色，若无氧化色，烘干温度一般在 222℃ 以下，淡黄色一般在 250℃ 左右，深蓝色一般在 300℃ 以上，颜色越重，温度越高。对低氢碱性焊条一般应为深蓝色，可认为已烘干。

3.1.4 焊条电弧焊的焊接工艺

电弧焊的焊接参数是指焊接过程中，为保证焊接质量而选定的主要技术数据。要正确选择焊接参数和焊接工艺，首先需要了解金属的焊接接头以及焊缝的基本形式。

1. 坡口

根据设计或工艺需要，在焊件的待焊部位加工成一定几何形状，经装配后构成的沟槽称为坡口。手工电弧焊的坡口形式应根据焊件的结构形式、厚度和技术要求来选用。

（1）常用的坡口形式

建筑施工现场焊接作业时，常用的坡口形式如图 3-16 所示，主要有 I 形坡口、Y 形坡口、双 V 形坡口、U 形坡口、双 U 形坡口等多种形式。想用焊缝的示意图和符号见表 3-11。

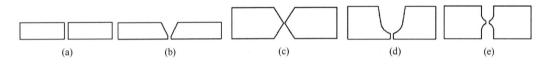

图 3-16　常用的坡口形式示意图
（a）I 形坡口；（b）Y 形坡口；（c）双 V 形坡口；（d）U 形坡口；（e）双 U 形坡口

焊缝示意图与表示符号　　　　　　　　　　　　表 3-11

序号	名称	示意图	符号
1	角焊缝		

序号	名称	示意图	符号
2	点焊缝		◯
3	I形焊缝		‖
4	V形焊缝		V
5	单边V形焊缝		V
6	带钝边V形焊缝		Y

（2）坡口的几何尺寸术语

1）坡口面，是指待焊件上的坡口表面。

2）坡口面角度，是指待加工坡口的端面与坡口面之间的夹角。

3）坡口角度，是指两坡口面之间的夹角。

4）根部间隙，是指焊前在接头根部之间预留的空隙，又叫装配间隙。

5）钝边，是指焊件开坡口时，沿焊件接头坡口根部的端面直边部分。

6）根部半径，是指在J形、U形坡口底部的圆角半径。

坡口的几何尺寸示意，如图3-17所示。

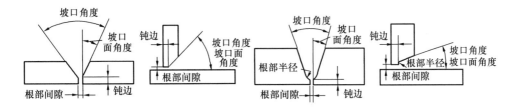

图3-17 坡口的几何参数名称示意图

（3）坡口的作用

坡口的作用主要包括以下几个方面：

1）能确保使焊接电弧直接深入到坡口根部间隙处，通过调节坡口根部热量，保证焊缝焊透和防止烧穿，提高焊接质量。

2）便于脱渣。

3）能使焊条在坡口内做必要的摆动，以获得良好的熔合。

（4）坡口的选择

现场焊接作业时，对坡口的选择应依据《气焊、焊条电弧焊、气体保护焊和高能束焊的推荐坡口》GB/T 985.1—2008 的有关规定，并应遵循以下原则：

1）坡口形状容易加工。

2）能够使焊条伸入根部间隙，便于作业，保证焊件焊透（手工电弧焊的熔深一般为 2～4mm）。

3）能保证焊透，避免产生根部裂纹。

4）减少工件变形。

2. 焊接接头

焊接接头是指由两个或两个以上零件用焊接组合或经焊接的接点，一个焊接结构一般由若干个焊接接头组成，包括焊缝、熔合区和热影响区三部分。焊接接头的类型很多，主要分为对接接头、角接接头、T 形接头和搭接接头等几种基本类型。

选择接头形式时，应主要根据产品的结构，并综合考虑受力条件、加工成本等因素。对接接头在各种焊接结构中应用最为广泛。它是一种比较理想的接头形式，与搭接接头相比，具有受力简单均匀、节省材料等优点，但对接接头对下料尺寸和组装要求比较严格；T 形接头通常作为一种联系焊缝，其承载能力较差，但能承受各种方向上的力和力矩，在船体结构中应用较多；角接接头的承载能力差，一般用于不重要的焊接结构中；搭接接头一般用于厚度小于 12mm 的钢板，其搭接长度为 3～5 倍的板厚，搭接接头易于装配，但承载能力较差。

（1）对接接头

对接接头是由夹角在 135°～180° 范围内的两个焊件构成的接头，是各种接头结构中采用最多的一种接头形式，如图 3-18 所示的接头均属于对接接头，如图 3-16 所示的接头为不同厚度钢板的对接接头。

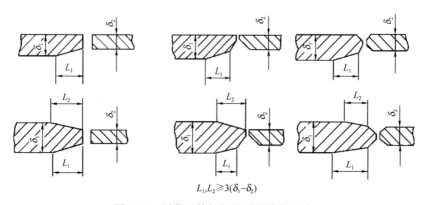

$$L_1, L_2 \geqslant 3(\delta_1 - \delta_2)$$

图 3-18　厚薄不等钢板的对接接头形式

（2）T 形接头

如图 3-19 所示，端面构成直角或近似直角的两个施焊焊件间的接头，称为 T 形接头。

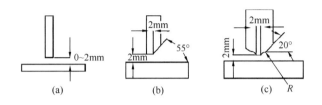

图 3-19　T 形接头示意图

（a）不开坡口；（b）单边 V 形坡口；（c）K 形坡口

（3）角接接头

如图 3-20 所示，两焊件端面夹角 α 为 $30°\leqslant\alpha\leqslant135°$ 的接头，称为角接接头。角接接头一般用于不重要的焊接结构中，根据焊件的厚度和坡口形式分为不开坡口、单边 V 形坡口、V 形坡口和 K 形坡口四种形式。开坡口的角接接头形式在一般结构焊接中很少采用。

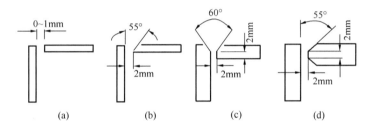

图 3-20　角接头示意图

（a）不开坡口；（b）单边 V 形坡口；（c）V 形坡口；（d）K 形坡口

（4）搭接接头

两焊件重叠构成的接头称为搭接接头。搭接接头根据结构形式和对强度要求的不同，可分为不开坡口焊、圆孔内塞焊及长孔内角焊三种形式，如图 3-21 所示。

（5）施工现场常用接头

施工现场常用的焊接材料为钢筋和钢板，焊接类型主要为钢筋和钢筋焊接、钢筋和钢板焊接、钢板和钢板焊接。钢筋和钢筋焊接接头包括帮条焊、搭接焊、坡口窄间隙焊和

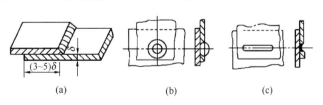

图 3-21　搭接接头示意图

（a）不开坡口；（b）圆孔内塞焊；（c）长孔内角焊

熔槽帮条焊等几种接头形式；钢筋和钢板焊接包括搭接接头、T 形接头（角焊和穿孔

塞焊）等几种接头形式；钢板和钢板焊接主要有对接接头、T 形接头、角接接头和搭接接头等。施工现场常用焊接形式、焊接接头和适用范围如表 3-12 所示。

钢筋焊接方法的适用范围

表 3-12

焊接方法			接头形式	适用范围	
				钢筋牌号	钢筋直径（mm）
手工电弧焊	帮条焊	双面焊		HPB235	10～20
				HRB335	10～40
				HRB400	10～40
				RRB400	10～25
		单面焊		HPB235	10～20
				HRB335	10～40
				HRB400	10～40
				RRB400	10～25
	搭接焊	双面焊		HPB235	10～20
				HRB335	10～40
				HRB400	10～40
				RRB400	10～25
		单面焊		HPB235	10～20
				HRB335	10～40
				HRB400	10～40
				RRB400	10～25
手工电弧焊	熔槽帮条焊			HPB235	20
				HRB335	20～40
				HRB400	20～40
				RRB400	20～25
	坡口焊	平焊		HPB235	18～20
				HRB335	18～40
				HRB400	18～40
				RRB400	18～25
		立焊		HPB235	18～20
				HRB335	18～40
				HRB400	18～40
				RRB400	18～25
	钢筋与钢板搭接焊			HPB235	8～20
				HRB335	8～40
				HRB400	8～25
	窄间隙焊			HPB235	16～20
				HRB335	16～40
				HRB400	16～40

焊接方法		接头形式	适用范围	
			钢筋牌号	钢筋直径（mm）
手工电弧焊	预埋件电弧焊	角焊	HPB235	8～20
			HRB335	6～25
			HRB400	6～25
		穿孔塞焊	HPB235	20
			HRB335	20～25
			HRB400	20～25

3. 焊缝的基本形式

焊接时，焊件所处的空间位置称为焊接位置。按焊缝空间位置的不同可分为平焊、立焊、横焊和仰焊等，其对应的焊缝为平焊缝、立焊缝、横焊缝和仰焊缝四种形式。

（1）平焊缝

平焊缝是指在倾角为0°～5°、转角为0°～10°的水平位置上施焊的焊缝，如图3-22所示。

在平焊位置施焊时，熔滴可借助重力落入熔池。熔池中气体、熔渣容易浮出表面。因此，平焊可以用较大电流焊接，生产效率高，焊缝成形好，焊接质量容易保证，劳动条件较好，现场一般应尽量在平焊位置施焊。

（2）立焊缝

立焊缝是指在倾角为80°～90°、转角为0°～180°的立向位置上施焊的焊缝，如图3-23所示。

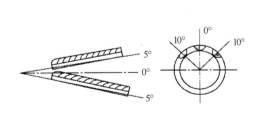

图 3-22　平焊缝位置示意图

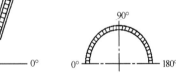

图 3-23　立焊缝位置示意图

（3）横焊缝

横焊缝是指在倾角为0°～5°、转角为70°～90°的横向位置上施焊的焊缝，如图3-24所示。

（4）仰焊缝

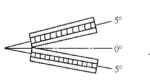
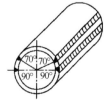

图 3-24　横焊缝位置示意图

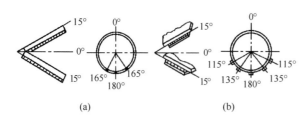

仰焊缝是指在对接焊的倾角为 $0°\sim15°$、转角为 $165°\sim180°$ 以及在角焊的倾角为 $0°\sim15°$、转角为 $115°\sim180°$ 的仰焊位置上施焊的焊缝，如图 3-25 所示。

图 3-25 仰焊缝位置示意图

(a) 对接仰焊缝；(b) 角接头仰焊缝

4. 焊接工艺参数的选择

焊接工艺参数是指焊接时，为保证焊接质量而选定的诸多物理量的总称。手工电弧焊的焊接工艺参数主要有焊条型号、直径、电源种类及极性、焊接电流、电弧电压、焊接速度和焊道层次，以及根据焊接结构材质、工作条件等选定的焊条种类及牌号、焊件坡口形式、焊前准备、焊后处理等。

(1) 焊条型号的选择

焊接碳钢或普通低合金钢时，应根据母材的抗拉强度，按等强原则选用焊条。在手工焊时，对 Q235 钢用 E43 型焊条（E4300～E4316），Q345 钢（16Mn 钢）用 E50 型焊条（E5000～E5018），Q390（15MnV）钢和 Q420 钢均采用 E55 型焊条（E5500～E5518）。焊条型号应根据设计确定；若设计无规定，可按表 3-13 选用。

钢筋电弧焊焊条型号 表 3-13

钢筋牌号	电弧焊接头形式			
	帮条焊、搭接焊	坡口焊、熔槽帮条焊、预埋件穿孔塞焊	窄间隙焊	钢筋与钢板搭接焊、预埋件 T 形角焊
HPB235	E4303	E4303	E4316、E4315	E4303
HRB335	E4303	E5003	E5016、E5015	E4303
HRB400	E5003	E5503	E6016、E6015	E5003
RRB400	E5003	E5503	—	—

(2) 焊条直径的选择

焊条直径的选择，主要取决于焊件厚度、焊接位置、接头形式、焊缝层数及坡口形式等因素。在不影响焊接质量的前提下，为提高焊接效率，一般倾向于选择较大直径的焊条实施焊接作业。

1) 焊件厚度

当焊件厚度较大时，为了减少焊接层数，提高焊接效率，一般应选用较大直径的焊条；当焊件厚度较薄时，为了防止将焊件烧穿，宜采用较小直径的焊条。焊条直径与焊件厚度之间的关系见表 3-14，现场应据此选择焊条。

焊条直径与焊件厚度之间的关系 表 3-14

焊件厚度（mm）	≤2	3～4	5～12	>12
焊条直径（mm）	2	3.2	4～5	≥5

2）焊缝位置

在焊件厚度相同的条件下，平焊位置焊接时所选用焊条的直径一般要比其他焊接位置焊接时所选用的焊条直径要大一些；立焊位置所选用的焊条直径最大不能超过5mm；横焊及仰焊时，所选用的焊条直径不应超过4mm。

3）焊缝层数

焊道是指每一次熔敷所形成的一条单道焊缝。多层多道焊缝焊接时，如果第一层焊道选用的焊条直径过大，焊接坡口角度、根部间隙过小，焊条不能深入到坡口根部，会导致产生焊不透的缺陷。因此，多层焊道的第一层焊道应选用的焊条直径一般为2.5～3.2mm，以后各层焊道焊接所选用的焊条直径可根据焊件厚度选用较大一些的焊条进行焊接。

（3）焊接电流的选择

焊接过程中，焊接电流的选择要考虑的因素很多，主要有焊条直径、焊接位置和焊道层数等。此外，焊接电缆线在使用时，也不要盘成圈状，以防因感抗的产生而影响焊接电流。

1）焊条直径

焊条直径越大，焊条熔化所需的热量也就越大，因此，使用较大直径焊条施焊时，应通过增大焊接电流等方式来保证焊接工作的进行，焊接低碳钢时，焊接电流和焊条直径的关系可由经验公式确定：$I=（30～60)d$。焊条直径与焊接电流的关系见表3-15。

焊条直径与焊接电流的关系　　　　　　　　　　表3-15

焊条直径（mm）	焊接电流（A）	焊条直径（mm）	焊接电流（A）
1.6	25～40	4.0	150～200
2.0	40～70	5.0	180～260
2.5	50～80	5.8	220～300
3.2	80～120		

2）焊接位置

在焊件的板厚、结构形式和焊条直径等参数都相同的条件下，平焊时，可选择偏大些的焊接电流；在非平焊位置焊接时，焊接电流应比平焊施焊时的焊接电流小。立焊、横焊的焊接电流应比平焊时的焊接电流小10%～15%；仰焊的焊接电流应比平焊时的焊接电流小15%～20%；角焊的焊接电流应比平焊时的焊接电流稍大；而不锈钢焊接时，为减小晶间腐蚀倾向的产生，焊接电流应选择允许值的下限。

3）焊缝层数

在焊缝的打底层焊道焊接时，为保证打底层既能焊透，又不会出现根部烧穿等缺陷的出现，焊接电流的选择应偏小些，这样，有利于保证打底层的焊缝质量。填充层焊道焊接时，为了提高焊接效率，保证填充层焊缝熔合良好，通常选择使用较大一些的焊接电流；盖面层焊接时，为了防止咬边，并确保焊缝表面成形美观，选择使用的焊接电流可稍小些。

（4）电弧电压的选择

焊接过程中，为保证焊接质量和焊缝的力学性能要求，电弧长度应适中。由于手工电弧焊是一种手工操作工艺，在焊接过程中很难保证焊接弧长度稳定，通常情况下弧长应控制在 1～6mm 范围内，但其变化的前提是必须要保证电弧稳定燃烧、焊出的焊缝具有优良的外观成形、焊缝的内在质量符合技术要求。

电弧电压的大小应通过焊工控制电弧的长度来保证。一般电弧长度小于或等于焊条直径，即短弧焊；在使用酸性焊条焊接时，为了预热待焊部位或降低熔池温度，有时会将电弧稍微拉长，即长弧焊。

（5）焊接速度的选择

焊接速度一般由电焊工根据施焊过程的具体情况灵活掌握，如果焊接速度过慢，焊缝过高或过宽，会出现焊件外形不整齐等焊接缺陷，焊接薄板时，有的还会将焊件烧穿；如果焊接速度过快，焊缝较窄，则会出现焊不透等焊接缺陷。

（6）焊缝层数的选择

中、厚板焊接时，需要在焊前开坡口，采用多层焊或多层多道焊来进行焊接。采用多层焊或多层多道焊接工艺时，每层的焊道厚度不应大于 4～5mm。如果每层的焊缝过厚，会使焊缝金属组织的晶粒变粗，力学性能降低。另外，层数增加，往往还会使焊件的变形增大。因此，对焊缝层数的选择要综合考虑，并据实加以确定。

（7）电源的选择

焊接电源的选用应遵循以下原则：

1）保证电弧的稳定燃烧。

2）较重要的焊接结构或厚板、大刚度结构的焊接宜采用直流电源，其他情况下可采用交流电源。

3）与焊条药皮类型相符，除低氢钠型焊条必须采用直流反接焊接电源外，低氢钾型焊条既可以采用直流反接焊接电源，也可采用交流焊接电源；酸性焊条对直流焊接电源和交流焊接电源可以根据现场设备配备情况灵活选用。

（8）极性的选择

根据焊条的性质和焊接特点的不同，利用电弧中阳极温度比阴极温度高的特点，选用不同的极性来焊接各种不同的焊件。

1）焊接电源（手工电弧焊机）的极性

电源有两个输出电极，在焊接过程中分别接到焊钳和焊件上，形成一个完整的焊接回路。

对于直流弧焊机，焊件接正极、焊钳接负极的接线法叫作直流正接；焊件接负极、焊钳接正极的接线法叫作直流反接，如图3-26所示。交流弧焊机无正、负极之分。

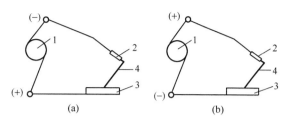

图3-26　焊接的极性示意图

(a) 直流正接；(b) 直流反接

1—直流电弧焊机；2—焊钳；3—焊件；4—焊条

2）焊接电源极性的应用

对于普通结构钢焊条、酸性焊条可以交、直流两用。当用直流焊机焊接薄板时宜采用直流反接，厚板焊接时宜采用直流正接，对于有坡口的厚板打底焊时以直流反接为好。碱性焊条一般使用直流反接。

3.1.5　焊条电弧焊的操作技术

1. 基本操作技能

手工电弧焊的基本操作有引弧、运条和收弧。

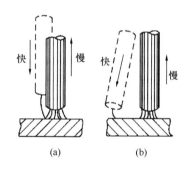

图3-27　引弧方法及原理示意图

（a) 碰击法；(b) 擦划法

（1）引弧

焊接中，使焊条燃烧的过程叫作引弧。手工电弧焊在焊条瞬时接触工件时，通过低电压、大电流放电产生电弧。引弧时，必须将焊条末端与焊件表面接触形成短路，然后迅速将焊条向上提起2～4mm，在焊条末端与焊件表面产生电弧。如图3-27所示，引弧主要有碰击法和擦划法两种方法。

1）碰击法

碰击法也称点接触法，或称敲击法，是将焊条与焊件保持一定距离，然后垂直落下，使之轻轻敲击焊件发生短路，再迅速将焊条提起，产生电弧的引弧方法。此种方法适用于各种位置的焊接。

2）擦划法

擦划法也称线接触法，或称摩擦法。擦划法是将焊条在坡口上滑动、焊条端部与焊件接触发生短路、温度上升、在焊条未熔化前迅速提起，并产生电弧的引弧方法。此种方法易于掌握，但容易沾污坡口，会不同程度地影响焊接质量。

上述两种引弧方法在现场焊接作业时，应根据实际情况灵活应用。

擦划法引弧虽然比较容易实现，但这种方法使用不当时，会擦伤焊件表面，为尽量减少焊件表面的损伤，应在焊接坡口处擦划，擦划长度以20～25mm为宜。在狭窄区域和空间内焊接或焊件表面不允许有划伤时，应采用碰击法引弧。

碰击法引弧较难掌握，焊条提起动作太快或焊条提得过高时，电弧易熄灭；动作太慢，又会使焊条黏合在工件上。当焊条黏合在工件上时，应迅速将焊条左右摆动，使之与焊件分离。若仍不能分离时，应立即松开焊钳切断电源，以免短路时间过长而损坏焊机。

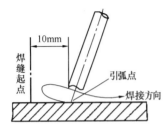

图 3-28　引弧点的选择示意图

引弧的要领主要在引弧处，一般情况下，焊件温度较低，在焊条药皮还没有充分发挥作用时，会使引弧点处的焊缝较高，熔深较浅，易产生气孔，所以通常应在焊缝起始点后面 10mm 处引弧，引弧点的选择如图 3-28 所示。引燃后，要及时将电弧拉长，并迅速将电弧移至焊缝起点处进行预热，然后再将电弧压短。一般情况下，酸性焊条的弧长约等于焊条直径、碱性焊条的弧长约为焊条直径的一半时，才能进行正常焊接。

采用上述引弧方法时，即使在引弧处产生气孔，也会在电弧第二次经过时将这部分金属重新熔化，使气孔消除，并且不会留下引弧伤痕。为了保证焊缝起点处能够焊透，焊条可做适当的横向摆动，并在坡口根部两侧稍加停顿，以形成一定大小的熔池。

引弧对焊接质量有一定的影响，施工现场经常会出现因引弧不好而造成不同程度的焊接缺陷，必须予以重视。引弧时应注意以下几个问题：

1）焊件坡口处应无油污、锈斑，以免影响导电能力，防止熔池内产生有害氧化物。

2）在焊条与焊件接触后，焊条提起时间要适当。过快，气体未电离，电弧可能熄灭；过慢，则会使焊条和工件黏合在一起，无法引燃电弧。

3）焊条的端部要有一定的裸露长度和裸露部位，以便引弧。若焊条端部裸露不均，则应在使用前，用锉刀进行锉削，防止在引弧时，碰击过猛使药皮成块脱落，出现电弧偏吹和引弧瞬间保护不良等问题。

4）引弧位置应选择适当，开始引弧或因焊接中断重新引弧时，一般应在离始焊点后 10～20mm 处引弧，然后移至始焊点，待熔池熔透后再继续移动焊条，以消除可能产生的引弧缺陷。

（2）运条

为获得良好的焊接成形，焊条需要不断运动，焊条不断运动的过程称为运条。运条是电焊工操作技术水平的具体表现，焊缝质量的优劣、焊缝成形的好坏也主要由运条来决定。

运条由三个基本运动合成，分别是焊条的送进运动、焊条的横向摆动运动和焊条沿焊缝的移动运动。焊条的基本运动如图 3-29 所示。

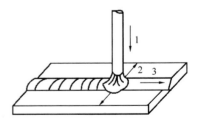

图 3-29　焊条的三个基本运动示意图
1—焊条送进；2—焊条摆动；3—沿焊缝移动

1）焊条的送进运动

焊条的送进运动主要用来维持所要求的电弧长度。由于电弧的热量熔化了焊条端部，电弧逐渐变长，存在熄弧倾向，要保持电弧继续燃烧，必须将焊条向熔池内送进，直至整根焊条焊完为止。为保证一定的电弧长度，焊条的送进速度应与焊条的熔化速度相等，否则会引起电弧长度不匀速变化，影响熔池的熔深和熔宽。

焊条送进运动的作用如下：

① 能控制弧长，使熔池有良好的保护。

② 促使焊缝形成。

③ 使焊接过程能连续不断地进行。

④ 能控制立焊、横焊和仰焊过程中熔化金属的下坠。

⑤ 能很好地控制熔化金属与熔渣的分离。

⑥ 能控制焊缝熔池的深度。

⑦ 能防止咬边等焊接质量缺陷。

2）焊条的摆动和沿焊缝的移动

焊条的摆动和沿焊缝的移动，这两个动作是紧密相联的，而且变化较多，较难掌握。通过两者的联合动作可获得一定宽度、高度和熔深的焊缝。所谓焊接速度，即单位时间内完成的焊缝长度。如图 3-30 所示，表示焊接速度对焊缝成形的影响。焊接速度太慢，焊缝会宽而局部隆起；太快，焊缝会断续而细长；只有当焊接速度适中时，焊缝才会表面平整，形成细致而均匀的鱼鳞状焊波。

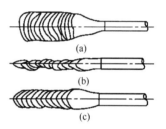

图 3-30　焊接速度对焊缝成形
的影响示意图
（a）太慢；（b）太快；（c）适中

焊条摆动和沿焊缝移动的作用如下：

① 使坡口两侧及焊道之间相互很好地熔合。

② 控制焊缝获得预定的熔深和熔宽。

③ 实现焊缝按直线方向施焊。

④ 控制每道焊缝的横截面积。

3）运条手法

为了控制熔池温度，使焊缝具有一定的宽度和高度，生产中经常采用以下几种运条手法。

① 直线形运条法

采用直线形运条法焊接时，应保持一定的弧长，焊条不摆动并沿焊接方向移动。由于此时焊条不做横向摆动，所以熔深较大，且焊缝宽度较窄。在正常的焊接速度下，焊波饱满平整。此法适用于板厚 3～5mm 的不开坡口的对接平焊、多层焊的第一层焊道和多层多道焊。

② 直线往返形运条法

采用直线往返形运条法焊接时，焊条末端沿焊缝的纵向做来回直线形摆动，如图 3-31 所示，主要适用于薄板焊接和接头间隙较大的焊缝成形。其特点是焊接速度快，焊缝窄，散热快。

③ 锯齿形运条法

采用锯齿形运条法焊接时，将焊条末端做锯齿形连续摆动，并向前移动，如图 3-32 所示，在两边稍停片刻，以防产生咬边缺陷。这种手法操作容易、应用较广，多用于较厚金属材料的焊接，适用于平焊、立焊、仰焊的对接接头和立焊的角接接头。

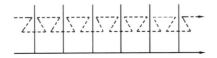 

图 3-31　直线往返形运条法示意图　　　图 3-32　锯齿形运条法示意图

④ 月牙形运条法

采用月牙形运条法焊接时，焊条末端沿着焊接方向做月牙形的左右摆动，如图 3-33 所示，并在两边的适当位置作片刻停留，以使焊缝边缘有足够的熔深，防止产生咬边缺陷。此法适用于仰焊、立焊、平焊以及需要比较饱满焊缝位置处的焊接，其适用范围与锯齿形运条法基本相同，但采用此法容易出现焊缝余高较大等缺陷。但其能良好地熔化金属，有较长的保温时间，熔池中的气体和熔渣容易上浮到焊缝表面，有利于获得高质量焊缝。

⑤ 三角形运条法

采用三角形运条法焊接时，焊条末端做连续三角形运动，并不断向前移动，如图 3-34 所示。按适用范围不同，此法可分为斜三角形运条法和正三角形运条法两种。其中，斜三角形运条法适用于焊接 T 形接头的仰焊缝和有坡口的横焊缝，其特点是能够通过焊条的摆动控制金属熔化，促使焊缝成形良好；正三角形运条法仅适用于开坡口的对接接头和 T 形接头的立焊，其特点是能一次焊出较厚的焊缝断面，有利于提高焊接效率，而且不易产生焊缝夹渣等焊接缺陷。

图 3-33　月牙形运条法示意图　　　图 3-34　三角形运条法示意图

　　　　　　　　　　　　　　　　（a）斜三角形运条法；（b）正三角形运条法

⑥ 圆圈形运条法

采用圆圈形运条法焊接时，焊条末端连续做圆圈运动，并不断前进，如图 3-35 所示。这种运条方法一般又分为正圆圈运条法和斜圆圈运条法两种。正圆圈运条法只适于焊接较厚焊件的平焊缝焊接，其优点是能提供熔化金属的足够高的温度，有利于气体从熔池中逸出，可防止在焊缝中产生气孔；斜圆圈运条法适用于 T 形接头的横焊（平角焊）和仰焊以及对接接头的横焊缝焊接，其特点是可控制熔化金属不受重力影响，能防止金属液体下淌，有助于焊缝成形。

⑦ "8"字形运条法

采用 "8"字形运条法焊接时，焊条末端做 "8"字形运动，并不断向前移动，如图 3-36 所示。这种运条法的优点是能保证焊缝边缘得到充分加热，并使之熔化均匀，保证焊透，焊缝增宽、波纹美观，适用于厚板平焊的盖面层焊接以及表面堆焊焊接。

(a)　　　　　　(b)

图 3-35　圆圈形运条法示意图　　　图 3-36　"8"字形运条法示意图
（a）正圆圈形运条法；（b）斜圆圈形运条法

（3）收弧

焊接停止后，使电弧灭掉的过程叫作收弧。焊道收弧是焊接过程中的关键动作。焊接结束时，若立即将电弧熄灭，则焊缝收尾处会产生凹陷很深的弧坑，不仅会降低焊缝收尾处的强度，还容易产生弧坑裂纹。过快拉断电弧，使熔池中的气体来不及逸出，就会产生气孔等焊接缺陷，必须采取合理的收弧方法，填满焊缝收尾处的弧坑。

1）收弧方法

手工电弧焊常用的收弧方法主要有以下几种：

① 划圈收弧法

划圈收弧法是当焊条移至焊缝终点时，做圆圈运动，直到填满弧坑，再拉断电弧。这种收弧方法主要适用于厚板焊件。

② 反复断弧收弧法

反复断弧收弧法是指在收弧时，焊条在弧坑处反复息弧、引弧数次，直到填满弧坑为止。这种方法一般适用于薄板和大电流焊接，但使用碱性焊条收弧时不宜采用这种方法，因其采用这种收弧方法时易产生气孔。

③ 回焊收弧法

回焊收弧法是当焊条移至焊缝收尾处立即停止，并改变焊条角度回焊一小段，这种方法适用于使用碱性焊条时的收弧。

焊接过程中，当需要更换焊条或临时停弧时，应将电弧逐渐引向坡口的斜前方，同时慢慢抬高焊条，使熔池逐渐缩小。当液体金属凝固后，一般不会出现缺陷。

2）连弧焊与断弧焊收弧的注意事项

① 连弧焊收弧方法可分为焊接过程中更换焊条的收弧方法和焊接结束时焊缝收尾处的收弧方法。更换焊条时，为了防止产生缩孔，应将电弧缓慢地拉向后方坡口一侧约 10mm 后再衰减熄弧。焊缝收尾处的收弧应将电弧在弧坑处稍作停留，待弧坑填满后将电弧慢慢地拉长，然后熄弧。

② 采用断弧法操作技术时，焊接过程中的每一个动作都是起弧和收弧的动作。收弧时，必须将电弧拉向坡口边缘后再熄弧，焊缝收尾处应采取反复断弧的方法填满弧坑。

2. 焊道的连接

由于焊条长度有限，不可能一次焊完长焊缝，因此需要焊道连接。这不仅影响外观成形，还涉及焊缝的内部质量。焊缝长度不同时，采用的焊接顺序也就有所不同。焊缝的接头方法有直通焊法、对称焊法、分段退焊法、分中逐步退焊法、跳焊法、交替焊法和挑弧焊条等。

（1）直通焊法

直通焊法一般适用于短焊缝的焊接，即从焊缝起点起焊，一直焊到终点，焊接方向始终保持不变。

（2）对称焊法

对称焊法一般适用于中等长度焊缝的焊接，即以焊缝的中点为起点，交替向两端进行直通焊，如图 3-37 所示。对称焊法的主要目的是为了减小焊接变形。

（3）分段退焊法

分段退焊法是指将焊件接缝划分成若干段，分段焊接，每段施焊方向与整条焊缝增长方向相反的焊接法，主要适用于中等长度焊缝的焊接。分段退焊法应注意第一段焊缝的起焊处要略低，在下一段焊缝收弧时，就会形成平滑的接头。分段退焊法的关键在于预留距离要掌握合适，每一段预留长度最好等于一根焊条所焊的焊缝长度，以节约焊条，如图 3-38 所示。

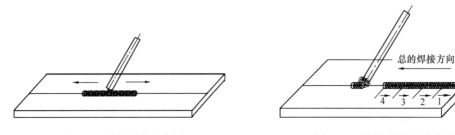

图 3-37　对称焊法示意图　　　　图 3-38　分段退焊法示意图

（4）分中逐步退焊法

分中逐步退焊法适用于长焊缝的焊接，即从焊缝中点向两端逐步退焊，如图 3-39 所示。此法应用较为广泛，适宜于由两名焊工对称焊接。

（5）跳焊法

跳焊法是指将焊件接缝分成若干段，按预定次序和方向分段间隔施焊，完成整条焊缝的焊接法。适用于长焊缝的焊接，其特点是朝着一个方向进行间断焊接，要求每段长度以 200～250mm 为宜，如图 3-40 所示。

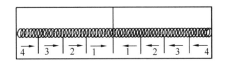 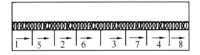

图 3-39　分中逐步退焊法示意图　　　　图 3-40　跳焊法示意图

（6）交替焊法

交替焊法主要适用于长焊缝的焊接，通过选择焊件温度最低的位置进行焊接，使焊件温度分布均匀，从而减小焊接变形，如图 3-41 所示。此法的缺点是电焊工要不断地移动焊接位置。

长焊缝的焊接方法较多，不论选用哪种方法，主要都是为了减小焊接变形。图 3-42 所示为处于倾斜位置的长焊缝的焊接方法。

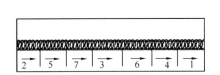 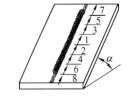

图 3-41　交替焊法示意图　　　　图 3-42　倾斜焊件的焊接法示意图

（7）挑弧焊法

当第一个熔池形成后，将焊条向上挑，但不熄弧，待熔池凝固后再将焊条引向第一个熔池上方点焊第二个熔池，然后再将焊条向上挑，依次类推。挑弧焊法一般用于焊材较薄或焊缝较宽的立焊缝。

挑弧焊法动作比较单一，主要是加强焊件定位焊时根部间隙的控制，在打底焊过程中焊条不做摆动，只是做上下运动，动作简单。

3. 各种焊接位置上的操作要点

焊接位置的变化，对焊工操作提出不同的技术要求，主要是由于熔化金属的重力作用会造成焊件在不同位置上焊缝成形困难，所以，在焊接操作中，要仔细观察并控制焊缝熔池的形状和大小，及时调节焊条角度和运条动作，才能控制焊缝成形，并确保焊缝质量。以下介绍几种不同位置处的焊接操作技术要点。

（1）平焊位置的焊接操作要点

将焊件置于平焊位置，焊工手持焊钳，焊钳上夹持焊条，面部用面罩保护（头盔式面罩或手持式面罩），在焊件上引弧，利用电弧的高温熔化焊条金属和母材金属，熔化后的两部分金属熔合在一起成为熔池。焊条移开后，焊接熔池冷却，并形成焊缝，通过焊缝将两块分离的母材牢固地结合在一起，实现平焊位置的焊接。

1）由于焊缝处于水平位置，熔滴主要靠重力过渡，因此，现场应根据板厚选用直径较大一些的焊条，用较大的焊接电流进行焊接。在同样板厚情况下，平焊位置的焊接电流比立焊位置、横焊位置和仰焊位置的焊接电流要大。

2）宜采用短弧焊接，短弧焊接可以减少电弧高温热损失，提高熔池熔深，防止电弧周围有害气体侵入熔池，减少焊缝金属元素的氧化，从而减少焊缝产生气孔的可能性。

3）焊条与焊件夹角大，焊接熔池深度也大；焊条与焊件夹角小，焊接熔池深度也浅。因此，焊接时，焊条与焊件应保持 40°～90°的夹角，控制好电弧长度和运条速度，使熔渣与液态金属分离，防止熔渣向前流动。

4）焊件厚度在 5mm 以下时，焊接时一般开 I 形坡口，可以选用 $\phi3.2mm$ 或 $\phi4mm$ 的焊条，采用短弧法焊接。背面封底焊前，可以不对焊根进行铲除（重要构件除外）。

5）焊接水平倾斜焊缝时，应采用上坡焊进行焊接，防止熔渣向熔池前方流动，避免焊缝产生夹渣缺陷。

6）采用多层多道焊时，应注意选好焊道数及焊道焊接顺序。

7）T 形、角接、搭接接头平角焊时，若两板厚度不同，应调整焊条角度，将焊接电弧偏向厚板，使两板受热均匀。

8）正确选用运条方法：

① 焊件厚度在 5mm 以下时，I 形坡口的对接平焊采用双面焊时，正面焊缝应采用直线形运条法，焊缝熔深应大于焊件厚度的 2/3；背面焊缝也可采用直线形运条法，但焊接电流应比焊接正面焊缝时稍大些，运条速度要快些。

② 焊件厚度在 5mm 以上时，应根据设计要求，先在焊件上开设 I 形坡口以外的其他形式坡口（如 V 形、双 V 形、U 形等），然后进行对接平焊，也可采用多层焊或多层多道焊。打底焊宜选用小直径焊条、小焊接电流、直线形运条法。多层焊缝的填充层及盖面层应根据具体情况分别选用直线形运条法、月牙形运条法或锯齿形运条法运条；多层多道焊时，宜采用直线形运条法运条。

③ T 形接头较小焊脚尺寸部位焊接时，可选用单层焊接，选用直线形运条法、斜圆环形运条法或锯齿形运条法运条；T 形接头较大焊脚尺寸部位焊接时，宜采用多层焊或多层多道焊，打底焊须采用直线形运条法运条，其后各层可选用斜锯齿形运条法、斜圆环形运条法运条；多层多道焊宜选用直线形运条法运条。

④ 搭接、角接平角焊运条操作时，可与 T 形接头平角焊的运条操作相同或类似。

⑤ 船形焊的运条操作可与开坡口对接平焊的运条操作相同或相似。

（2）立焊位置的焊接操作要点

1）焊接过程中，焊条与焊件间应保持一定角度，以减少熔化金属下淌。

2）选用较小直径（＜$\phi4mm$）的焊条和较小焊接电流（平焊焊接电流的80%～85%）焊接时，应采用短弧焊接。

3）采用正确的运条方式：

①I形坡口对接向上立焊时，可选用直线形运条法、锯齿形运条法或月牙形运条法运条，采用跳弧法进行焊接。

②其他形式坡口对接立焊时，第一层焊缝应选用摆幅不大的月牙形运条法、三角形运条法运条，采用跳弧法进行焊接。

③T形接头立焊时，其运条操作与其他形式坡口对接立焊相似，为防止焊缝两侧产生咬边、根部未焊透等焊接质量缺陷，电弧应在焊缝两侧及顶角处保持适当的停留时间。

④盖面层焊接时，应根据对焊缝表面的焊接质量要求选用运条方法。焊缝表面质量要求稍高的可采用月牙形运条法运条；焊缝表面质量要求稍低的可采用锯齿形运条法运条。

（3）横焊位置的焊接操作要点

1）选用小直径焊条、较平焊焊接电流稍小的焊接电流以及短弧操作，能较好地控制熔化金属下淌。

2）厚板横焊时，打底层以外的焊缝宜采用多层多道焊法施焊。

3）多层多道焊时，要特别注意焊道与焊道间的重叠距离。每道叠焊，都应在前一道焊缝的1/3处开始焊接，以防止焊缝出现凹凸不平。

4）根据焊接过程中的实际情况，保持适当的焊条角度。

5）采用正确的运条方法：

①开I形坡口对接横焊时，正面焊缝采用往复直线运条法运条较好；稍厚一些的焊件焊接时，应选用直线形运条法或小斜圆环形运条法运条；背面焊缝焊接时，应选用直线运条法运条，焊接电流可以适当加大。

②开其他形式坡口对接多层横焊时，在间隙较小的情况下，可采用直线形运条法运条；在间隙较大的情况下，打底层应选用往复直线运条法运条，其后各层焊道焊接时，可采用斜圆环形运条法运条，多层多道焊缝焊接时，宜采用直线形运条法运条。

（4）仰焊位置的焊接操作要点

1）为便于熔滴过渡，减少焊接时熔化金属下淌和飞溅，焊接过程中，应采用最短的弧长施焊。

2）打底层焊接时，应采用小直径焊条和小焊接电流施焊，以免焊缝两侧产生凹陷和夹渣。

3）根据具体情况选用正确的运条方法：

① 开I形坡口对接仰焊时，在根部间隙较小的情况下，应采用直线形运条法运条；在根部间隙较大的情况下，应采用往复直线形运条法运条。

② 开其他形式坡口对接多层仰焊时，打底层焊接应根据坡口间隙的大小，选用直线形运条法或往复直线形运条法运条，其后各层可选用锯齿形运条法或月牙形运条法运条；多层多道焊宜采用直线形运条法运条。无论采用哪种运条法运条，每一次向熔池过渡的熔化金属不宜过多。

③ T形接头仰焊时，较小焊脚尺寸部位焊接时，可采用直线形运条法或往复直线形运条法运条，并由单层焊接完成；较大焊脚尺寸部位焊接时，可采用多层焊或多层多道焊施焊，第一层打底焊宜采用直线形运条法运条，其后各层可选用斜三角形运条法或斜圆环形运条法运条。

3.1.6　焊接缺陷和质量检验

在钢材焊接施工中，由于结构设计不当、原材料不符合要求、接头准备不仔细、焊接工艺不合理或焊工操作技术等原因，常常使得焊接接头产生各种缺陷。为了确保接头的焊接质量符合设计或工艺要求，应在焊接前和焊接过程中，对被焊金属材料的可焊性、焊接工艺、焊接设备等进行检验、记录，对焊接技术、焊接工艺以及焊工的操作资格进行验证，并对焊件进行全面检查记录（图3-43）。这里主要对有关焊接质量检验内容、检验方法、各种常见焊接缺陷的主要特征以及产生的原因等几个方面的内容做一介绍。

1. 焊接检验

焊接检验是指对影响焊接质量的因素进行系统检查的过程和方法。焊接检验包括焊前检验和焊接过程控制，其主要内容有：

（1）原材料的检验

施焊前，必须首先查明原材料（包括被焊金属和各种焊接材料）的材质及性能。当被焊金属的材质不明时，应进行适当的成分分析和性能实验。选择合适的焊接材料（主要指电焊条）是焊前准备工作的重要环节，直接影响着焊件的焊接质量，因此，有效鉴定焊接材料质量、明确工艺性能，做到合理选用、正确保管，是确保焊接质量的重要步骤和前提条件。

（2）焊接设备的检查

施焊前，应对焊接电源和其他焊接设备进行全面仔细的检查，检查的内容包括其工作性能是否符合要求，运行是否安全可靠等。

（3）装配质量的检查

焊 接 工 艺 卡

编号：HJ001

工程名称：_____

施工单位：_____

支持的焊接工艺评定报告编号：_____	简　图：

母　　材：_____

焊接方法：_____

焊接接头：_____坡口形式_____

壁厚范围：_____

简　图：55°±5°　0~2　0~2

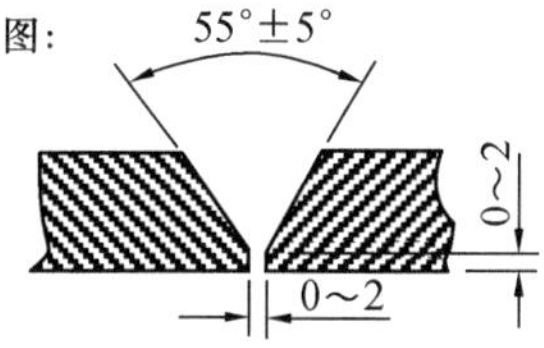

焊接位置：

对接焊缝位置_____

焊接方向（向上、向下）_____

角焊缝位置_____

焊接方向（向上、向下）_____

焊后热处理：

加热温度_____℃，升温速度_____℃/h，

保温时间_____h，冷却速度_____℃/h，

其　他_____

预　热：

最低的预热温度_____℃

最高的层间温度_____℃

保持预热时间_____

加 热 方 式_____

气　　体：

气体种类　混合比　流量（L/min）

保 护 气　_____

尾部保护气　_____

背面保护气　_____

电特性：

电流种类_____极性_____

焊接电流范围（A）_____电弧电压（V）_____

焊缝层次	焊接方法	填充材料	牌号	直径(mm)	焊接电流		电弧电压(V)	焊接速度(cm/min)	线能量(kJ/cm)
					极性	电流(A)			
1									
2、3									
4~n									

钨极类型及直径_____　喷嘴直径_____mm

熔滴过渡形式_____　焊丝送进速度_____cm/min

技术措施：

摆动焊或不摆动焊_____　摆动参数_____

焊前清理或层间清理_____　背面清根方法_____

单道焊或多道焊_____　单丝焊或多丝焊_____

导电嘴至工件距离_____　锤击_____

编制		日期		审核		日期		批准		日期	

图 3-43　焊接工艺卡

一般焊件的焊接工艺过程主要包括备料、装配、点固焊、预热、焊接、焊后热处

理和检验等工作。焊接区应清理干净，特别是坡口的加工及其表面状况会严重影响焊缝质量。坡口尺寸在加工后应符合设计要求，而且在整条焊缝长度上应均匀一致；坡口边缘在加工后应平整光洁，采用氧气切割时，坡口两侧的棱角不应熔化；对于坡口上及其附近的污物，如油漆、铁锈、油脂、水分、气割的熔渣等应在焊前清除干净。点固焊时应注意检查焊缝的对口间隙、错口和中心线偏斜程度。坡口上母材的裂纹、分层都是产生焊接缺陷的因素。

（4）焊接工艺和焊接技术的检查

焊工在焊接过程中，焊接工艺参数和焊接顺序都必须严格按照工艺文件执行。手工电弧焊时，要随时注意焊接电流的大小；气体保护焊时，应特别注意气体保护的效果。对于重要工件的焊接，特别是新材料的焊接，焊前应进行工艺性能试验，并制定相应的焊接工艺技术措施。焊工需提前进行练习，在掌握了规定的工艺措施和要求，操作熟练后才能正式参与焊接。

2. 焊接质量检验

焊接质量的检验方法可分为非破坏性检验和破坏性检验两大类。

非破坏性检验包括焊接接头的外观检查、致密性试验和无损探伤。

破坏性检验包括断面检查、力学性能试验、金相组织检验和化学成分分析及抗腐蚀试验等。

（1）非破坏性检验

1）外观检验

外观检验是通过对焊接接头直接观察或用低倍放大镜（小于 20 倍）检查焊缝外形尺寸和表面缺陷的检验方法。检验前，应先清除表面熔渣和氧化皮，必要时可作酸洗。外观检验的主要目的是把焊接缺陷消灭在焊接的过程中，所以从点固焊开始，每焊一层都要进行外观检验。外观检验的内容包括检查焊缝外形尺寸是否符合设计要求，焊缝外形是否平整，焊缝与母材过渡是否平滑等；检查的表面缺陷是否有裂纹、焊瘤、烧穿、未焊透、咬边和气孔等，并应特别注意弧坑是否填满，有无弧坑裂纹等。对于有可能发生延迟裂纹的钢材，除焊后检验外，隔一定时间还要进行复查。有再热裂纹倾向的钢材，在最终热处理后也必须再次检验。

通过外观检验，可以判断焊接方法和工艺是否合理，并能估计焊缝内部可能产生的缺陷。例如电流过小或运条过快，则焊道的外表面会隆起和高低不平，这时在焊缝中往往有未焊透的可能；又如弧坑过大和咬边严重，则说明焊接电流过大。对于淬透性强的钢材，则容易产生裂纹。

2）致密性检验

对于压力容器和管道焊接接头的缺陷，一般均采用致密性检验的方法，如渗透性试验、水压试验、气压试验及质谱检漏法。渗透性试验也称渗透探伤，是把渗透能力很强的液体涂在焊件表面上,擦净后再涂上显示物质,使渗透到缺陷中的渗透液被吸附出来,从而显示出缺陷的位置、性质和大小。水压试验主要用于检验焊接容器上焊缝的严密性和强度,采用的试验压力为工作压力的 1.5～2 倍,升压前要排尽里面的空气,试验水温要高于周围空气的温度,以防止外表凝结露水。

3）无损检测

无损检测是在不损坏焊件或母材工作状态的前提下,对被检部件的表面和内部焊接质量进行检查的一种测试手段。除渗透检测外,无损检测还包括荧光检测、磁粉检测、射线检测和超声波检测等手段,需要专业设备,成本高,在建筑施工现场较少使用,这里不做详细介绍。

① 磁粉检测

磁粉检测主要用来检查铁磁性材料表面和近表面的微小裂纹、夹渣等缺陷,其原理是在焊件上外加一个磁场,当磁力线通过完好的焊件时,它是直线进行的;当有缺陷存在时,磁力线就会发生扰乱,以此来判断焊接缺陷的所在位置及大小。

② 射线检测

射线检测主要是用 X 射线或 γ 射线对焊件进行检验的一种方法,其工作原理是,X 射线或 γ 射线经过不同物质时会引起不同程度的衰减,从而使焊件另一面的照相底片得到不同程度感光。一般而言,X 射线或 γ 射线通过存在焊接缺陷处的衰减程度较小,因此,在相应部位的底片上感光较强,底片冲洗后,就会在缺陷部位上显示出明显可见的黑色条纹和斑点。射线检测是检查焊缝内部缺陷的一种比较准确可靠的手段,可对未焊透、裂缝、气孔或夹渣等焊接缺陷进行准确检验。

③ 荧光检测

荧光检测是利用荧光物质在紫外线照射下发光的性质,将荧光物质涂在焊件表面上,借助荧光检验焊件焊接缺陷的一种检验方法。一般是将溶有荧光染料的渗透剂渗入焊件表面的微小裂纹中,清洗后涂抹吸附剂,使焊接缺陷内的荧光油液渗出表面,在紫外线灯照射下显示黄绿色荧光斑点或条纹,从而发现和判断焊件的焊接缺陷。

④ 超声波检测

超声波检测主要用于厚壁焊件的探伤,其工作原理是,超声波在由一个截面进入另一个截面时,在界面发生反射波,利用超声波探伤方法对焊件的焊接缺陷进行检验。其优点是能透入材料的深处,灵敏度较高;缺点是判断缺陷性质的直观性差,且对缺陷尺寸的判断不够准确、靠近表面层的缺陷不易被发现。

（2）破坏性检验

1）折断面检验

焊缝的折断面检验较为简单、迅速,不需要特殊设备,在施工现场被广泛采用。为保证焊缝在纵剖面处断开,可先在焊缝表面沿焊缝方向刻划一条沟槽,铣、刨、锯均可，槽深约为焊缝厚度的 1/3，然后用拉力机械或锤子将试样折断，即可观察到焊接缺陷，如气孔、夹渣、未焊透和裂纹等。根据折断面有无塑性变形的情况，还可判断断口是韧性破坏还是脆性破坏。

2）钻孔检验

在没有条件进行非破坏性检验的情况下，可以对焊缝进行局部钻孔检验。一般钻孔深度约为焊件厚度的 2/3，为了便于发现缺陷，钻孔部位可用 10% 的硝酸水溶液浸蚀，检查后钻孔处应予以补焊。钻头直径一般比焊缝宽度大 2～3mm，端部磨成 90°。

3）力学性能检验

力学性能检验是为了评定钢材或焊件的接头和焊缝力学性能的一种检验方法，广泛应用于建筑施工现场，其试验内容和试验方法包括：

① 拉伸试验

拉伸试验是为了测定焊接接头或焊缝金属的抗拉强度、屈服强度、断面收缩率和延伸率等力学性能指标。拉伸试样可以从焊接试验板或实际焊件中截取，如现场钢筋连接取样试验就是其中的典型案例。

② 弯曲试验

弯曲试验的目的是测定焊接接头的塑性，以试样任何部位出现第一条裂缝时的弯曲角度作为评定标准，也可以将试样弯到技术条件规定的角度后，再检查有无裂纹。

③ 冲击试验

冲击试验是为了测定焊接接头或焊缝金属在受冲击时的抗折断能力。通常是在一定温度下，把有缺口的冲击试样放在试验机上，测定试样的冲击值。试样的缺口位置与试验的目的有关，可以开在焊缝中间、熔合线上，或热影响区。

4）化学分析试验

焊缝的化学分析试验是为了检查焊缝金属化学成分，通常用 $\varphi6mm$ 的钻头从焊缝中钻取试样，一般常规分析需试样 50～60g。碳钢分析的元素有碳、锰、硅、硫和磷等；合金钢或不锈钢分析的元素有铬、钼、钒、钛、镍、铝和铜等；有时还要分析焊缝中的氢、氧或氮的含量。

5）焊接接头的金相组织检验

焊接接头的金相组织检验是在焊接试板上截取试样，经过打磨、抛光和浸蚀等步骤，然后在金相显微镜下进行观察的一种检验方法。一般可以观察到焊缝金属中各种夹杂物的数量及其分布、晶粒的大小以及热影响区的组织状况等。必要时，可把典型的金相组织摄制成金相照片，为改进焊接方法、选择焊条、制定热处理工艺提供必要的资料。

3. 常见的焊接质量缺陷

焊接质量缺陷按其在焊缝中的位置，可分为内部缺陷和外部缺陷两大类。

外部缺陷主要包括焊缝尺寸不符合要求、咬边、焊瘤、塌陷、表面气孔、表面裂纹、烧穿等。外部缺陷位于焊缝的外表面，直接或用低倍的放大镜就能看到。内部缺陷主要包括未焊透、内部气孔、内部裂纹、夹渣等。内部缺陷位于焊缝内部，须用无损探伤法或用破坏性试验才能发现。下面分别对各种焊接缺陷的特征、产生原因和防止措施做一介绍。

（1）焊缝形状方面的缺陷

1）焊缝尺寸偏差

焊缝尺寸偏差主要指焊缝高低不平、宽窄不一、余高过高和不足等。焊缝尺寸过小会降低焊接接头的承载能力；焊缝尺寸过大会增加焊接工作量，使焊接残余应力和焊接变形增加，并会造成应力集中。焊接坡口角度不当或装配间隙不均匀、焊接电流过大或过小、运条方式或速度及焊接角度不当等均会造成焊缝尺寸不符合要求。

2）咬边

如图 3-44 所示，沿焊趾的母材部位产生的沟槽或凹陷即为咬边。

咬边使母材金属的有效截面减小，减弱了焊接接头的强度，同时在咬边处容易引起应力集中，承载后有可能在咬边处产生裂纹，甚至会引起结构破坏。产生咬边的原因是焊接工艺选择不正确、操作不当，如焊接电流过大，电弧过长，焊条角度不当等。

3）焊瘤

如图 3-45 所示，熔化金属流淌到焊缝外未熔化的母材上所形成的金属瘤，即为焊瘤。

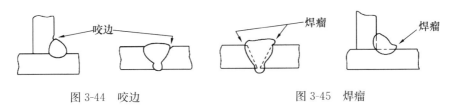

图 3-44　咬边　　　　　　　　图 3-45　焊瘤

焊瘤不仅影响焊缝外表的美观，而且焊瘤下面常有未焊透缺陷，易造成应力集中。对于管道接头来说，管道内部的焊瘤还会使管内的有效面积减小，严重时，会使管内产生堵塞。焊缝间隙过大、焊条位置和运条方法不正确、焊接电流过大或焊接速度太慢等均可引起焊瘤的产生。焊瘤常在立焊和仰焊时发生。

4）烧穿

如图 3-46 所示，熔化金属自坡口背面流出，形成穿孔的缺陷称为烧穿。

烧穿在手工电弧焊中，尤其是在焊接薄板时，是一种常见的缺陷。烧穿是一种不允许存在的焊接缺陷。产生烧穿的主要原因是焊接电流过大，焊接速度太低；当装配间隙过大或钝边太薄时，也会发生烧穿现象。为了防止烧穿，焊接时，应正确设计焊接坡口尺寸，确保装配质量，选用适当的焊接工艺参数。只在接头的一面（侧）施焊的单面焊可采用加铜垫板或焊剂垫等办法防止熔化金属下塌及烧穿。手工电弧焊焊接薄板时，可采用跳弧焊接法或断续灭弧焊接法。

5）未焊透

如图 3-47 所示，焊接时接头根部未完全熔透的现象称为未焊透。

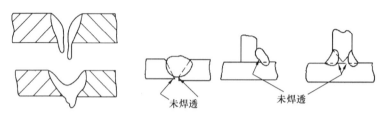

图 3-46　烧穿和焊漏　　　　　图 3-47　未焊透

未焊透常出现在单面焊的根部和在接头两面（侧）施焊的焊接的双面焊的中部，以及多层焊焊道之间或重新引弧处。未焊透在焊接接头中相当于一个裂缝，很可能在使用过程中扩展成更大的裂缝，导致结构破坏。未焊透不仅使焊接接头的力学性能降低，而且在未焊透处的缺口和端部会形成应力集中点，承载后容易引起裂纹。因此，连续性的未焊透在重要结构中是不允许的，在次要的受静荷载的结构中，只有焊缝根部少量的未焊透可不做修补。

造成未焊透产生的主要原因是焊接电流太小、运条速度太快、焊条角度不当或电弧发生偏吹、坡口角度或间隙太小、焊件散热太快、焊件表面存有铁锈以及焊接过程中氧化物和熔渣阻碍了金属间的充分熔合等。凡是造成焊条金属和母材金属不能充分熔合的因素，都会引起未焊透缺陷的产生。防止未焊透的措施包括：

① 正确选择坡口形式和装配间隙，并清除掉坡口两侧和焊层间的污物及熔渣。

② 选用适当的焊接电流和焊接速度。

③ 运条时，应随时注意调整焊条的角度，特别是遇到电弧受磁力作用而产生偏移的磁偏吹和焊条偏心时，更要注意调整焊条角度，以使焊缝金属和母材金属得到充分熔合。

④ 对导热快、散热面积大的焊件，应采取焊前预热或焊接过程中加热等措施。

6）未熔合

如图 3-48 所示，未熔合是指焊接时，焊道与母材之间或焊道与焊道之间未完全熔化结合的部分；或指点焊时母材与母材之间未完全熔化结合的部分。

未熔合产生的危害大致与未焊透相同。产生未熔合的原因主要是焊接能量太低、电弧发生偏吹、坡口侧壁有锈垢和污物以及焊层间清渣不彻底等。

7）凹坑、塌陷及未焊满

如图 3-49 所示，凹坑指在焊缝表面或焊缝背面形成的低于母材表面的局部低洼部分。

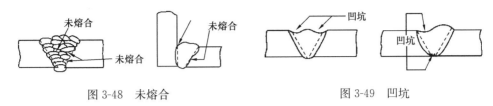

图 3-48　未熔合　　　　　　　　　图 3-49　凹坑

如图 3-50 所示，塌陷指单面熔化焊时，由于焊接工艺不当，易造成焊缝金属过量透过背面，使焊缝正面塌陷，背面凸起的现象。

由于填充金属不足，在焊缝表面形成的连续或断续的沟槽，这种现象称为未焊满。

上述缺陷削弱了焊缝的有效截面，容易造成应力集中并使焊缝的强度严重减弱。塌陷常在立焊和仰焊时产生，特别是管道的焊接，往往由于熔化金属下坠出现这种缺陷。手工电弧焊应注意在收弧的过程中，使焊条在熔池处作短时间的停留，或作环形运条，以避免在收弧处出现凹坑。

（2）夹渣

焊后残留在焊缝中的熔渣，称为夹渣，如图 3-51 所示。

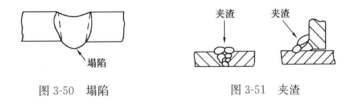

图 3-50　塌陷　　　　　　　　　图 3-51　夹渣

夹渣与夹杂物不同，夹杂物是由于焊接冶金反应产生的，焊后残留在焊缝金属中的非金属杂质，如氧化物、硫化物和硅酸盐等。夹杂物的尺寸很小，呈分散分布。夹渣一般尺寸较大，常为一毫米至几毫米长。夹渣在金相试样磨片上可直接观察到，用射线探伤也可检查出来。

夹渣外形很不规则，大小相差也极悬殊，对接头性能影响比较严重。夹渣会降低焊接接头的塑性和韧性，夹渣的尖角处会造成应力集中，特别是对于淬火倾向较大的焊缝金属，容易在夹渣尖角处产生很大的内应力而形成焊接裂纹。

1）夹渣产生的原因

熔渣未能上浮到熔池表面就会形成夹渣。夹渣产生的主要原因有：

① 在坡口边缘处有污物存在。定位焊和多层焊时，每层焊后没将熔渣除净，尤其是碱性焊条的脱渣性较差，如果下层熔渣未清理干净，就会出现夹渣。

② 坡口太小，焊条直径太粗，焊接电流过小，因而熔化金属和熔渣由于热量不足，使其流动性差，熔渣浮不上来造成夹渣。

③ 焊接时，焊条的角度和运条方法不恰当，对熔渣和铁水辨认不清，把熔化金属

和熔渣混杂在一起。

④冷却速度过快，熔渣来不及上浮。

⑤ 母材金属和焊接材料的化学成分不当，如当熔渣内含氧、氮、锰、硅等成分较多时，容易出现夹渣。

⑥ 焊接电流过小，使熔池存在时间太短。

⑦ 焊条药皮成块脱落而未熔化，以及焊条偏心、电弧无吹力、磁偏吹等。

2）防止夹渣产生的措施

① 将坡口及焊层间的熔渣清理干净，并将凹凸处铲平，然后施焊。

② 适当地增加焊接电流，避免熔化金属冷却过快；必要时，可把电弧缩短，并增加电弧停留时间，使熔化金属和熔渣分离良好。

③ 根据熔化情况，随时调整焊条角度和运条方法。焊条横向摆动幅度不宜过大，在焊接过程中，应始终保持轮廓清晰的焊接熔池，使熔渣上浮到铁水表面，防止熔渣混杂在熔化金属中或流到熔池前面而引起夹渣。

④ 正确选择母材和焊接材料，调整焊条药皮的化学成分，降低熔渣的熔点和黏度，能有效地防止夹渣。

（3）气孔

1）气孔形成的机理

焊接时，熔池中的气泡在凝固时未能逸出而残留下来所形成的空穴称为气孔。气孔可分为密集气孔、条虫状气孔和针状气孔等。焊缝中形成气孔的气体主要是氢气、一氧化碳和氮气等。气孔可能产生在焊缝表面或隐藏在焊缝内部。小的气孔要在显微镜下才能看到，大的气孔直径可达 3mm。

2）气孔对焊缝性能的影响

气孔对焊缝的性能有较大影响，它不仅使焊缝的有效工作截面减小，使焊缝力学性能下降，而且破坏了焊缝的致密性，容易造成泄漏。条虫状气孔和针状气孔比圆形气孔危害性更大，在这种气孔的边缘有可能发生应力集中，致使焊缝的塑性降低。因此，在重要的焊件中，对气孔应严格控制。

3）防止气孔产生的措施

为防止气孔的产生，应从母材、焊接材料和焊接工艺三个方面采取措施。

① 对母材的控制

施焊前，应清除掉焊件坡口面及两侧的水分、锈蚀、油污及防腐底漆等。

② 对焊接材料的控制

施焊时，如果焊条药皮受潮、变质、剥落、焊芯生锈等，都会产生气孔。焊条焊前烘干对防止气孔的产生十分关键。一般来说，酸性焊条抗气孔性好，要求酸性焊条药皮的含水量不得大于 4%；对于低氢型碱性焊条，要求药皮的水分含量不得超过 0.1%。

③ 对焊接工艺的控制

施焊时，焊接电流不能过大，否则，焊条发红，药皮提前分解，将会失去保护作用；焊接速度不能太快，对于碱性焊条，要采用短弧进行焊接，防止有害气体侵入；当发现焊条有偏心时，要及时转动或倾斜焊条；焊接复杂的工件时，要注意控制磁偏吹，因为磁偏吹会破坏保护，产生气孔；焊前预热可以减慢熔池的冷却速度，有利于气体的浮出；选择正确的焊接工艺技术要求；运条速度不应过快；焊接过程中不要断弧，保证引弧处、接头处、收弧处的焊接质量；焊接时避免风吹雨淋；这些都是防止气孔产生的重要手段。

实践证明，焊接电源的极性对气孔也会造成一定的影响。直流电源反接法焊接的焊件，其气孔倾向小；直流电源正接法焊接的焊件，其气孔倾向大；交流电源焊接的焊件，其气孔倾向介于两者之间。

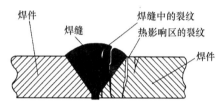

图 3-52　焊接裂纹

（4）裂纹

焊接裂纹（图 3-52）是一种最为危险的焊接缺陷，它不但减小了接头的有效工作面积，降低了接头强度，还由于裂缝端有一个尖锐缺口，将引起较大的应力集中，因而能引起裂缝的继续扩展，由此导致整个构件的突然断裂，严重地影响焊接结构的使用性能和安全可靠性，许多焊接结构的破坏事故，都是由焊接裂纹引起的。焊接裂纹根据形成时的温度不同，可分为热裂纹和冷裂纹。

1）热裂纹

热裂纹也称为凝固裂纹，是指在焊接过程中，焊缝和热影响区金属冷却到固相线附近高温状态时产生的焊接裂纹。

被焊接的材料大多都是合金，而合金凝固自开始到最终结束，是在一定的温度区间内进行的，这是热裂纹产生的基本原因。焊缝金属中许多杂质的凝固温度都低于焊缝金属的凝固温度，首先凝固的焊缝金属会把低熔点的杂质推挤到凝固结晶的晶粒边界，形成一层液体薄膜。又因为焊接时熔池的冷却速度很大，焊缝金属在冷却的过程中发生收缩，使焊缝金属内部产生拉应力，拉应力把凝固的焊缝金属沿晶粒边界拉开，当没有足够的液体金属补充时，就会形成微小的裂纹。随着温度的继续下降，拉应力增大，裂纹不断扩大，这就是凝固裂纹。热裂纹显著的特征是断口呈蓝黑色，即金属在高温被氧化的颜色。有时在热裂纹里有流入熔渣的迹象。防止热裂纹产生应采取以下措施：

① 限制钢材和焊材中的硫、磷元素含最小于 0.03%～0.04%。

② 改善熔池金属的一次结晶（变质处理）。细化晶粒可以提高焊缝金属的抗裂性。

向焊缝中加入细化晶粒的元素，如钛、铝、锆、硼或稀土金属铈等。

③ 控制焊接工艺参数。适当提高焊缝成型系数。采用多层多道焊法，避免中心线偏析，可防止中心线裂纹。奥氏体型不锈钢焊接时，应采用小热输入量，以缩短焊缝金属在高温区的停留时间。

④ 采用碱性焊条和焊剂。由于碱性焊条脱硫效果好，抗热裂性好。生产中对于热裂纹倾向较大的钢材，一般都采用碱性焊条或焊剂进行焊接。

⑤ 采用适当的断弧方式。断弧时采用收弧板或逐渐断弧，填满弧坑，以防止弧坑裂纹。

⑥ 降低焊接应力。采取降低焊接应力的各种措施。

2）冷裂纹

冷裂纹是指焊接接头冷却到较低温度时产生的焊接裂纹。冷裂纹与热裂纹的主要区别是：冷裂纹在较低的温度下（一般在 200~300℃ 以下）形成；冷裂纹不是在焊接过程中产生的，而是在焊后延续一时间后才产生，如果钢的焊接接头冷却到常温后并在一段时间后（几小时、几天甚至十几天以后）才出现的冷裂纹就称为延迟裂纹；一般焊缝金属的横向裂纹多为冷裂纹；冷裂纹与热裂纹相比，冷裂纹的断口无氧化色。

冷裂纹的产生与钢材的淬火倾向、残余应力、焊缝金属和热影响区的扩散氢含量有关。其中氢的作用是形成冷裂纹的重要因素，当焊缝和热影响区的含氢量较高时，焊缝中的氢在结晶过程中就会向热影响区扩散，当这些氢不能逸出时，就聚集在离熔合线不远的热影响区中；如果被焊材料的淬火倾向较大，焊后冷却下来，在热影响区可能形成马氏体组织，该种组织脆而硬；再加上焊后的焊接残余应力，在上述三个因素的共同作用下，将导致冷裂纹的产生。在不同的材料中氢的扩散速度不同，会使冷裂纹的产生具有延迟性。防止冷裂纹产生应采取以下具体措施：

① 选用优质的低氢型焊条，可减少焊缝的氢。

② 焊条和焊剂应严格按规定进行烘干，随用随取，严格清理焊丝和工件坡口两侧的油、锈、水分，控制环境湿度。

③ 改善焊缝金属的性能，加入某些合金元素以提高焊缝金属的塑性，例如使用 J507MnV 焊条，可提高焊缝金属的抗冷裂能力。此外，采用奥氏体组织的焊条焊接某些淬硬倾向较大的低合金高强度钢，可有效地避免冷裂纹的产生。

④ 选择合理的焊接工艺。正确地选择焊接工艺参数、预热、缓冷、后热以及焊后热处理等，以改善焊缝及热影响区的组织，去氢和消除焊接应力。

⑤ 改善结构的应力状态，降低焊接应力等。

3）再热裂纹

再热裂纹是指焊后焊件在一定温度范围内再次加热（消除应力热处理或其他加热过程）而产生的裂纹。再热裂纹一般位于母材的热影响区中，往往沿晶界开裂，出现在粗大的晶粒区，并且平行于熔合线分布。

产生再热裂纹的原因是：焊接时，在热影响区靠近熔合线处被加热 1200℃ 以上时，热影响区晶界的钒、钼、钛等的碳化物，熔于奥氏体中；当焊后热处理重新加热时，加热温度在 500～700℃ 的范围内时，这些合金元素的碳化物呈弥散状重新析出，晶粒内部强化，而晶界相对地被削弱。这时，当焊接接头中存在较大的焊接残余应力，而且应力超过了热影响区熔合线附近金属的塑性时，便产生了裂纹。防止再热裂纹产生应采取以下措施：

① 控制基本金属及焊缝金属的化学成分，适当调整各种敏感元素（如铬、钼、钒等）的含量。

② 选择抵抗再热裂纹能力高的焊接材料。

③ 设计上改进接头形式，减小接头刚性和应力集中，焊后打磨焊缝至平滑过渡。

④ 合理选择清除应力回火温度，避免采用 600℃ 这个对再热裂纹敏感的温度，适当减慢回火时的加热速度，减小温差应力。

4）层状撕裂

层状撕裂是指焊接时，在焊接结构中沿钢板轧层形成的呈阶梯状的一种裂纹。层状撕裂是一种低温裂纹，主要在厚板的 T 形接头或角接接头里产生，如图 3-53 所示。层状撕裂往往在整个结构焊接完毕以后才产生，一旦产生层状撕裂，就要大面积更换钢板，有时甚至要把整个结构作废。

图 3-53 层状撕裂

层状撕裂产生的原因是在轧钢过程中，钢中的非金属夹杂物（硫化物、硅酸盐）被轧成薄片状，呈层状分布，由于这些片状的夹杂物与金属的结合强度很低，在焊后冷却时，由于焊缝收缩在板厚的方向上造成一定的拉应力，或者在板厚的方向上有拉伸载荷作用，使片状夹杂物与金属剥离，随着拉应力的增加形成了沿轧层的裂纹；随后沿轧层的裂纹之间的金属又在剪切作用下发生剪切破坏，形成与上述沿轧层的裂纹相垂直的裂纹，并把裂纹之间连接起来，呈阶梯状的裂纹即层状撕裂。防止产生层状撕裂应采取以下措施：

① 焊接结构应设计合理，减小钢板在板厚方向上的拉应力，应避免把许多构件集中焊在一起；在焊接接头设计和坡口类型的选择上，不应使焊缝熔合线与钢材的轧制平面相平行，这一点是防止产生层状撕裂的重要设计原则。

② 选用抗层状撕裂性能好的母材，钢材的含硫量越低，抗层状撕裂性能越好。工程上，常用钢板板厚方向的拉伸试样的断面收缩率评定其抗层状撕裂性能，如大于 25%，就比较安全。

③ 采取一定的工艺措施，如减小装配间隙；采用扩散氢含量低的焊接材料；在 T 形接头的腹板上堆焊一层或两层塑性好的过渡层；T 形接头采用对称焊；多层焊时，

应逐道改变焊接方向；进行中间消除应力热处理；锤击焊道表面等。

3.2 闪光对焊

闪光对焊在建筑施工现场应用较为广泛，如现场梁、板钢筋的纵向连接，预应力钢筋与螺丝端杆的焊接等，一般都采用闪光对焊这种焊接工艺。闪光对焊一般可分为连续闪光对焊和预热闪光对焊两种。

3.2.1 工作原理

将两个安放成对接形式的工件（如钢筋）夹紧，接通电源，然后逐渐移动被焊工件使之相互接触，由于工件表面不平，首先只是某些点接触，强电流通过这些点时，这些点即迅速熔化，在电磁力作用下，液体金属发生爆破，以火花形式从接触面飞出，造成闪光现象。继续移动工件，使之产生新的接触点，则闪光现象连续发生，热量传到工件内部，待工件被加热到端面全部熔化时，迅速对工件加压并切断电源，工件即在压力下产生塑性变形而焊到一起，这种焊接工艺方法称之为闪光对焊。

闪光对焊过程的本质就是利用对焊机使两工件接触，通以低电压的强电流，待两工件被加热到高温塑性变形、熔化状态，在结合面上再结晶，产生足够数量的共同晶粒，在轴向加压顶锻力的作用下形成接头。

焊件连接时，若要形成一个牢固的焊接接头，其连接面上必须具有足够数量的共同晶粒。手工电弧焊是利用外部的电弧作热源，使焊条和焊件熔化，产生共同晶粒，冷却凝固后形成焊缝的连接过程；而闪光对焊则是利用焊件通电时产生的内部电阻热作热源，加热相互接触的两个焊件，产生共同晶粒，且在外力作用下形成焊缝的连接过程。因此，电阻热与机械力的恰当配合是闪光对焊焊接工艺过程中获得优质焊接接头的必要条件。

闪光对焊过程中，当两工件缓缓靠近时，端面上仅个别点接触，电流通过这些点时，由于电流密度较高，很快就形成熔化金属小滴（一般称为过梁）。当过梁进一步升温汽化而爆破后，即转入短暂的电弧过程，而后，电弧很快熄灭。随着焊件的靠近，在其他凸出部位又形成新的过梁。这种过梁与电弧不断交替的平均电阻值即为闪光对焊的接触电阻，闪光结束进入顶锻后，此接触电阻立即消失。闪光对焊焊接时的热源即是焊接区析出的电阻热。

3.2.2 焊接特点

闪光对焊能够在施工现场得以广泛应用，主要具有以下几个方面的特点：

1. 闪光对焊的优点

（1）熔核形成时，始终被塑性环包围，熔化金属与空气隔绝，冶金过程简单。

（2）加热时间短，热量集中，热效率高，热影响区小，变形和应力也小，通常在焊后不必安排校正和热处理工序。

（3）焊接过程中，由于过梁的存在时间短，仅几毫秒，其位置随机变化，焊件端面各处加热的总时间较均匀，因此，连续闪光对焊不但可焊接紧凑截面，而且还可焊接展开截面的焊件（如型钢、薄板等）。

（4）不需要焊条、焊丝等填充金属，以及氧气、乙炔、氩气等焊接材料，焊接成本低。

（5）操作简单，易于实现机械化和自动化，可改善劳动条件。

（6）生产效率高，且无噪声及有害气体产生。

（7）结合面上的熔化金属层或氧化物在顶锻过程中被挤出，起到清除结合面杂质的作用。因此，接头可靠性高，强度大。

（8）对工件待焊面的准备和清理要求不高。

2. 闪光对焊的缺点

（1）工艺参数多、试验工作量大，不易很快找出最佳焊接参数。

（2）目前还缺乏可靠的无损检测方法，焊接质量只能靠工艺试样和工件的破坏性试验来检查，以及靠各种监控技术来保证。

（3）金属损耗较多，工件尺寸需留较大余量，由于有液体金属挤出，焊后接头处有毛刺需要清理。

（4）设备功率大且较复杂，成本较高、维修较困难，并且常用的大功率单相闪光对焊机，不利于电网的正常运行。

（5）焊接时喷射出的熔融金属颗粒有引发火灾的危险，还可能使操作人员受飞溅烧伤，并损坏设备的滑轨、轴和轴承等。

3.2.3 焊接过程

闪光对焊的基本程序有预热、闪光和顶锻三个阶段。

1. 预热

只有预热闪光对焊才有预热阶段，连续闪光对焊没有预热阶段。

所谓预热，实质上就是以断续的电流脉冲加热焊件，利用较短时间的快速加热和间隙时的匀热过程使焊件端面较均匀地加热到预定温度。预热的主要目的是：

（1）提高焊件的端面温度，以便在较高的起始速度或较低的设备功率下顺利地开始闪光，并减少闪光留量，节约材料。

（2）使纵深温度分布缓慢，加热区增宽，焊件冷却速度减慢，以使顶锻时产生的塑性变形能够及时将液态金属及其面上的氧化物排除，同时减弱焊件的淬硬倾向。

一般预热时，焊件的接近速度大于连续闪光的初期速度，焊件短接并稍作延时后即快速分开，进入匀热期，匀热延时后再原速接近，如此循环反复，直至加热到预定温度。

2. 闪光

所谓闪光，实质上是过梁在焊件的间隙中形成和快速爆破的交替过程。由于过梁的总截面仅占焊件截面的极小一部分，因此，过梁上通过的电流密度极高，很快就能达到并进入爆破阶段。闪光阶段是闪光对焊加热过程的核心，其主要目的是：

（1）通过闪光阶段的发热和传热，不但可使焊件端面温度均匀上升，而且能使焊件沿纵深加热到合适且稳定的温度分布状态。

（2）通过闪光过程中的过梁爆破，将焊件端面上的夹杂物随液态金属一起抛出；利用爆破时所产生的金属蒸气和其他气体（如碳钢中碳元素烧损而形成的 CO 气体）排挤大气，减少端面氧化，并于闪光末期在端面形成一薄层液态金属保护层。所以爆破频率愈高愈好，尤其在临近顶锻前的瞬间，尽量每半周内均有几次爆破。

3. 顶锻

所谓顶锻，实质上是一个快速的锻击过程。它的前期主要是封闭焊件端面的间隙，防止再氧化，这段时间愈快愈好，一般受焊机机械部分运动加速度的限制。然后是把液态金属挤出，对后续的高温金属进行锻压，以便形成共同晶粒。

顶锻是实现焊接的最后阶段，其主要目的是：

（1）封闭焊件端面的间隙，排除液态金属层及其表面的氧化物杂质。

（2）对焊接区的金属施加一定的压力，使其获得必要的塑性变形，从而使焊件界面消失，形成共同晶粒。

3.2.4 焊接设备

施工现场常用的闪光对焊机主要由焊接变压器、固定电极、移动电极、送料机构（加压机构）、水冷却系统及控制系统等几部分组成。如图 3-54 所示为施工现场常用的闪光对焊机外形及构造原理示意图。

3.2.5 设备概述

1. 送料机构

送料机构能够完成焊接中所需要的熔化和挤压过程，它主要包括操纵杆、可动横架和调节螺丝等。当将操纵杆在两极位置中移动时，可获得电极的最大工作行程。

2. 开关控制

按下按钮，此时接通继电器，使交流接触器吸合，于是焊接变压器接通。移动操纵杆，可实施连续闪光对焊。当焊件因塑性变形而缩短，达到规定的顶锻留量时，行程螺丝触动行程开关使电源自动切断。控制电源由次级电压为 36 V 的控制变压器供电，以保证操作者的人身安全。

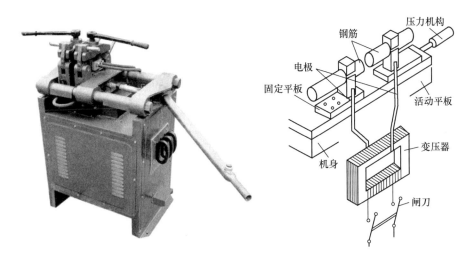

图 3-54 闪光对焊机外形及构造原理示意图

3．钳口（电极）

左右电极座上装有下钳口、杠杆式夹紧臂和夹紧螺丝，另有带手柄的套钩，用以夹持夹紧臂。下钳口为铬锆铜，其下方为借以通电的铜块，由两块楔形铜块组成，用以调节所需的钳口高度。左右两电极分别通过多层铜皮与焊接变压器次级线圈的导体连接，焊接变压器的次级线圈采用循环水冷却。在焊接处的两侧及下方均有防护板，以免熔化金属溅入变压器及开关中。焊工须经常清理防护板上的金属溅沫，以免造成短路等故障。

4．电气装置

焊接变压器为铁壳式，其初级电压为 380 V，变压器初级线圈为盘式绕组，次级绕组为三块周围焊有铜水管的铜板并联而成，焊接时按焊件大小选择调节级数，以取得所需要的空载电压。变压器至电极由多层薄铜片连接。

3.2.6 常用闪光对焊机型号及技术性能

常用闪光对焊机型号及技术性能如表 3-16 所示。

常用闪光对焊机技术性能 表 3-16

闪光对焊机型号	UN1-50	UN1-75	UN1-100	UN2-150	UN17-150-1
动夹具传动方式	杠杆挤压弹簧（人力操纵）		电动机凸轮		气-液压
额定容量（kVA）	50	75	100	150	150
负载持续率（%）	25	20	20	20	50
电源电压（V）	220/380	220/380	380	380	380
次级电压调节范围（V）	2.9~5.0	3.52~7.94	4.5~7.6	4.05~8.10	3.8~7.6
次级电压调节级数	6	8	8	15	15
连续闪光焊钢筋大直径（mm）	10~12	12~16	16~20	20~25	20~25

续表

闪光对焊机型号	UN1-50	UN1-75	UN1-100	UN2-150	UN17-150-1
预热闪光焊钢筋最大直径（mm）	20～22	32～36	40	40	40
每小时最大焊接件数	50	75	50	80	120
冷却水消耗量（L/h）	200	200	200	600	600
压缩空气压力（MPa）					0.55～0.6
压缩空气消耗量（m³/h）					15～5

3.2.7 常用闪光对焊机的使用方法

以 UN1-100 为例（图 3-55），简要说明常用闪光对焊机的使用方法。

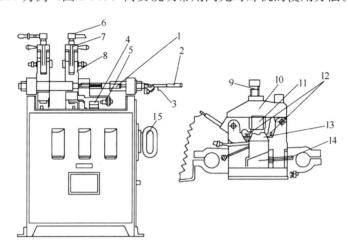

图 3-55 闪光对焊机示意图

1—调节螺丝；2—操纵杆；3—按钮；4—行程开关；5—行程螺丝；6—手柄；7—套钩；
8—电极座；9—夹紧螺丝；10—夹紧臂；11—上钳口；12—下钳口紧固螺丝；
13—下钳口；14—下钳口调节螺杆；15—插头

1. 按焊件的形状选择钳口

如焊件为棒材，可直接用焊机配置钳口；如焊件为异型，应按焊件形状定做钳口。

2. 调整钳口

使钳口两中心线对准，将两试棒放于下钳口定位槽内，观看两试棒是否对应整齐。如能对齐，焊机即可使用；如对不齐，应调整钳口。调整时先松开下钳口紧固螺丝（12），再调整下钳口调节螺杆（14），并适当移动下钳口（13），获得最佳位置后，拧紧下钳口紧固螺丝（12）。

3. 调整钳口的距离

当操纵杆在最左端时，钳口（电极）间距应等于焊件伸出长度与挤压量之差；当操纵杆在最右端时，电极间距相当于两焊件伸出长度，再加 2～3mm（即焊前之原始位置），该距离调整由调节螺丝（1）获得。

4. 试焊

在试焊前，为防止焊件的瞬间过热，应逐级增加调节级数。在闪光对焊时，须使用较高的次级空载电压。闪光对焊过程中有大量熔化金属飞溅，焊工须戴深色防护眼镜。

5. 钳口的夹紧

（1）先用手柄（6）转动夹紧螺丝（9），适当调节上钳口（11）的位置。

（2）把焊件分别插入左右两上下钳口间。

（3）转动手柄，使夹紧螺丝（9）夹紧焊件。焊工必须确保焊件有足够的夹紧力方能施焊，否则可能导致烧损机件。

6. 焊件取出

（1）焊接过程完成后，用手柄松开夹紧螺丝（9）。

（2）将套钩（7）卸下，则夹紧臂（10）受弹簧的作用而向上提起。

（3）取出焊件，拉回夹紧臂（10），套上套钩（7），进行下一轮焊接。

7. 对焊机其他安全要求

（1）闪光对焊机必须妥善接地、接零后方可通电，以保障人身安全。使用前要用500V兆欧表测试焊机高压侧与外壳之间的绝缘电阻不低于 2.5MΩ 方可通电；检修时要先切断电源方可开箱检查。

（2）闪光对焊机应先通水后施焊，无水严禁作业。冷却水应保证在 0.15～0.2MPa 的进水压力下供应 5～30 ℃的工业用水。冬季施焊完毕后必须用压缩空气将管路中的水吹净以免冻裂水管。

（3）闪光对焊机的引线不宜过细过长，焊接时的电压降不得大于初始电压的 10%，初始电压不能偏离电源电压的 ±10%。

3.2.8 闪光对焊机的维护与保养

常用闪光对焊机的维护与保养应按表 3-17 所列举的内容和方法进行。

常用闪光对焊机维护与保养的内容和方法   表 3-17

保养部位	保养工作技术内容	维护保养方法	保养周期
整机	擦拭外壳灰尘	擦拭	每日一次
	传动机构润滑	向油孔注油	每月一次
	机内清除飞溅物和灰尘	用铁铲去除飞溅物，用压缩气体吹除灰尘	每月一次
变压器	检查水龙头接头，防止漏水，避免变压器受潮	勤检查，发现漏水迹象及时排除	每日一次
	二次绕组与软铜带联接螺钉松动	拧紧松动螺钉	每季一次
	清理溅落在设备上的飞溅物	消除飞溅堆积物	每月一次
保养部位	保养工作技术内容	维护保养方法	保养周期

109

续表

保养部位	保养工作技术内容	维护保养方法	保养周期
电压调节开关	工作时不许调节	空载时可以调节	列入操作规程
	插座应插入到位	插入时应用力到位，插不紧应检修	每月一次
	开关接线螺钉防止松动	发现松动应紧固螺钉	每月一次
电极（夹具）	焊件接触面应保持光洁	清洁，磨修	每日一次
	焊件接触面不得粘连铁锈	磨修或更换电极	每日一次
水路系统	无冷却水不得使用焊机	先开水阀后开焊机	
	保证水路通畅	发现水路堵塞及时排除	每季一次
	出水口水温不得过高	保持进水口水温不高于 30 ℃，出水口温度不高于 45 ℃	每日检查
	冬季要防止水路结冰，以免水管冻裂	每日用完焊机应用压缩空气将机内存水吹除干净	冬季执行
接触器	主触点要防止烧损	研磨修理或更换触点	每季一次
	绕组接线头防止断线以及掉头和松动	接好断线掉头处，拧紧松动的螺丝	每季一次

3.2.9 闪光对焊机常见的故障检查及排除

闪光对焊机检修应在断电后进行，检修应由专业电工和现场对焊机操作人员共同进行，常见故障及排除方法如表 3-18 所示。

常用闪光对焊机的常见故障及排除方法 表 3-18

故障现象	可能原因	排除方法
按下控制按钮，焊机不工作	(1) 电源电压不正常。 (2) 控制线路接线不正常。 (3) 交流接触器不能正常吸合。 (4) 主变压器线圈烧坏	(1) 待电网电压正常后施焊。 (2) 检查控制线路接线。 (3) 修理或调换交流接触器。 (4) 更换主变压器线圈
松开控制按钮或行程螺丝触动行程开关，变压器仍然工作	(1) 行程开关不正常。 (2) 交流接触器、中间继电器衔铁被油污黏合不能断开，造成主变压器持续供电	(1) 检查行程开关，损坏时予以调换。 (2) 清除油污等黏合物，并吹干后重新试机
焊接不正常，出现不应有的飞溅	(1) 工件有油污、锈痕等。 (2) 丝杆压紧机构未压紧工件。 (3) 电极钳口不光洁，有铁迹	(1) 清除工件上的污物。 (2) 调整压紧机构。 (3) 清除电极钳口上的污物
下钳口（电极）调节困难	(1) 电极、调整块间隙被飞溅物阻塞。 (2) 下钳口调节螺杆烧损、烧结，变形严重	(1) 清除间隙中的阻塞物。 (2) 更换下钳口处的调节螺杆

故障现象	可能原因	排除方法
不能正常焊接，交流接触器出现异常响声	（1）焊接时交流接触器进线电压低于自身释放电压。 （2）引线太细太长，压降太大。 （3）电网电压太低，不能正常工作。 （4）主变压器短路，造成电流太大	（1）调整交流接触器的进线电压值。 （2）更换引线。 （3）待电网电压稳定后施焊。 （4）更换主变压器

3.2.10 闪光对焊的常见焊接质量缺陷及预防措施

闪光对焊过程中的常见焊接质量缺陷和预防措施如表 3-19 所列。

闪光对焊过程中常见焊接质量缺陷及预防措施　　　　　　表 3-19

质量缺陷种类	预防措施
烧化过分剧烈并产生强烈的爆炸声	（1）降低变压器级数。 （2）减慢烧化速度
闪光不稳定	（1）清除电极底部和表面的氧化物。 （2）提高变压器级数。 （3）加快烧化速度
接头中有氧化膜、未焊透或夹渣	（1）增大预热程度。 （2）加快临近顶锻时的烧化程度。 （3）确保带电顶锻速度。 （4）加快顶锻速度。 （5）增大顶锻压力
接头中有缩孔	（1）降低变压器级数。 （2）避免烧化过程过分强烈。 （3）适用增大顶锻留量及顶锻压力
焊缝金属过烧	（1）减小预热程度。 （2）加快烧化速度，缩短焊接时间。 （3）避免过多带电顶锻
接头区域裂纹	（1）检验钢筋的碳、硫、磷含量，若不符合规定时应更换钢筋。 （2）采取低频预热方法，增大预热程度
钢筋表面微熔及烧伤	（1）消除钢筋被夹紧部位的铁锈和油污。 （2）消除电极内表面的氧化物。 （3）改进电极槽口形状，增大接触面积。 （4）夹紧钢筋
接头弯折或轴线偏移	（1）正确调整电极位置。 （2）修整电极钳口或更换已变形的电极。 （3）切除或矫直钢筋的弯折处

3.3 电渣压力焊

钢筋电渣压力焊是将两钢筋安放成竖向对接形式，利用焊接电流通过两钢筋间隙，在焊剂层下形成电弧过程和电渣过程，产生电弧热和电阻热，熔化钢筋，加压完成的一种压焊方法。如图 3-56 所示为常用的一种电渣压力焊设备。与电弧焊相比，它工效高、成本低，适用于现浇钢筋混凝土结构中竖向或斜向（倾斜度在 4：1 范围内）钢筋的连接，特别是对于高层建筑的柱、墙钢筋，应用尤为广泛。

3.3.1 钢筋电渣压力焊的原理和特点

电渣压力焊的焊接过程包括四个阶段：引弧过程、电弧过程、电渣过程和顶压过程。

焊接开始时，首先在上、下两钢筋端面之间引燃电弧，使电弧周围焊剂熔化；随之焊接电弧在两钢筋之间燃烧，电弧热将两钢筋端部熔化，熔化的金属形成熔池，熔融的焊剂形成熔渣（渣池），覆盖于熔池之上，此时，随着电弧的燃烧，上、下两钢筋端部逐渐熔化，将上钢筋不断下送，以保持电弧的稳定，继续电弧过程；随着电弧过程的延续，两钢筋端部熔化量增加，熔池和渣池加深，待达到一定深度时，加快上钢筋的下送速度，使其端部直接与渣池接触，这时，电弧熄灭而变电弧过程为电渣过程；待电渣过程产生的电阻热使上、下两钢筋的端部达到全截面均匀加热的时候，迅速将上钢筋向下顶压，挤出全部熔渣和液态金属，随即切断焊接电源，完成焊接工作。如图 3-56 所示。

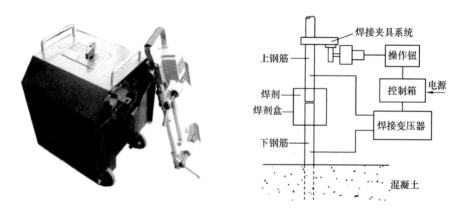

图 3-56 电渣压力焊设备实物及原理图

（1）焊接设备
电渣压力焊设备主要由焊接电源、焊接夹具和控制箱三大部分组成。
1）焊接电源

电渣压力焊可采用交流或直流焊接电源，焊机容量应根据所焊钢筋的直径选定。由于电渣压力焊机的生产厂家很多，产品设计各有不同，所以配用焊接电源的型号也同，常用的多为弧焊电源（电弧焊机），如 BX3—500 型、BX3—630 型、BX3—750 型和 BX3—1000 型等。

2）焊接夹具

焊接夹具由立柱、传动机械、上（下）夹钳、焊剂筒等组成，其上安装有监控器，即控制开关、次级电压表、时间显示器（蜂鸣器）等。焊接夹具应具有足够的刚度，在最大允许荷载下应移动灵活，操作便利；焊剂筒的直径应与所焊钢筋直径相适应；监控器上的附件（如电压表、时间显示器等）应配备齐全。

3）控制箱

控制箱的主要作用是通过焊工操作，使弧焊电源的初级线接通或断开，控制箱正面板上装有初级电压表、电源开关、指示灯和信号电铃等。

（2）焊剂

1）焊剂的作用

熔化后产生气体和熔渣，保护电弧和熔池，保护焊缝金属，更好地防止氧化和氮化；减少焊缝金属中化学元素的蒸发和烧损；使焊接过程稳定；具有脱氧和掺合金的作用，使焊缝金属获得所需要的化学成分和力学性能；焊剂熔化后形成渣池，电流通过渣池产生大量的电阻热；包托被挤出的液态金属和熔渣，使接头获得良好盛开；渣壳对接头有保温和缓冷作用。

2）常用焊剂

焊剂牌号为"焊剂×××"，其中第一位数字表示焊剂中的氧化锰含量，第二位数字表示二氧化硅和氟化钙含量，第三个数字表示同一牌号焊剂的不同品种。施工中最常用的焊剂牌号为"焊剂431"，为高锰、高硅、低氟类型，可交、直流两用，适合于焊接重要的低碳钢钢筋及普通低合金钢钢筋。

3.3.2 作业流程

电渣压力焊作业流程包括：检查设备、钢筋端头制备、选择焊接参数、安装焊接夹具和钢筋、安放焊剂灌、填装焊剂、试焊、做试件、确定焊接参数、施焊、回收焊剂、卸下夹具、质量检查。

（1）检查设备、电源，确保其随时处于正常状态，严禁超负荷工作。

（2）钢筋端头制备。钢筋安装之前，焊接部位和电极钳口接触的（150mm 区段内）钢筋表面上的锈斑、油污、杂物等应清除干净，钢筋若有弯折、扭曲，应予以矫直或切除，但不得用锤击矫直。

（3）选择焊接参数。钢筋电渣压力焊的焊接参数主要包括焊接电流、焊接电压和焊接通电时间，如表 3-20 所示。

钢筋电渣压力焊的焊接参数 表 3-20

钢筋直径 (mm)	焊接电流 （A）	焊接电压 （V）		焊接通电时间 （s）	
		电弧过程 U_{2-1}	电渣过程 U_{2-2}	电弧过程 t_1	电渣过程 t_2
16	200～250	40～45	22～27	14	4
18	250～300	40～45	22～27	15	5
20	300～350	40～45	22～27	17	5
22	350～400	40～45	22～27	18	6
25	400～450	40～45	22～27	21	6
28	500～550	40～45	22～27	24	6
32	600～650	40～45	22～27	27	7
36	700～750	40～45	22～27	30	8
40	850～900	40～45	22～27	33	9

图 3-57　电渣压力
焊施焊图

（4）安装焊接夹具和钢筋。夹具的下钳口应夹紧于下钢筋端部的适当位置，一般为 1/2 焊剂罐高度偏下 5～10mm，以确保焊接处的焊剂有足够的淹埋深度。

上钢筋放入夹具钳口后，调准动夹头的起始点，使上、下钢筋的焊接部位位于同轴状态，方可夹紧钢筋。钢筋一经夹紧，严防晃动，以免上、下钢筋错位和夹具变形。

（5）安放焊剂罐、填装焊剂，如图 3-57 所示。

（6）试焊、做试件、确定焊接参数。在正式进行钢筋电渣压力焊之前，必须按照选择的焊接参数进行试焊并做试件送试，以便确定合理的焊接参数。合格后，方可正式生产。当采用半自动、自动控制焊接设备时，应按照确定的参数设定好设备的各项控制数据，以确保焊接接头质量可靠。

（7）施焊操作要点。

1）闭合回路、引弧：通过操纵杆或操纵盒上的开关，先后接通焊机的焊接电流回路和电源的输入回路，在钢筋端面之间引燃电弧，开始焊接。

2）电弧过程：引燃电弧后，应控制电压值。借助操纵杆使上、下钢筋端面之间保持一定的间距，进行电弧过程的延时，使焊剂不断熔化而形成必要深度的渣池。

3）电渣过程：随后逐渐下送钢筋，使上钢筋端都插入渣池，电弧熄灭，进入电渣过程的延时，使钢筋全断面加速熔化。

4）挤压断电：电渣过程结束，迅速下送上钢筋，使其端面与下钢筋端面相互接触，趁热排除熔渣和熔化金属，同时切断焊接电源。

（8）接头焊毕，应停歇20~30s后（在寒冷地区施焊时，停歇时间应适当延长），方可回收焊剂和卸下焊接夹具。接头外形如图3-58所示。

（9）在钢筋电渣压力焊的焊接生产中，焊工应认真进行自检，若发现偏心、弯折、烧伤、焊包不饱满等焊接缺陷，应切除接头重焊，并查找原因，及时消除。切除接头时，应切除热影响区的钢筋，即离焊缝中心约为1.1倍钢筋直径的长度范围内的部分应切除。

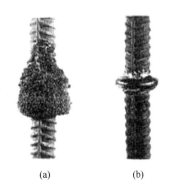

图3-58　钢筋电渣压力焊接头外形
（a）未去渣壳前；（b）打掉渣壳后

3.4　二氧化碳气体保护焊

3.4.1　二氧化碳保护焊工作原理

二氧化碳气体保护焊是一种以二氧化碳（CO_2）作为保护气体的气体保护电弧焊，是用特殊的焊炬或焊枪，不断通以二氧化碳气体作为电弧介质并保护电弧和焊接区域，使电弧和熔池与周围的空气隔离，从而保证获得优质焊接接头的焊接方法。

二氧化碳气体保护焊可分为半自动焊和自动焊两类。按使用焊丝直径的粗细，可分粗丝二氧化碳气体保护焊机和细丝二氧化碳气体保护焊机两类。按焊丝的输送方式，可分推丝式和拉丝式二氧化碳气体保护焊机。半自动焊焊枪的行走是由焊工操纵的，自动焊的焊枪装在机头上自动行走，两者焊接原理相同。二氧化碳气体保护焊是目前应用较为广泛的熔化极气体保护焊方法。

3.4.2　主要优点和缺点

二氧化碳气体保护焊具有许多优点，其主要优点是由于电弧为明弧，在焊接过程中便于控制和调整，可以进行全位置焊接；焊接时速度快，质量高，几乎没有熔渣，不但减少了清渣的劳动量，而且易于实现自动化或半自动化。但为了防止保护气体被破坏，气体保护焊应在有挡风设备的场合或室内使用。

（1）主要优点

1）二氧化碳气体保护焊一般采用的焊接电流密度大，熔敷率高，熔深大，没有焊渣，因而生产效率高；在选用相应直径的焊丝和焊接规范条件下，既可焊薄板，又可焊厚板，适应性强。

2）二氧化碳气体是酿造厂和化工厂的副产品，价格低、来源广、成本低。用二氧化碳气体和焊丝代替手工电弧焊的焊条，其焊接成本大约为手工电弧焊焊接成本的40%~50%。

3）由于二氧化碳气体保护焊为明弧焊，所以便于观察电弧和熔池的情况，随时发现问题并及时进行调节。二氧化碳气体半自动焊还具有手工电弧焊的灵活性，具有操作简便的特点，在焊接短焊缝和曲线焊缝时显得更为方便。细丝二氧化碳保护焊，可以焊接各种空间位置的焊缝。

4）二氧化碳气体对电弧具有较大的冷却作用，使得电弧加热集中，热影响区小，所以焊后焊接应力和焊接变形也小。二氧化碳气体在高温时还具有强的氧化性，可以减少金属熔池中游离氢的含量，降低焊后出现冷裂纹的倾向，因而，二氧化碳气体保护焊抗裂性较好。再者，二氧化碳气体保护焊对焊件上的铁锈、油污及水分等不像其他焊接方法那样敏感，焊前对工件的清理要求不高。

（2）主要缺点

由于二氧化碳气体在电弧空间内氧化作用强烈，因而需要对焊接熔池进行脱氧处理，必须使用含有较多脱氧元素的焊丝；否则，在焊接时飞溅严重，在焊缝内容易形成气孔。一般二氧化碳气体保护焊的飞溅问题要比手工电弧焊、氩弧焊严重得多。另外，当焊接含碳量低的不锈钢时，会使焊缝金属含碳量增大，降低抗腐蚀性。

3.4.3 适用范围

二氧化碳气体保护焊主要用于低碳钢和低合金钢的焊接，也适用于易损零件的堆焊及铸钢件的补焊等。

3.4.4 焊接设备

（1）焊接电源

二氧化碳气体保护焊通常采用实芯焊丝，没有稳弧剂，所以用交流电时电弧不稳定，飞溅大，难以正常工作，因此二氧化碳气体保护焊的电源都采用直流电流和反极性连接。

为保证焊接工艺参数在焊接过程中的稳定，采用细丝二氧化碳气体保护焊时，应为等速送丝配合平特性电源；采用粗丝二氧化碳气体保护焊时，应为变速送丝配合陡降特性电源。

二氧化碳气体保护焊陡降特性整流电源的型号是 ZX 型（二极管整流加饱和抗器）、ZX5 型（晶闸管整流）、适用于粗丝焊。同时具有两种特性的型号是 ZD 型（磁放大器式）、ZD5 型（晶闸管式）。常用二氧化碳气体保护焊机的规格、性能及适用范围如表3-21所列。

（2）焊炬

半自动二氧化碳保护焊炬根据焊接电流的大小，有气冷式和水冷式之分。因水冷式比较复杂，一般不常用。焊炬主要由导电和导气两部分组成。导电部分的主件是导电嘴，要求导电性能良好，耐腐蚀性好，熔点高，孔径适中。导气部分的主件是喷嘴，要求喷嘴具有良好的保护作用，消耗气量小，气流具有一定的速度和挺度，结构简单，装卸方便。

二氧化碳气体保护焊机的规格、性能及适用范围 表 3-21

类　型	拉丝式半自动二氧化碳气体保护焊机	推丝式半自动二氧化碳气体保护焊机		一元化调节推丝式半自动二氧化碳气体保护焊机		自动二氧化碳气体保护焊机
规　格	NBC-160	NBC-250	NBC-400	JC-350	JC-500	NZC-500
工作电压(V)	380					
工作(电弧)电压(V)	16～22	17～27	18～34	17～37	18～45	20～40
额定输入容量(kVA)	45	9.2	18.8	—	35	34
额定负载持续率(%)	60	60	60	60	60	60
焊接电流调节范围(A)	40～160	60～250	80～400	70～350	150～500	70～500
焊丝直径(mm)	0.6～1.0	0.8～1.2	1.0～1.6	1.0～1.2	1.2～1.6	1.0～2.0
焊接电源类型	硅整流式	硅整流式	硅整流式	可控硅式	可控硅式	发电机式或硅整流式
额定焊接电流(A)	160	250	400	350	500	500
适用范围	适用于0.6～4mm薄板的空间全位置焊接	适用于1～8mm板材的空间全位置焊接	适用于2～19mm板材的焊接	适用于2～8mm板材的全位置焊接	适用于2～19mm板材的焊接	适用于2mm以上板材的自动焊接

（3）送丝机构

采用等速送丝，焊接电流主要是按照送丝速度来调节的。送丝是否均匀、稳定，会直接影响电弧燃烧的稳定性。推丝式半自动二氧化碳气体保护焊机可在离焊机 2～5m 的范围内进行工作。拉丝式半自动二氧化碳气体保护焊机由于送丝机构固定在焊炬上，改善了使用的灵活性，操作范围可扩大到十几米，但焊炬较重，粗焊丝不能采用这种送丝方式。

二氧化碳气体保护焊的焊接设备除上述的焊接电源、焊炬、送丝机构外，还包括行走机构、气路系统和控制系统等部件。自动二氧化碳气体保护焊机通常将送丝机构、行走机构和焊炬安装成为一体，称为焊接小车。半自动二氧化碳气体保护焊机没有行走机构，其余部分与自动二氧化碳气体保护焊机相同。

3.4.5 焊接材料和焊接工艺

二氧化碳气体保护焊用的二氧化碳气体，大部分为工业副产品，经过压缩成液态装瓶供应。在常温下标准瓶满瓶时，压力为 $5\sim7MPa$（$50\sim70kgf/cm^2$）。低于 $1MPa$（10 个表压力）时，不能继续使用。焊接用的二氧化碳气体，一般技术标准规定的纯度为 99％以上，使用时如果发现纯度偏低，应作提纯处理。

二氧化碳气体保护焊进行低碳钢和低合金钢焊接时，为保证焊缝具有较高的力学性能和防止气孔产生，必须采用含锰、硅等脱氧元素的合金钢焊丝，同时还应限制焊丝中的含碳量。

二氧化碳气体保护焊的技术参数包括电源极性、焊丝直径、电弧电压、焊接电流、气体流量、焊接速度、焊丝伸出长度及直流回路电感等。

（1）电源极性

二氧化碳气体保护焊焊接一般材料时，采用直流反接；进行高速焊接、堆焊和铸铁补焊时，应采用直流正接。

（2）焊丝直径

二氧化碳气体保护焊的焊丝直径一般可根据表 3-22 选择。

二氧化碳气体保护焊焊丝直径选用表（mm） 表 3-22

母材厚度	<4	>4
焊丝直径	0.5～1.2	1.0～1.6

（3）电弧电压和焊接电流

电弧电压和焊接电流对于一定直径的焊丝来说，在二氧化碳气体保护焊中，采用较低的电弧电压、较小的焊接电流焊接时，焊丝熔化所形成的熔滴会把母材和焊丝连接起来，呈短路状态，称为短路过渡。大多数二氧化碳气体保护焊工艺都采用短路过渡焊接。当电弧电压较高、焊接电流较大时，熔滴呈小颗粒飞落，称为颗粒过渡。$\phi1.6mm$ 或 $\phi2.0mm$ 的焊丝自动焊接中、厚板时，常采用颗粒过渡。$\phi3mm$ 以上的焊丝应用较少。$\phi0.6\sim\phi1.2mm$ 的焊丝主要采用短路过渡；随着焊丝直径的增加，飞溅颗粒的数量就相应增加；当采用 $\phi1.6mm$ 的焊丝，仍保持短路过渡时，飞溅会非常严重。

焊接电流和电弧电压是关键的工艺参数。为使焊缝成形良好、飞溅减少并减少焊接缺陷，电弧电压和焊接电流要相互匹配，通过改变送丝速度来调节焊接电流。飞溅最少时的典型工艺参数和生产所用的工艺参数范围如表 3-23 所列。

二氧化碳气体保护焊工艺参数 表 3-23

焊丝直径（mm）		0.8	1.2	1.6
典型工艺参数	电弧电压（V）	18	19	20
	焊接电流（A）	100～110	120～135	140～180
生产上所用工艺参数	电弧电压（V）	18～24	18～26	20～28
	焊接电流（A）	60～160	80～260	160～310

在小电流焊接时，电弧电压过高，金属飞溅将增多；电弧电压太低，则焊丝容易伸入熔池，使电弧不稳。在大电流焊接时，若电弧电压过大，则金属飞溅增多，容易产生气孔；电压太低，则电弧太短，使焊缝成形不良。

（4）气体流量

二氧化碳气体流量与焊接电流、焊接速度、焊丝伸出长度及喷嘴直径等有关。气体流量应随焊接电流的增大、焊接速度的增加和焊丝伸出长度的增加而加大。一般二氧化碳气体流量的范围为 8～25L/min。如果二氧化碳气体流量太大，由于气体在高温下的氧化作用，会加剧合金元素的烧损，减弱硅、锰元素的脱氧还原作用，造成焊缝产生气孔等缺陷；如果二氧化碳气体流量太小，则气体流层挺度不强，也容易造成焊缝产生气孔等缺陷。

（5）焊接速度

随着焊接速度的增大，焊缝的宽度、余高和熔深均相应减小。如果焊接速度过快，气体的保护作用就会受到破坏，同时使焊缝的冷却速度加快，这样就会降低焊缝的塑性，而且使焊缝成形不良；反之，如果焊接速度太慢，焊缝宽度就会明显增加，熔池热量集中，容易产生烧穿等缺陷。

（6）焊丝伸出长度

焊丝伸出长度是指焊接时焊丝伸出导电嘴的长度。焊丝伸出长度增加，将使焊丝的电阻值增加，造成焊丝熔化速度加快，当焊丝伸出长度过长时，因焊丝过热而成段熔化，会使焊接过程不稳定、金属飞溅严重、焊缝成形不良和气体对熔池的保护作用减弱；反之，当焊丝伸出长度太短时，则会致焊接电流增加，并缩短喷嘴与焊件之间的距离，使喷嘴过热，造成金属飞溅物堵塞喷嘴，从而影响气流的流通。一般，细丝二氧化碳气体保护焊，焊丝伸出长度为 8～14mm；粗丝二氧化碳气体保护焊，焊丝伸出长度为 10～20mm。

（7）直流回路电感

在焊接回路中，为使焊接电弧稳定和减少飞溅，一般需串联合适的电感。当电感值太大时，短路电流增长速度太慢，就会引起大颗粒的金属飞溅和焊丝成段炸断，造成熄弧或使得起弧变得困难；当电感值太小时，短路电流增长速度太快，会造成很细颗粒的金属飞溅，使焊缝边缘不齐，成形不良。再者，盘绕的焊接电缆线就相当于一个附加电感，所以一旦焊接过程稳定下来，就不要随便改动。

3.4.6　半自动二氧化碳气体保护焊应注意的问题

半自动二氧化碳气体保护焊的操作技术与手工电弧焊相近，但比手工电弧焊容易掌握。操作工艺应注意以下问题：

（1）由于平外特性电源的空载电压低，所以在引弧时，电弧稳定燃烧点不易建立，焊丝易产生飞溅。又因工件始焊温度低，在引弧处易出现缺陷。一般采用短路引弧法。引弧前要把焊丝端头剪去，因为熔化形成的球形端头在重新引弧时会引起飞溅。

（2）收弧过快，易在熔坑处产生裂纹和气孔，收弧的操作应比手工电弧焊严格。应在熔坑处稍作停留，然后慢慢抬起焊炬，并在接头处使首层重叠 20～50mm。

（3）对接平焊和横焊，应使焊炬稍作倾斜，用左向焊法，坡口看得清，不易焊偏；在角焊时，左焊法和右焊法都可以采用。

（4）立焊和仰焊。立焊有两种焊法：一种是由上向下焊接，速度快，操作方便，焊缝平整美观；但熔深较小，接头强度较差，适用于不作强度要求的焊缝；另一种是由下向上焊接，焊缝熔深较大，加强面高，但外形粗糙。仰焊应采用细焊丝、小电流、低电压、短路过渡，以保持焊接过程的稳定性；二氧化碳气体流量要比平焊、立焊时稍大一些；当熔池温度上升，铁水有下淌趋势时，焊炬可以前后摆动，以保证焊缝外形平整。

4 气焊与气割

利用助燃气体与可燃气体混合燃烧所释放出的热量作为热源进行金属材料的焊接或切割，是金属材料热加工常用的工艺方法之一。气焊与气割技术在现代工业生产中具有极其重要的地位，用途很广。

4.1 原理及适用范围

4.1.1 气焊的工作原理及适用范围

所谓气焊，是利用助燃气体与可燃气体的混合气体燃烧火焰作为热源将两个工件的接头部分熔化，并熔入填充金属，熔池凝固后使之成为一个牢固整体的一种熔化焊接方法。

由于焊接熔池的温度较易控制，火燃温度较低，因此气焊工艺常用于焊接较薄、较小的工件及有色金属等。

气焊工艺使用的设备和工具简单，移动方便，适用性强，可在没有电源的情况下进行焊接作业。但缺点是火焰温度低，热量分散，加热面积较大，焊接接头的热影响区宽，焊件变形大，晶粒较粗，焊接接头的综合力学性能较差；火焰中的氢、氧等气体易侵入熔池，使焊缝产生白点和裂缝；生产效率较低，较难实现自动化。

4.1.2 气割的工作原理及适用范围

所谓气割，是利用气体火焰的热能将工件切割处预热到一定温度后，喷出高速切割氧流，使材料燃烧并放出热量实现切割的方法。气割的实质是被切割材料在纯氧中燃烧的过程，不是熔化过程。

金属气割的必要条件为：

（1）金属能同氧发生剧烈的燃烧反应并放出足够的反应热。

（2）金属的燃点应比熔点低。

（3）燃烧生成的氧化熔渣的熔点应比金属熔点低，且流动性好。

（4）金属的热导率较低。

表 4-1 列出了常见金属及其氧化物的熔点、燃烧热及气割性。

常见金属及其氧化物的熔点、燃烧热及气割性　　　　　　　表 4-1

金属	金属熔点（℃）	金属氧化物	氧化反应热（kJ）	氧化物熔点（℃）	气割性
Fe	1538	FeO	267.8	1370	良好
		Fe₂O₃	829.4	1527	
		Fe₃O₄	1120.5	1565	
低碳钢	约1500	FeO	267.8～1120.5	1370～1565	良好
高碳钢	1300～1400	Fe₂O₃			较差
铸铁	约1200	Fe₃O₄			较差
Mn	1244	MnO	389.5	1785	良好
Cr	1550	Cr₂O₃	1142.2	2275	很差
Ni	1452	NiO	244.3	1950	很差
Mo	2620	MoO₃	543.9	795	极差
W	3370	WO₃	546.0	1470	较差
Al	660	Al₂O₃	1645.6	2048	不可割
Cu	1082	CuO	156.9	1336	不可割
		Cu₂O	169.9	1230	
Ti	1727	TiO₂	912.1	1640	良好

气割工艺适用于切割各种碳素钢和普通低合金钢。

气割所使用的设备简单、操作方便、生产效率高、成本低、适用性强。缺点是气割工艺易对切口两侧金属的成分和组织产生影响，且引起被割工件的变形等。

4.2 所用气体、设备及工具

4.2.1 气焊、气割用气体

气焊、气割所用的气体分为助燃气体和可燃气体。常用的助燃气体为氧气，可燃气体为乙炔、液化石油气等。

（1）氧气

在常温、常压下氧是一种无色、无味、无毒的气体，氧气本身不会燃烧，但化学性质极其活泼，是一种活泼的助燃气体。

氧几乎能与所有可燃气体和液体燃料的蒸气混合而形成爆炸性混合气，这种混合气具有很宽的爆炸极限范围。

（2）乙炔

因乙炔的发热量较大，火焰温度较高，在施工现场应用广泛。

1）乙炔的物理、化学性质

乙炔（C_2H_2）是不饱和的碳氢化合物，在常温常压下，是一种无色气体。建筑施工现场所用的乙炔中，因为混有硫化氢（H_2S）及磷化氢（PH_3）等杂质，所以常常会有一种特殊的臭味。

乙炔是理想的可燃气体，与氧气混合燃烧时所产生的火焰温度可达 3100～3300 ℃。

2）乙炔的爆炸性

乙炔是一种易燃、易爆气体，它的自燃点低，点火能量小，很容易因分子的聚合、分解而发生着火和爆炸。

① 乙炔与空气（或氧）在一定的浓度范围内均匀混合，形成预混气，遇到火源时就会发生爆炸。乙炔与空气（或氧）的预混气爆炸极限范围较宽，必须严格遵守操作规程，防止爆炸事故的发生。

② 乙炔与铜、银等金属长期接触时，能生成乙炔铜或乙炔银等爆炸物质。因此，乙炔用器具（焊炬和割炬除外）不能用银或含铜量超过 70% 的铜或银合金制造。

③ 乙炔与氯或次氯酸盐等化合时也会发生燃烧或爆炸，因此，由乙炔引发火灾时，严禁采用四氯化碳灭火器灭火。

3）溶解乙炔

施工现场所用的乙炔是溶解在丙酮溶液中储存于特制钢瓶中的，采用这种方式储存的乙炔称为溶解乙炔。乙炔在液态和固态下或在气态和一定压力下有猛烈爆炸的危险，受热、振动、电火花等因素都可能引发爆炸，因此，不能像氧气那样在加压液化后储存或运输。乙炔微溶于水，易溶于乙醇、苯、丙酮等有机溶剂。

（3）液化石油气

1）液化石油气主要物理、化学性质

工业上一般都使用液体状态的石油气，液化石油气在气态时是一种略带臭味的无色气体。在标准状态下，石油气的密度为 $1.8～2.5kg/m^3$，比空气重，因此泄漏出来的石油气易存积于低洼处。液化石油气易挥发，闪点低，易燃性强，但易于液化，便于储存和运输。

2）液化石油气的特点

① 液化石油气与空气（氧）的预混气比乙炔与空气（氧）的预混气的爆炸极限范围较窄，加之着火点较高，因此，使用液化石油气通常要比使用乙炔安全。

② 液化石油气达到完全燃烧所需要的氧气量比乙炔所需要的氧气量大，因此，采用液化石油气代替乙炔后，氧气耗量要多些，割炬的结构也应随之做相应的改制。

③ 液化石油气燃烧的火焰温度比乙炔的火焰温度低。用于气割时，金属预热时间需稍长，但可减少切口边缘的过烧现象，切割质量较好，在切割多层叠板时，切割速度比乙炔快 20%～30%。

④ 液化石油气在氧气中的燃烧速度较慢，不易发生回火。

4.2.2　气焊、气割设备及工具

常用的气焊、气割设备工具包括气瓶、焊炬、割炬及其附属工具等。其中常用的气瓶有氧气瓶、乙炔瓶和液化石油气瓶。

1. 气瓶

（1）氧气瓶

氧气瓶是一种储存、运输高压氧气的高压容器，由瓶体、瓶箍、瓶阀、瓶帽和防震圈等组成，如图 4-1 所示。施工现场常用氧气瓶的容积为 40L，在 15MPa 的压力下，可以储存 $6m^3$ 的氧气。

1）瓶体

瓶体是用合金钢经热压而制成的圆筒形无缝容器。其外表涂淡酞蓝色，并用黑漆标注"氧气"字样。气瓶上部应有该瓶容积和质量、制造日期、工作压力、水压试验压力、出厂日期等的标识。

2）瓶阀

瓶阀是控制氧气瓶内氧气进出的阀门。根据其构造不同，主要分为活瓣式和隔膜式两种。其中，隔膜式瓶阀的密封性虽好，但容易损坏，使用寿命较短，施工现场基本上不使用，主要使用活瓣式氧气瓶阀，如图 4-2 所示。

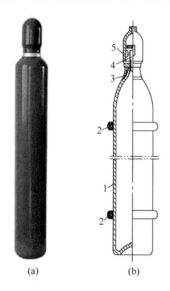

图 4-1　氧气瓶
（a）氧气瓶实物图；（b）氧气瓶构造图
1—瓶体；2—防震圈；3—瓶箍；
4—瓶帽；5—瓶阀

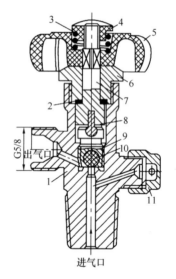

图 4-2　活瓣式氧气瓶阀的构造示意图
1—阀体；2—密封垫圈；3—弹簧；
4—弹簧压帽；5—手轮；
6—压紧螺母；7—阀杆；8—开关板；
9—活门；10—气门；11—安全装置

为使瓶口和瓶阀配合紧密，将阀体和瓶口配合的一端加工成锥形管螺纹，以旋入气瓶口内。阀体一侧有加工成 G5/8 的管螺纹，用以连接减压器，它是瓶阀的出气口。阀体的另一侧装有安全装置，由安全膜片、安全垫圈以及安全帽组成。当氧气瓶内气力达到 18～22.5MPa 时，安全膜片即破裂泄压，从而保障气瓶的安全。

将手轮按逆时针方向旋转可以开启氧气瓶阀，顺时针方向旋转则关闭瓶阀。旋转手轮时，阀杆也跟着转动，再通过开关板使活门一起旋转，使活门向上或向下移动。活门向上移动，使气门开启，瓶内氧气从瓶阀的进气口进入、出气口喷出。关闭瓶阀时，活门向下压紧，由于活门内嵌有尼龙制成的气门，因此可使活门关紧。瓶阀活门的额定开启高度为 1.5～3mm。

（2）乙炔瓶

乙炔瓶是一种储存和运输乙炔用的焊接钢瓶，其主要部分是用优质碳素钢或低合金钢轧制而成的圆柱形无缝瓶体。但它既不同于压缩气瓶，也不同于液化气瓶，其外形与氧气瓶相似，但比氧气瓶略短、直径略粗。瓶体表面涂白漆，并印有"乙炔""不可近火"等红色字样。

1）瓶体构成

因乙炔不能用高压压入瓶内储存，所以，乙炔瓶的内部构造较氧气瓶要复杂得多。乙炔瓶内有微孔填料布满其中，且均匀一致，不应有穿透性裂纹或溃散，微孔填料中浸满丙酮，利用乙炔易溶解于丙酮的特点，使乙炔稳定、安全地储存在乙炔气瓶中，其构造如图 4-3 所示。

靠近瓶口的部位，按规定应标注容量、重量、制造年月、最高工作压力和试验压力等内容。

2）瓶阀

乙炔瓶阀是控制乙炔瓶内气体进出的阀门，它的构造如图 4-4 所示。乙炔瓶阀体是由低碳钢制成的，阀体下端加工成 $\phi 27.8 \times 14$ 牙/英寸螺纹的锥形尾，以使其旋入瓶体上口。

乙炔阀门上没有手轮，活门开启和关闭是靠方孔套筒扳手完成的。当方形套筒按逆时针方向旋转阀杆上端的方形头时，活门向上移动则开启阀门，反之则关闭阀门。由于乙炔瓶阀的出气口处没有螺纹，因此，使用减压器时必须带有夹紧装置与瓶阀结合。

（3）液化石油气瓶

液化石油气气瓶主要由上封头、下封头、阀座、护罩、瓶阀、筒体和瓶帽等组成，如图 4-5 所示。

液化石油气瓶的容量分为 15kg、20kg、25kg、40kg 及 50kg 等多种；一般民用气瓶大多为 15kg。施工现场气割作业中最常用的液化石油气瓶主要有 YSP-10 型和 YSP-15 型两种。气瓶的最大工作压力为

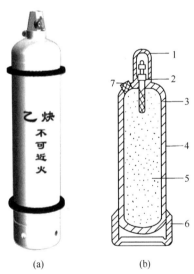

(a)　　　　(b)

图 4-3　乙炔气瓶

（a）乙炔气瓶实物图；

（b）乙炔气瓶构造示意图

1—瓶帽；2—瓶阀；3—分解网；

4—瓶体；5—微孔填料（硅酸钙）；

6—底座；7—易熔塞

1.6 MPa，水压试验为 3 MPa。钢瓶表面涂灰色，并标有红色的"液化石油气"字样。

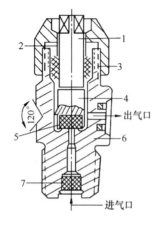 

图 4-4　乙炔瓶阀的构造示意图
1—阀杆；2—压紧螺母；3—密封圈；
4—活门；5—尼龙垫；6—阀体；7—过滤件

图 4-5　液化石油气瓶
1—底座；2—下封头；3—上封头；4—阀座
5—护罩；6—瓶阀；7—筒体；8—瓶帽

2. 焊炬

焊炬又称焊枪，是气焊工艺中的主要工具，也可应用于气体火焰钎焊和火焰加热。焊炬的作用是将可燃气体（如乙炔气等）和助燃气体（氧气）按一定的比例混合，并以一定的速度喷出燃烧，产生满足焊接要求的、稳定燃烧的火焰。

（1）分类

焊炬按可燃气体与助燃气体混合方式的不同，可分为射吸式和等压式（也叫中压式）两大类。

1）射吸式焊炬

射吸式焊炬主要依靠喷射器（即喷嘴和射吸管）的射吸作用来调节氧气和乙炔的流量，保证乙炔与氧气的混合气体具有固定的混合比，使火焰稳定燃烧。在这种焊炬中，乙炔的流动主要靠氧气的吸射作用，因此，不论使用低压乙炔还是使用中压乙炔，都能保证焊炬的正常作用。目前，我国应用最广的氧-乙炔焊炬是射吸式焊炬。

2）等压式焊炬

等压式焊炬中，乙炔具有与氧气相等或接近相等的压力。乙炔依靠自己的压力便能直接与氧气混合，产生稳定的火焰。等压式焊炬的结构较为简单，只要进入焊炬的气体压力不变，混合气体的成分也将不变，从而更好地保证了火焰的稳定；由于乙炔压力高，回火的可能性也就随之降低。但是，由于等压式焊炬不能使用低压乙炔，因而限制了它的使用，所以，施工现场一般很少使用这种形式焊炬。这里不再介绍。

（2）射吸式焊炬的规格和型号

如图 4-6 所示，根据《气焊设备 焊接、切割及相关工艺用炬》JB/T 7947—2017 的规定，射吸式焊炬的型号由一个汉语拼音字母、表示结构和形式的序号数及规格组成。

图 4-6 射吸式焊炬型号举例

建筑施工现场最常用的射吸式焊炬的规格和性能如表 4-2 所列。

常用射吸式焊炬的规格和性能　　　　　　　　表 4-2

型号	焊接钢板厚度（mm）	氧气工作压力（MPa）					乙炔使用压力（MPa）	可换焊嘴个数	焊嘴孔径（mm）					焊炬总长度（mm）
		1 号	2 号	3 号	4 号	5 号			1 号	2 号	3 号	4 号	5 号	
H01-2	0.5～2	0.1	0.125	0.15	0.2	0.25			0.5	0.6	0.7	0.8	0.9	300
H01-6	2～6	0.2	0.25	0.3	0.35	0.4	0.001～0.1	5	0.9	1.0	1.1	1.2	1.3	400
H01-12	6～12	0.4	0.45	0.5	0.6	0.7			1.4	1.6	1.8	2.0	2.2	500
H01-20	12～20	0.6	0.65	0.7	0.75	0.8			2.4	2.6	2.8	3.0	3.2	600

（3）射吸式焊炬的构造

射吸式焊炬主要由焊嘴、喷嘴、乙炔管、氧气管、乙炔调节阀、氧气调节阀、射吸管和混合气管等部件构成，如图 4-7 所示。

（4）射吸式焊炬的使用

1）根据工件厚度选择适当的焊嘴，并用扳手将焊嘴拧紧；焊炬的氧气进气管接头必须与氧气胶管连接牢固，而乙炔进气管接头与乙炔胶管应避免连接过紧，以不漏气并容易插上和拔下为准。

2）使用前的检查

① 使用前，应检查其射吸性能。检查

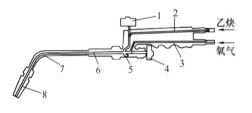

图 4-7 射吸式焊炬的构造

1—乙炔调节阀；2—乙炔管；3—氧气管；4—氧气调节阀；5—喷嘴；6—射吸管；7—混合气管；8—焊嘴

时，先接上氧气胶管，不接乙炔胶管，打开乙炔阀和氧气阀，用手指按在乙炔进气管接头上，若手指上感到有足够的吸气，则表明射吸能力是正常的；如果没有吸力，甚至氧气从乙炔接头中倒流出来，则说明射吸能力不正常，严禁使用。

② 将各气阀关闭，检查焊嘴及各气阀处有无漏气现象。

3）以上检查合格后才能点火。点火时应将氧气阀稍稍打开，然后打开乙炔阀。点火后立即调整火焰，使火焰达到正常形状。如果调整不正常或有灭火现象，应检查是否漏气或管路堵塞，并进行修理。也可在点火时先打开乙炔阀点火，使乙炔燃烧并冒烟尘，此时，立即打开氧气阀调节火焰。此法的缺点是有烟尘，影响卫生。但优点是当焊炬不正常，点火并开始送氧后，发生回火时便于立即关闭氧气，防止回火爆炸。

4）停止使用时，应先关闭乙炔阀，然后关闭氧气阀，以防止火焰倒吸和产生烟尘。当发生回火时，应迅速关闭氧气阀，然后再关闭乙炔阀。等回火熄灭后，应将焊嘴放在水中冷却，然后打开氧气阀，吹除焊炬内的烟尘，再点火使用。

5）焊炬各气体通路均不许沾染油脂，以防氧气遇到油脂燃烧爆炸。

6）在使用过程中，如发现气体通路或气阀有漏气现象，应立即停止工作，消除漏气后，才能继续使用。

7）使用完毕后，应将焊炬连同胶管一起挂在适当的地方，或将胶管拆下，将焊炬放在工具箱内。

（5）射吸式焊炬的常见故障及排除方法

射吸式焊炬的常见故障及排除方法如表 4-3 所列。

射吸式焊炬的常见故障及排除方法　　　　　　表 4-3

故障特征	产生原因	排除方法
射吸能力小	（1）射流针尖弯曲。 （2）调节氧气流的射流针尖灰尘太厚 （3）射流针尖与射流孔不同心。 （4）氧气接近用完	（1）调直射流针尖。 （2）清除灰尘。 （3）调直射流针尖。 （4）更换压力大的氧气瓶
无射吸能力	（1）射吸管孔处有杂质堵塞。 （2）焊嘴被飞溅物堵塞。 （3）气体通路被气体带入的灰尘和回火时产生的烟尘所堵塞	（1）清除射吸管孔处杂质。 （2）清除焊嘴飞溅物。 （3）堵塞严重时，拆开焊炬，将混合室用火碱煮或浸入稀硫酸内，污垢腐蚀掉以后，再用清水洗干净
气阀或焊嘴处漏气	（1）焊炬与焊嘴接头、射吸管与主体、气阀的密封螺母以及橡皮管接头等处螺母松动。 （2）气阀的密封垫损坏。 （3）阀杆与阀座不同心或接触面上有伤痕及污物	（1）拧紧或更换螺母。 （2）更换新的，亦可用石棉绳作密封填料。 （3）用金刚砂进行研磨或用细砂纸把伤痕去掉，将接触面上的污物清除干净
氧气逆流至乙炔管道	射流针与射流孔座零件松动漏气或焊嘴被飞溅的金属堵塞	（1）更换损坏的零件。 （2）用通针通开焊嘴或用细纱布将飞溅物清理干净
焊嘴孔径成椭圆形	（1）使用通针通孔时操作不当。 （2）焊嘴磨损	轻砸焊嘴尖部，使孔径缩小，再按要求的孔径重新钻孔
乙炔压力低，火焰调节不大	（1）焊炬被堵塞。 （2）乙炔胶管被挤压或堵塞。 （3）乙炔阀手轮打滑	（1）清理堵塞物。 （2）清理被挤压胶管及堵塞物。 （3）修理乙炔阀

续表

故障特征	产生原因	排除方法
焊炬发出"叭叭"声响及回火	(1) 焊嘴温度过高。 (2) 焊嘴堵塞。 (3) 焊嘴及各接头处密封不良。 (4) 乙炔压力不足(乙炔快用完、乙炔阀门未开大、乙炔胶管受压)	(1) 将焊嘴放于水中冷却。 (2) 用通针通焊嘴。 (3) 修理焊嘴及各接头。 (4) 检查乙炔供应系统,对症解决

3. 割炬

割炬是气割的主要工具,可以安装或更换割嘴,调节预热火焰气体流量和控制切割氧流量。

为了保证气割质量,要求割炬具有保持可燃气体与助燃气体混合比例稳定和良好的调节火焰大小的性能,并能使混合气体喷出速度等于燃烧速度,以便火焰稳定的燃烧。同时要求割炬质量轻、气密性好,具有耐腐蚀和耐高温、使用安全可靠等性能。

(1) 分类

割炬按可燃气体和助燃气体的不同混合方式,可分为射吸式和等压式两大类。

1) 射吸式割炬

射吸式割炬以射吸式焊炬为基础,增加了切割氧的气路及阀门,并采用专门的割嘴。割嘴的中心是切割氧的通道,预热火焰均匀分布在它的周围。按照割嘴的具体结构,嘴头又分为组合式(环形)和整体式(梅花形)。

射吸式割炬主要使用低压乙炔,也可以使用中压乙炔,在建筑施工现场的简单手工气割作业中被广泛应用。由于这类割炬容易回火,所以,使用过程中应严格加以控制。

2) 等压式割炬

等压式割炬的预热火焰是按等压式焊炬的原理形成的。乙炔、预热氧和切割氧分别由单独的管道进入割嘴,预热氧和乙炔在割嘴内开始混合,产生预热火焰。

等压式割炬具有专门的等压割嘴,并需使用中压或高压乙炔,在建筑施工现场基本上不予使用。但等压式割炬的火焰燃烧比较稳定,且不易发生回火,目前,在机械制造行业正被越来越广地得到应用。这里,对等压式割炬不做介绍。

(2) 射吸式割炬的规格和型号

根据《气焊设备 焊接、切割及相关工艺用炬》JB/T 7947—2017 的规定,射吸式割炬的型号由一个汉语拼音字母、表示结构和形式的序号数及规格组成,如图4-8所示。

(3) 射吸式割炬的构造

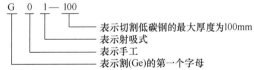

图 4-8　射吸式割炬型号举例

射吸式割炬是在射吸式焊炬的基础上，增加了切割氧的气路、切割氧调节阀和割嘴而构成的，其构造原理如图4-9所示。

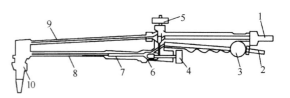

图 4-9　射吸式割炬的构造

1—氧气进口；2—乙炔进口；3—乙炔调节阀；
4—（预热）氧气调节阀；5—高压氧气阀；6—喷嘴；
7—射吸管；8—混合气管；9—（切割）高压氧气管；
10—割嘴

（4）建筑施工现场常用的射吸式割炬

1）氧-乙炔用射吸式割炬

建筑施工现场最常用的氧-乙炔用射吸式割炬的规格和性能如表4-4所列。

常用的氧-乙炔用射吸式割炬的规格和性能　　　　　　表 4-4

型　号	氧气工作压力（MPa）				乙炔使用压力（MPa）	可换割嘴个数	割嘴切割氧孔径（mm）				割炬总长度（mm）
	1 号	2 号	3 号	4 号			1 号	2 号	3 号	4 号	
G01-30	0.2	0.25	0.3	—	0.001～0.1	3	0.7	0.9	1.1	—	500
G01-100	0.3	0.4	0.5	—			1.0	1.3	1.6	—	550
G01-300	0.5	0.65	0.8	1.0		4	1.8	2.2	2.6	3.0	650

2）氧-石油气用射吸式割炬

由于液化石油气的燃烧速度比乙炔低，燃烧时耗氧量大，需使用专用于氧-石油气的射吸式割炬。氧-石油气射吸式手工割炬的型号及参数如表4-5所列。

G07 型氧-石油气射吸式手工割炬的型号及参数　　　　表 4-5

割炬型号	G07-100	G07-300
割嘴号码	1～3	1～4
割嘴孔径（mm）	1～1.3	2.4～3.0
可换割嘴个数	3	4
氧气压力（MPa）	0.7	1.0
石油气工作压力（MPa）	0.03～0.05	0.03～0.05
气割厚度（mm）	≤100	≤300

3）焊割两用炬

HG01 型焊割两用炬通过更换射吸装置中的混合管使之可兼用于焊接和气割。HG01 型氧-乙炔射吸式焊条电弧焊割两用炬的主要技术数据如表4-6所列。

（5）射吸式割炬的使用

1）根据工件厚度选择适当的割炬，并将割嘴拧紧。割炬的氧气进气管接头必须与氧气胶管连接牢固，而乙炔进气管接头与乙炔胶管应避免连接过紧，以不漏气并容易插上和拔下为准。

<table>
<tr><td colspan="2" rowspan="2" align="center">HG01 型焊割两用炬的型号和主要技术数据</td><td colspan="3" align="right">表 4-6</td></tr>
</table>

型　号		HG01-3/50	HG01-6/60	HG01-12/200
焊炬	乙炔工作压力（kPa）	1～100	1～100	1～100
	氧气工作压力（kPa）	200～400	200～400	400～700
	配用焊嘴数	5	5	5
	可焊接厚度（mm）	0.5～3	1～6	6～12
割炬	乙炔工作压力（kPa）	1～100	1～100	1～100
	氧气工作压力（kPa）	200～600	200～400	300～700
	配用割嘴数	2	4	4
	切割低碳钢厚度（mm）	3～50	3～60	10～200
焊割炬总长（mm）		400	500	550

2）使用前的检查。

① 使用前，应检查其射吸性能。检查时，先接上氧气胶管，不接乙炔胶管，打开乙炔阀和预热氧气阀，用手指按在乙炔进气管接头上，若手指上感到有足够的吸气，则表明射吸能力是正常的；如果没有吸力，甚至氧气从乙炔接头中倒流出来，则说明射吸能力不正常，严禁使用。

② 将各气阀关闭，检查割嘴及各气阀处有无漏气现象。

3）以上检查合格后才能点火。点火时可以把预热氧气阀稍稍打开，然后打开乙炔阀；也可以先打开乙炔阀点火，然后打开氧气阀。

① 先将预热氧气阀稍稍打开，然后打开乙炔阀。点火后立即调整火焰，使火焰达到正常形状。

② 先打开乙炔阀点火，使乙炔燃烧并冒烟尘，此时，立即打开预热氧气阀调节火焰。此法的缺点是有烟尘，影响卫生；优点是当割炬不正常，点火并开始送氧后，发生回火时便于立即关闭氧气，防止回火爆炸。

4）停止使用时，应先关切割氧，再关乙炔阀，最后关闭预热氧气阀门，以防止火焰倒吸和产生烟尘。当发生回火或火灾时，应立即关闭预热氧气阀门，然后再关闭乙炔阀，最后关闭切割氧阀。等回火熄灭后，应将割嘴放在水中冷却，然后打开预热氧气阀，吹除割炬内的烟尘，再点火使用。

5）割炬各气体通路均不许沾染油脂，以防氧气遇到油脂燃烧爆炸。

6）在使用过程中，如发现气体通路或气阀有漏气现象，应立即停止工作，消除漏气后，才能继续使用。割嘴通道应保持清洁、光滑；孔道内的污物应随时用通针清除干净。

7）使用完毕后，应将割炬连同胶管一起挂在适当的地方，或将胶管拆下，将割炬放在工具箱内。

（6）射吸式割炬的常见故障及排除方法

射吸式割炬的常见故障及排除方法如表 4-7 所列。

射吸式割炬的常见故障及排除方法 表 4-7

故障特征	产生原因	排除方法
火焰弱；放炮回火频繁；有时混合管内有余火燃烧	(1) 乙炔管阻塞。 (2) 阀门漏气。 (3) 各部位有轻微磨损	(1) 清洗乙炔导管及阀门。 (2) 研磨漏气管部位
放炮回火现象严重，清洗不见效，割嘴拢不住火，切割氧气流偏斜无力	(1) 割嘴各通道部位不光滑、不清洁，有阻塞现象。 (2) 环形割嘴的内、外嘴不同心。 (3) 射吸部位及割嘴磨损严重	(1) 清洗或修理割嘴。 (2) 将外嘴拆下，按偏心的方向轻轻地敲打外套肩部，校正内嘴和修正风线，调正同心后再继续使用。 (3) 彻底清洗、修整磨损部位
点火后火焰渐渐变弱，放炮回火，割嘴发出异样响声，并伴有回火现象	(1) 乙炔供应不足（如接近用完、乙炔阀门开得太小、乙炔胶管不通畅等）。 (2) 割嘴各部位安装不严密，射吸部位有轻的阻塞现象	(1) 针对具体情况解决乙炔供给不足问题。 (2) 拧紧割嘴松动部位。 (3) 用通针清理射吸管及管外的喇叭形入口处
点火后火焰调整正常，打开高压氧气时立即灭火	割嘴的嘴头和割炬结合面不严	将嘴头紧住，如果无效，再拆下嘴头，用细砂纸放在手心上轻轻地研磨嘴头端部
点火后，开启预热氧气阀调整火焰时立即灭火	混合室存在脏物或喇叭口接触不严，以及嘴头内外圆的间隙配合不当	将混合室螺丝拧紧，无效时，再拆下混合室，清除灰尘和脏物，或调整嘴头内外圆间隙
火焰调整正常后，嘴头发出有节奏的"叭叭"声响，同时火焰不灭，切割氧开得过大时立即灭火；切割氧开得较小时，火焰不灭，可正常工作	割嘴的嘴芯（六方和圆芯螺丝接头处）漏气	拆下嘴子的外套，轻轻拧紧嘴芯即可；无效时，把嘴子外套拆下来后，用石棉绳做成垫圈或垫片垫上即可

4. 减压器

减压器是将高压气体降为低压气体，并保持输出气体的压力和流量稳定不变的装置。不论高压气体的压力如何变化，减压器都能使工作压力基本保持稳定，同时兼具对瓶内气体的压力和减压后气体的压力进行计测功能。即减压器有三个方面的作用：一是减压作用；二是稳压作用；三是计测作用。

(1) 分类

1) 按工作气体性质，分为氧气用、乙炔气用和液化石油气用等。

2) 按使用情况和输送能力，分为气瓶用、岗位用和集中用。

3) 按构造和作用，分为杠杆式和弹簧式。其中，弹簧式减压器又可分为正作用式和反作用式两种。

4）按减压次数，分为单级式和双级式两种。

目前，常见的国产减压器多以单级反作用式和双级混合式（第一级为正作用式、第二级为反作用式）两类为主。常用减压器的型号和主要技术数据如表4-8所列。

常用减压器的主要技术数据　　　　　　　　　　　　　　表4-8

减压器型号	QD-1	QD-2A	OD-3A	DJ-6	SJ7-10	QD-20	QW2-16/0.6
名　称	单级氧气减压器				双级氧气减压器	单级乙炔减压器	单级丙烷减压器
进气口最高压力(MPa)	15	15	15	15	15	2	1.6
最高工作压力(MPa)	2.5	1.0	0.2	2	2	0.15	0.06
工作压力调节范围(MPa)	0.1~2.5	0.1~1.0	0.01~0.2	0.1~2	0.1~2	0.01~0.15	0.02~0.06
最大放气能力(m³/h)	80	40	10	180	—	9	—
出气口孔径(mm)	6	5	3	—	5	4	—
压力表规格(MPa)	0~25 0~4.0	0~25 0~1.6	0~25 0~0.4	0~25 0~4	0~25 0~4	0~2.5 0~0.25	0~2.5 0~0.16
安全阀泄气压力(MPa)	2.9~3.9	1.15~1.6	—	2.2	2.2	0.18~0.24	0.07~0.12
进气口连接螺纹(mm)	G15.875	G15.875	G15.875	G15.875	G15.875	夹环连接	G15.875
质量(kg)	4	2	2	2	3	2	2
外形尺寸(mm)	200×200 ×200	165×170 ×160	165×170 ×160	170×200 ×142	200×170 ×220	170×185 ×315	165×190 ×160

（2）单级反作用式氧气减压器

目前，国内应用比较广泛的是单级反作用式氧气减压器。如图4-10所示为QD-1型减压器，主要用于高压氧气瓶减压和稳定输送氧气。

氧气减压器的使用方法如下：

① 安装减压器之前，应先沿逆时针方向缓慢旋转氧气瓶上的手轮，利用瓶内高压氧气流吹除瓶阀出气口的污物，然后立即旋紧手轮。将氧气减压器的进口对准氧气瓶阀的出口，使压力表处于垂直位置，然后用无油脂的扳手将螺母拧紧。

② 将黑色的氧气胶管插入减压器的出气口管接头上，并用铁丝或管卡夹紧。

③ 沿逆时针方向转动减压器上的调压螺钉，待完全旋松后，缓慢地开启氧气瓶阀。不可用力过猛，以防高压气体损坏减压器及高压表。

④ 氧气瓶阀开启后，用肥皂水检查减压器各部位有无漏气现象，并检查压力表工作是否正常。

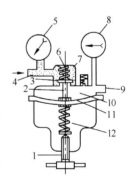

图4-10　QD-1型单级反作用式减压器

1—调压螺钉；2—活门顶杆；3—减压活门；4—进气口；5—高压表；6—副弹簧；7—高压气室；8—低压表；9—出气口；10—低压气室；11—弹性隔膜；12—主弹簧

⑤ 工作时，可沿顺时针方向缓慢地转动调压螺钉，直至减压器的低压表指针指到所需要的工作压力为止。此时应注意，不能过快地旋转调压螺钉，以防高压气体冲坏弹性隔膜装置或使低压表损坏。

⑥ 停止工作时，应先沿顺时针方向旋转氧气瓶阀上的手轮，将氧气瓶阀关闭。然后沿顺时针方向缓慢地旋转减压器的调压螺钉，使高压表的指针恢复到"0"位。接着旋转焊炬或割炬的氧气调节阀旋钮，放掉残留在氧气胶管中的氧气。待低压表的指针指到"0"位后，再沿逆时针方向旋转减压器的调压螺钉，直至调压螺钉完全放松为止。

⑦ 减压器上不得沾染油脂；如有油脂必须擦干净后才能使用。

⑧ 减压器在使用过程中如发生冻结，应用热水或蒸汽解冻，严禁用明火烘烤。

⑨ 减压器必须定期检修，压力表必须定期校验。

⑩ 氧气表和乙炔表不得调换使用。

⑪ 单级反作用式氧气减压器应涂成蓝色。

（3）乙炔减压器（图 4-11）

QD-20 型单级乙炔减压器是目前与乙炔瓶配套使用的最为广泛的一种减压器，主要用于高压乙炔瓶减压和稳定输送乙炔气，如图 4-12 所示。

图 4-11　乙炔减压器实物图

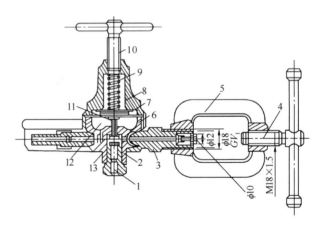

图 4-12　QD-20 型乙炔减压器的构造示意图

1—副弹簧；2—高压气室；3—过滤接头；4—紧固螺丝；
5—夹环；6—本体；7—弹性隔膜装置；8—罩壳；9—调压弹簧；
10—调压螺丝；11—活门顶杆；12—低压气室；13—减压活门

乙炔减压器的使用方法如下：

① 安装乙炔减压器前，应先用方孔套筒扳手打开乙炔瓶阀，吹掉出气口处的污物及灰尘后关闭。再将乙炔减压器的进气口对准乙炔瓶阀的出气口，并沿顺时针方向转动紧固螺钉，依靠夹环将减压器固定在瓶阀上。

② 将红色的乙炔胶管插入减压器出气口管接头，并用铁丝或管卡夹紧。

③ 沿逆时针方向缓慢地转动减压器上的调压螺钉，待调松后，用方形套筒扳手缓慢地打开乙炔瓶阀。

④沿顺时针方向缓慢地转动减压器上的调压螺钉，直至调到所需的工作压力为止。

⑤ 停止工作时，先关闭乙炔瓶阀，随之排除减压器及乙炔胶管内的余气，最后放松调压螺钉，使表针全部指到"0"位。

⑥ 乙炔减压器应涂成白色，各类减压器之间不得互换。

5. 回火防止器

正常情况下实施气焊（或气割）作业时，焊接（或气割）火焰在焊炬（或割炬）烧嘴的出气口处，在空气中燃烧，但燃烧的火焰有时会因受到某种因素的影响，发生逆向燃烧，其逆燃火焰进入乙炔源（乙炔发生器、乙炔瓶、乙炔管道）中，这种现象称为回火。

回火的危害极大，它是一种可能导致爆炸的极危险现象。如图 4-13 所示，所谓回火防止器就是防止焊炬（或割炬）回火时逆燃火焰进入乙炔源引起爆炸事故的一种安全装置。

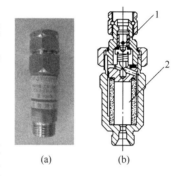

图 4-13 回火防止器

（a）实物图；（b）构造图

1—单向阀；2—火焰熄灭器

（1）回火防止器分类

1）按使用压力，分为低压回火防止器（乙炔压力<0.01 MPa）和中压回火防止器（乙炔压力 0.01~0.15 MPa）。

2）按乙炔流量，分为岗位式回火防止器（流量<3m³/h）和中央式回火防止器（流量>4m³/h）。

3）按阻火介质，分为湿式回火防止器（常称之为水封式回火器）和干式回火防止器。

施工现场常用干式回火防止器。

（2）回火防止器的使用

1）每个回火防止器只能接一个焊炬或割炬。

2）回火防止器的工作压力应与乙炔发生器的工作压力相适应。

3）水封式回火防止器应经常保持规定的水位，并每隔一定时间换水。带有防爆膜的回火防止器应经常保持防爆膜的完好。

4）严寒中使用的回火防止器，如为水封式，应采用特制的防冻液防冻；如发生冻结，严禁用火烤，只能用水或蒸汽加热融化。

5）漏气的回火防止器禁止使用。

6. 压力表

（1）作用

压力表是用来测量和表示氧气瓶、乙炔气瓶内部压力和使用压力的装置。操作人员可通过观察压力表的指示数据，掌握氧气瓶、乙炔气瓶内部压力和使用压力的变化情况，以便采取相应措施，防止发生事故。压力表是一种重要的安全装置，现场一般采用单弹簧管式压力表。

（2）维护与保养

为使压力表保持准确、灵敏、可靠，除了合理选用和正确装设外，在使用中还应加强对压力表的维护和检查。

1）在乙炔减压器的压力表上都标有压力红线，使用时，必须严格控制，并确保使压力值始终符合要求。

2）应保持压力表的洁净，表盘上玻璃明亮清晰，表针指示的压力值应清晰易见。

3）表盘玻璃破碎或表盘刻度模糊不清的压力表应停止使用，并立即更换。

4）应定期吹洗压力表的连接管，以免堵塞。

5）压力表必须定期送计量部门校验，超过检验期的压力表应停止使用。

6）要经常检查压力表指针的转动是否正常。作业时，如发现压力表指示不正常，应立即停止作业，并对压力表进行检查校验。

7）工作完毕后，应将减压器内的余气排尽，使压力表的指针恢复到零位。

8）压力表上禁止沾染油脂等污物。

7. 橡胶软管

（1）颜色的规定

氧气瓶和乙炔瓶中的气体必须用橡皮软管输送到焊炬或割炬中。根据《气体焊接设备 焊接、切割和类似作业用橡胶软管》GB/T 2550—2016 的规定，氧气软管应为蓝色，乙炔软管为红色，液化石油气软管为橙色。

（2）材质的规定

气焊、气割用的橡胶软管必须是按照《气体焊接设备 焊接、切割和类似作业用橡胶软管》GB/T 2550—2016 标准生产的质量合格的产品。橡胶软管应由三部分构成：

1）最小厚度为 1.5mm 的橡胶内衬层。

2）采用适当方法铺放的增强层。

3）最小厚度为 1.0mm 的橡胶外覆层。

（3）强度的规定

根据《气体焊接设备 焊接、切割和类似作业用橡胶软管》GB/T 2550—2016 要求，对橡胶软管强度有限制条件：

① 当按照现行 GB/T 528—2009 的规定进行试验时，内衬层和外覆层材料的拉伸强度和拉断伸长率应不小于如表 4-9 给出的值。

拉伸强度和拉断伸长率 表 4-9

胶层	拉伸强度（MPa）	拉断伸长率（%）
橡胶内衬层	5	200
外覆层	7	250
塑料衬里	5	120

② 加速老化：按照现行《硫化橡胶或热塑性橡胶 热空气加速老化和耐热 试验》GB/T 3512—2014（空气老化箱）的规定在 70℃下老化 7 天之后，内衬层和外覆层的拉伸强度和拉断伸长率的降低分别不应大于原始值的 25% 和 50%。

③ 粘合强度：当按照《橡胶和塑料软管 各层间粘合强度的测定》GB/T 14905—2009 使用 2 型或 4 型试片试验时，相邻层间的最小粘合强度应为 1.5kN/m，对于焊剂燃气软管，其塑料衬里应在试验之前移除。

④ 静液压要求：当在室温下按照《橡胶和塑料软管及软管组合件 静液压试验方法》GB/T 5563—2013 的规定进行试验时，软管应符合表 4-10 要求。

静液压要求 表 4-10

额定值	乙炔软管（所有尺寸）	轻型 （公称内径≤6.3）	中型 （所有尺寸）
最大工作压力	0.3MPa	1MPa	2MPa
验证压力	0.6MPa	2MPa	4MPa
最小爆破压力	0.9MPa	3MPa	6MPa
在最大工作压力下长度变化	±5%		
在最大工作压力下直径变化	±10%		

（4）内径及长度的规定

通常氧气橡胶软管的内径为 8mm，乙炔橡胶软管的内径为 10mm，除乙炔橡皮软管可用作液化石油气管外，每种软管只能用于一种气体，不能互相代用。

橡胶软管的使用长度不能小于 5m，一般以 10～15m 为宜。若操作地点离气源较远，可根据实际情况，将橡胶软管用气管接头连接起来使用，但必须用卡子或细铁丝扎牢。新的橡胶软管首次使用时，应使用压缩空气把橡胶软管内壁的滑石粉吹干净，以防焊炬（或割炬）的各通道被堵塞。使用橡胶软管时，应注意不得使其沾染油脂，以免加速老化。

8. 点火枪

点火枪是气焊、气割时点火的工具。使用手枪式点火枪点火最为方便、安全。使用时只要扳动扣机，枪口内的小齿轮就与电石摩擦发生火花，引燃从焊炬内喷出的可燃气体。

对于某些着火点比较高的可燃气体（如液化石油气等），必须用明火点燃。但要注意

137

安全，必须把划着了的火柴从焊嘴或割嘴的后面送到焊嘴或割嘴上，以免发生烧伤事故。

9. 其他工具

（1）清理焊缝的工具：钢丝刷、手锤、锉刀。

（2）连接和启闭气体通路的工具：钢丝钳、铁丝、扳手等。

（3）清理焊嘴和割嘴用的通针，每个气焊、气割工都应备有粗细不等的钢质通针一组，以便清除堵塞焊嘴或割嘴的脏物。

10. 个人防护用具

所谓个人防护用具，即为保护焊工在焊接与切割过程中安全和健康所需要的、必不可少的个人预防性用品。在各种焊接与切割作业中，一定要按规定佩戴防护用品，以防有害气体、焊接烟尘和弧光等对人体产生危害。

4.3 气焊工艺与操作技术

4.3.1 气焊火焰

气焊火焰是由可燃气体与氧气混合燃烧而形成的。乙炔与氧气混合燃烧所形成的火焰叫氧—乙炔焰，简称氧炔焰。

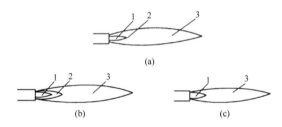

图 4-14 氧乙炔焰的构造和形状

(a) 中性焰；(b) 碳化焰；(c) 氧化焰

1—焰芯；2—内焰；3—外焰

1. 火焰的种类和性质

根据氧气与乙炔混合比的不同，氧炔焰可分为中性焰、碳化焰（也称还原焰）和氧化焰三种，其构造和形状如图 4-14 所示。

（1）中性焰

在焊炬混合室内，当氧气与乙炔的体积比（O_2/C_2H_2）为 1～1.2 时，乙炔充分燃烧，燃烧后的气体中，既无过剩的氧又无过剩的乙炔，这种在一次燃烧区内既无氧化碳和水蒸气过剩，又无游离碳的火焰称为中性焰。

中性焰由焰芯、内焰和外焰三部分组成，如图 4-14 (a) 所示。

1）焰芯

焰芯指火焰中靠近焊炬（或割炬）喷嘴孔的呈锥状而发亮的部分。中性焰的焰芯呈尖锥形，色白而明亮，轮廓清楚。焰芯由氧气和乙炔组成，外表分布有一层由乙炔分解所生成的碳素微粒，由于炽热的碳粒发出明亮的白光，因而有明亮而清楚的轮廓。

焰芯的长度与混合气体的流出速度有关，流速快，焰芯就长，反之则短。

焰芯内部进行着第一阶段的燃烧，焰芯虽然很亮，但温度较低（800～1200 ℃），这是由于乙炔分解而吸收了部分热量的缘故。

2）内焰

内焰主要由乙炔的不完全燃烧产物，即来自焰芯的碳和氢气与氧气燃烧生成的一氧化碳（CO）和氢气（H_2）组成。内焰紧靠焰芯末端，处在焰芯前 2～4mm 部位，呈杏核形，蓝白色，位于碳素微粒层外面，有深蓝色线条。内焰燃烧激烈，温度最高，可达3100～3150 ℃。气焊时，一般就利用这个温度区域进行焊接，因而称为焊接区。

内焰中的一氧化碳（CO）和氢气（H_2）起还原作用，焊接碳素钢时都在内焰进行，将工件的焊接部位放在距焰芯尖端 2～4mm 处。内焰中的气体中一氧化碳（CO）的含量占60％～66％，氢气（H_2）的含量占 30％～34％，对熔池内许多金属的氧化物具有还原作用，因此焊接区又称为还原区。

3）外焰

外焰处在内焰的外部，与内焰没有明显的界限，一般从颜色上来区别，外焰的颜色从里向外由淡紫色变为橙黄色。在外焰中，来自内焰燃烧生成的一氧化碳（CO）和氢气（H_2）与空气中的氧气（O_2）充分燃烧，即进行第二阶段的燃烧。外焰燃烧的生成物是二氧化碳（CO_2）和水（H_2O）。外焰的温度为 1200～2500 ℃。由于二氧化碳（CO_2）和水（H_2O）在高温时容易分解，所以外焰具有氧化性。

中性焰由于内焰温度高，且具有还原性，能改善焊缝的力学性能，在气焊工艺中应用最广泛，一般低碳钢、低合金钢和有色金属材料的焊接基本上都采用中性焰。

（2）碳化焰

当焊炬混合室内氧气与乙炔的体积比（O_2/C_2H_2）小于 1（一般在 0.85～0.95 之间）时，混合气体中的乙炔未完全燃烧，这种火焰称为碳化焰。

碳化焰燃烧后的气体中尚有部分未燃烧的乙炔，火焰中含有游离碳，具有较强的还原作用，同时也具有一定的渗碳作用。这种火焰非常明显地分为焰芯、内焰和外焰三部分，如图 4-14(b) 所示。

碳化焰的整个火焰比中性焰长而柔软，而且乙炔供给量越多，碳化焰也越长、越柔软，其挺直度也越差。当乙炔的过剩量很大时，由于缺乏使乙炔完全燃烧所需要的氧气，火焰会开始冒黑烟。

碳化焰的焰芯较长，呈灰白色，由一氧化碳（CO）、氢气（H_2）和碳素微粒组成；内焰呈淡白色，由一氧化碳（CO）、氢（H_2）和碳微粒组成；外焰特别长，呈橙黄色，由水蒸气（H_2O）、二氧化碳（CO_2）组成，还有部分未燃烧的碳和氢。

碳化焰的温度为 2700～3000 ℃，由于碳化焰中有过剩的乙炔，它可以分解为氢气和碳，在焊接碳素钢时，火焰中游离状态的碳会渗到熔池中去，增高焊缝的含碳量，使焊缝金属的强度提高而塑性降低。过多的氢也会进入熔池中，促使焊缝产生气孔和裂纹。

碳化焰不能用于焊接低碳钢及低合金钢。轻微的碳化焰应用较广,可用于焊接高碳钢、中合金钢、高合金钢、铸铁、铝和铝合金等材料。

(3)氧化焰

当焊炬混合室内氧与乙炔的体积比(O_2/C_2H_2)大于1.2(一般为1.3~1.7)时,混合气燃烧过程加剧,并出现氧过剩,在焰芯外面形成一个有氧化性的富氧区,这种火焰称为氧化焰。

氧化焰在燃烧过程中氧的浓度极大,氧化反应极为剧烈,整个火焰和焰芯的长度都明显缩短,而且内焰和外焰的层次也极为不清,因此,我们一般把氧化焰看作是由焰芯和外焰两部分组成的,如图4-14(c)所示。

氧化焰的焰芯呈蓝白色,轮廓不明显;外焰呈蓝紫色,火焰挺直,燃烧时发出急剧的"嘶嘶"声。氧化焰的长度取决于氧气的压力和混合气体中氧气的比例,氧气的比例越大,则整个火焰就越短,噪声也就越大。

氧化焰的温度可达3100~3400 ℃。由于氧气的供应量较多,使整个火焰具有氧化性。如果焊接一般碳素钢时,采用氧化焰就会造成熔化金属的氧化和合金元素的烧损,使焊缝金属氧化物和气孔增多,并增强熔池的沸腾现象,影响焊接质量。因此,一般材料的焊接不能采用氧化焰。但在焊接黄铜和锡青铜时,利用轻微的氧化焰的氧化性,生成的氧化物薄膜覆盖在熔池表面,可以阻止锌、锡的蒸发,由于氧化焰的温度很高,在火焰加热时为了提高效率,常使用氧化焰。

2.火焰的温度分布

氧炔焰的最高温度和火焰中的温度分布具有以下特点:

(1)火焰的最高温度取决于氧气与乙炔的混合比。当O_2/C_2H_2小于1,即为碳化焰时,最高温度最低,不超过3000 ℃;当O_2/C_2H_2为1.2~1.5,即为氧化焰时,火焰的最高温度最高,可达3300 ℃,如继续增加氧气的比例,最高温度反而降低。

(2)火焰的温度在沿长度方向和横向方向上都是变化的;沿火焰轴线的温度较高,越向边缘温度越低,沿火焰轴线距离焰芯末端以外2~4mm处的温度最高。如图4-15所示。

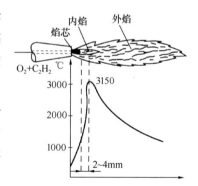

图4-15 中性焰的温度分布情况

由于中性焰的焰芯和外焰温度较低,而且内焰具有还原性,内焰不但温度最高还可以改善焊缝金属的性能,所以,采用中性焰焊接切割大多数的金属及其合金时均用内焰。

3.火焰能率

火焰能率是按每小时混合气体消耗量(L/h)来表示的。可燃气体的消耗量是由焊炬型号及焊嘴号码的大小来决定的。焊嘴孔径越大,火焰能率也就越大；反之则越小。焊炬型号及焊嘴号码的大小，主要是根据焊件的厚度、金属材料的热物理性质（熔点及导热性）以及焊缝的空间位置来选择的。

实际生产中，为了提高焊接生产效率，在保证焊缝质量的前提下，应尽量采用较大的火焰能率。

4. 各种火焰的获得及适用范围

不同性质的火焰是通过改变氧气与乙炔气的混合比值而获得的，氧气与乙炔的混合比不同，火焰的性能和温度也各异。为获得理想的焊接质量，必须根据所焊材料来正确地调节和选用火焰。

（1）碳化焰

打开焊炬的乙炔阀门点火后，慢慢地开放氧气阀增加氧气，火焰即由橙黄色逐渐变为蓝白色，直到焰芯、内焰和外焰的轮廓清晰地呈现出来，这时的火焰即为碳化焰。视内焰长度（从焊嘴末端开始计量）为焰芯长度的几倍，而把碳化焰称为几倍碳化焰。气焊时，一般采用 2 倍或 3 倍碳化焰。碳化焰的渗碳或保护作用是随着这一倍数的增大而增强的。

（2）中性焰

在碳化焰的基础上继续增加氧气，当内焰基本上看不清时，得到的便是中性焰。如发现调节好的中性焰的能率过大或过小时，应先减少氧气量，然后将乙炔调小，直至获得所需要的火焰为止。

另外，在焊接过程中，由于各种原因，火焰的状态有时会发生变化，要及时注意调整，使之始终保持中性焰。

（3）氧化焰

在中性焰基础上再继续增加氧气量，焰芯变得尖而短，外焰也同时缩短，并伴有"嘶嘶"声，即为氧化焰。氧化焰的氧化度以其焰芯的长度比中性焰的焰芯长度的缩短率来表示，如焰芯长度比中性焰的长度缩短 10%，则称为 10% 氧化焰。

各种金属材料气焊时所采用的火焰，可参考表 4-11。

各种金属材料气焊火焰的选择　　　　　　表 4-11

焊件材料	应用火焰	焊件材料	应用火焰
低碳钢	中性焰或轻微碳化焰	铬镍不锈钢	中性焰或轻微碳化焰
中碳钢	中性焰或轻微碳化焰	紫铜	中性焰
低合金钢	中性焰	锡青铜	轻微氧化焰
高碳钢	轻微碳化焰	黄铜	氧化焰
灰铸铁	碳化焰或轻微碳化焰	铝及其合金	中性焰或轻微碳化焰
高速钢	碳化焰	铅、锡	中性焰或轻微碳化焰
锰钢	轻微氧化焰	蒙乃尔合金	碳化焰
镀锌铁皮	轻微碳化焰	镍	碳化焰或轻微碳化焰
铬不锈钢	中性焰或轻微碳化焰	硬质合金	碳化焰

5. 火焰异常现象的排除

气焊焊接过程中，经常会发生火焰异常现象，具体的消除方法如表4-12所列。

火焰的异常现象、原因及消除方法 表 4-12

现象	原因	消除方法
火焰熄灭或火焰强度不够	(1) 乙炔管道内有水。 (2) 回火防止器性能不良。 (3) 压力调节器性能不良	(1) 清理乙炔胶管，排除积水。 (2) 把回火防止器的水位调整好。 (3) 更换压力调节器
点火时有爆声	(1) 混合气体未完全排除。 (2) 乙炔压力过低。 (3) 气体流量不足。 (4) 焊嘴孔径扩大、变形。 (5) 焊嘴堵塞	(1) 排除焊炬内的混合气体。 (2) 检查乙炔发生器。 (3) 排除胶管中的水。 (4) 更换焊嘴。 (5) 清理焊嘴及射吸管积碳
脱　火	乙炔压力过高	调整乙炔压力
焊接中产生爆声	(1) 焊嘴过热，黏附脏物。 (2) 气体压力未调好。 (3) 焊嘴碰触焊缝	(1) 熄火后仅开氧气进行水冷，清理焊嘴。 (2) 检查乙炔和氧气的压力是否恰当。 (3) 使焊嘴与焊缝保持适当距离
氧气倒流	(1) 焊嘴被堵塞。 (2) 焊炬损坏，无射吸力	(1) 清理焊嘴。 (2) 更换或修理焊炬
回火（有"嘘嘘"声，焊炬把手发烫）	(1) 焊嘴孔道污物堵塞。 (2) 焊嘴孔道扩大、变形。 (3) 焊嘴过热。 (4) 乙炔供应不足。 (5) 射吸力降低。 (6) 焊嘴离工件太近	(1) 关闭氧气。 (2) 关闭乙炔。 (3) 水冷焊炬。 (4) 检查乙炔系统。 (5) 检查焊炬。 (6) 使焊嘴与焊接熔池保持适当距离

4.3.2 气焊工艺

1. 接头形式及坡口

根据《气焊、焊条电弧焊、气体保护焊和高能束焊的推荐坡口》GB/T 985.1—2008的规定，气焊中，常用的接头形式主要有以下几种。

（1）板料的常用气焊接头形式

板料的常用气焊接头形式如图4-16所示。

（2）棒料的常用气焊接头形式

棒料的常用气焊接头形式如图4-17所示。

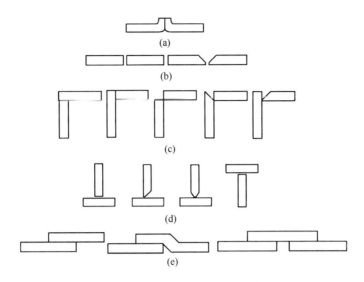

图 4-16　板料的常用气焊接头形式

（a）卷边接头；（b）对接接头；（c）角接接头；（d）T 形接头；（e）搭接接头

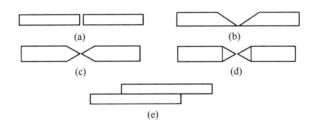

图 4-17　棒料的常用气焊接头形式

（a）I 形坡口对接接头；（b）V 形坡口对接接头；（c）双 V 形坡口

对接接头；（d）圆周坡口对接接头；（e）搭接接头

2. 焊前准备

（1）焊丝及焊件表面清理

为保证焊缝质量，气焊前，应把焊丝及焊接接头处表面的氧化物、铁锈、油污等脏物清除干净，以免焊缝产生夹渣、气孔等缺陷。

（2）定位焊

定位焊的目的是固定焊件间的相互位置。

3. 气焊工艺参数的选择

气焊工艺参数主要包括焊炬型号、焊丝直径、火焰的性质和种类、火焰能率、焊嘴倾斜角度、焊丝倾斜角度、焊接速度等。

（1）焊炬型号

在气焊作业过程中，被焊件越厚，焊炬型号、焊嘴号码、氧气和乙炔气体压力均应增大，焊炬型号的选择同氧气和乙炔气体的压力与焊件厚度、焊嘴号码的关系如表

4-13 所列。

常用射吸式焊炬的主要技术数据 表 4-13

焊炬型号	H01-6					H01-12				
焊嘴号码	1	2	3	4	5	1	2	3	4	5
焊嘴孔径（mm）	0.9	1.0	1.1	1.2	1.3	1.4	1.6	1.8	2.0	2.2
氧气压力（MPa）	0.2	0.25	0.3	0.35	0.40	0.4	0.45	0.5	0.6	0.7
乙炔压力（MPa）	0.001～0.1					0.001～0.1				
氧气消耗量（m³/h）	0.15	0.20	0.24	0.28	0.37	0.37	0.49	0.65	0.86	1.10
乙炔消耗量（L/h）	170	240	280	330	430	430	580	780	1050	1210
焊接厚度（mm）	1～2	2～3	3～4	4～5	5～6	6～7	7～8	8～9	9～10	10～12
焊炬型号	H01-20					H02-1				
焊嘴号码	1	2	3	4	5	1		2		3
焊嘴孔径（mm）	2.4	2.6	2.8	3	3.2	0.5		0.7		0.9
氧气压力（MPa）	0.6	0.65	0.7	0.75	0.8	0.1		0.15		0.2
乙炔压力（MPa）	0.001～0.1					0.001～0.1				
氧气消耗量（m³/h）	1.25	1.45	1.65	1.95	2.25	0.016～0.018		0.045～0.05		0.10～0.12
乙炔消耗量（L/h）	1500	1700	2000	2300	2600	20～22		55～65		110～130
焊接厚度（mm）	10～12	12～14	14～16	16～18	18～20	0.2～0.4		0.4～0.7		0.7～1.0

（2）焊丝直径

焊丝直径主要根据焊件的厚度、焊接接头的坡口形式以及焊缝的空间位置等因素来选择。焊件的厚度越厚，所选择的焊丝越粗。碳素钢气焊时焊丝直径的选择如表 4-14 所列。

焊件厚度与焊丝直径的关系（mm） 表 4-14

工件厚度	1～2	2～3	3～5	5～10	10～15
焊丝直径	1～2 或不用焊丝	2～3	3～4	3～5	4～6

如果焊丝直径过细，焊接时焊件尚未熔化，而焊丝很快熔化下滴，容易造成未熔合缺陷；如果焊丝直径过粗，焊丝加热时间延长，使焊件过热，就会扩大热影响区的宽度，产生过热组织，降低焊接接头质量。

焊接开坡口的第一层焊缝应选用较细的焊丝，以利于焊透，以后各层可采用较粗焊丝。

焊缝的空间位置与焊丝直径也有关系，一般平焊时可用较粗焊丝，立焊、横焊、仰焊可用较细焊丝，以免熔滴下坠形成焊瘤。

（3）火焰的性质和种类

一般来说，需要尽量减少元素的烧损时，应选用中性焰；对需要增碳及还原气氛时，应选用碳化焰；当母材含有低沸点元素，如锡（Sn）、锌（Zn）等，需要生成覆盖在熔池表面的氧化物薄膜，以阻止低熔点元素蒸发时，应选用氧化焰。总之，火焰性质的选择应根据焊接材料的种类和性能进行。

由于气焊焊接质量和焊缝金属的强度与火焰种类有很大的关系，因而在整个焊接过程中应不断地调节火焰成分，保持火焰的性质，从而获得质量好的焊接接头。

（4）火焰能率

火焰能率指单位时间内可燃气体（乙炔）的消耗量，单位为 L/h。火焰能率的物理意义是单位时间内可燃气体所提供的能量。

火焰能率的大小是由焊炬型号和焊嘴号码大小来决定的。焊嘴号码越大，火焰能率也越大。所以，火焰能率的选择实际上是确定焊炬的型号和焊嘴的号码。

火焰能率应根据焊件的厚度、母材的熔点和导热性及焊缝的空间位置来选择。如焊接较厚的焊件，熔点较高的金属，导热性较好的铜、铝及其合金时，就要选用较大的火焰能率，才能保证焊件焊透；反之，在焊接薄板时，为防止焊件被烧穿，火焰能率应适当减小。平焊缝可比其他位置焊缝选用稍大的火焰能率。实际生产中，在保证焊接质量的前提下，应尽量选择较大的火焰能率。

（5）焊嘴倾角

焊嘴倾角是指焊嘴的中心线与焊件平面间的夹角。焊嘴倾角的大小主要是依据焊件厚度、焊嘴大小和金属材料的熔点来选择的。焊嘴倾角大，则火焰集中，热量损失小，焊件得到的热量多，升温快；焊嘴倾角小，则火焰分散，热量损失大，焊件得到的热量少，升温慢。所以，焊件越厚，焊嘴倾角应越大；焊件越薄，焊嘴倾角越小。如果焊嘴选用大一些，焊嘴倾角可小一些；如果焊嘴选得小一些，则焊嘴倾角可大一些。

一般低碳钢气焊时，焊嘴倾角与工件厚度的关系如图 4-18 所示。一般说来，在焊接工件的厚度大、母材熔点较高或导热性较好的金属材料时，焊嘴倾角要选得大一些；反之，焊嘴倾角可选得小一些。

焊嘴倾角在气焊的过程中还应根据施焊情况进行变化。如在焊接刚开始时，为了迅速形成熔池，采用的焊嘴倾角可为 80°～90°；当焊接结束时，为了更好地填满弧坑和避免焊穿或使焊缝收尾处过热，应将焊嘴适当提高，焊嘴倾角逐渐减小，并使焊嘴对准焊丝或熔池交替地加热。

（6）焊丝倾角

在气焊过程中，焊丝对焊件表面的倾斜角一般为 30°～40°，与焊嘴中心线的角度为 90°～100°，如图 4-19 所示。

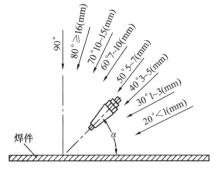
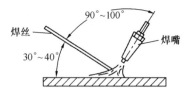

图 4-18　焊嘴倾角与工作厚度的关系　　图 4-19　焊嘴与焊丝的相对位置

（7）焊接速度

焊接速度直接影响生产效率和焊件质量。一般对焊件厚的，焊接速度慢些；对厚度小的，焊接速度可快些。

4.3.3　气焊操作技术

1. 焊缝的起焊

起焊时，由于焊件温度较低，焊嘴倾斜角应适当大些，这样有利于焊件的预热。当焊件厚度不一致时，气焊火焰应稍微偏向厚板一侧。

2. 左焊法和右焊法

气焊操作是右手握焊炬，左手拿焊丝，可以向左焊（左焊法），也可以向右焊（右焊法），如图 4-20 所示。

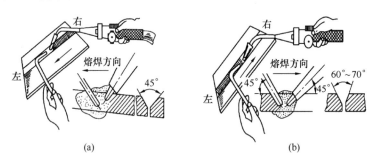

图 4-20　气焊的焊接方向
（a）左焊法；（b）右焊法

（1）左焊法

左焊法是指焊接热源从接头的右端向左端移动，并指向待焊部分的操作方法。在这种焊接法中，使焊工能够清楚地看到熔池边缘，所以能焊出宽度均匀的焊缝；由于焊炬火焰指向焊件未焊部分，对工件金属有预热作用，因此焊接薄板时，生产效率高；这种焊接方法容易掌握，应用普遍。左焊法的缺点是焊缝易氧化，冷却速度快，热量利用率低，因此仅适用于焊接 5mm 以下的薄板或低熔点金属。

（2）右焊法

右焊法是指焊接热源从接头的左端向右端移动并指向已焊部分的操作方法。在这种焊接法中，焊炬火焰指向焊缝，火焰可以罩住整个熔池，从而保护了熔化金属，防止了焊缝金属的氧化和产生气孔，减慢了焊缝的冷却速度，改善了焊缝组织。右焊法的缺点主要是不易看清已焊好的焊缝，操作难度高，一般较少采用，适用于厚度大、熔点较高的工件。

3. 焊丝的填充

在整个焊接过程中，为获得外观漂亮、内部无缺陷的焊缝，焊工要观察熔池的形状，尽量使熔池的形状和大小保持一致，而且要将焊丝末端置于外层火焰下进行预热。焊件预热至白亮且出现清晰的熔池后，将焊丝熔滴送入熔池，并立即将焊丝抬起，让火焰继续向前移动，以便形成新的熔池，然后再继续向熔池加入焊丝，如此循环，形成焊缝。

如果使用的火焰能率大，焊件温度高，熔化速度快，焊丝应经常保持在焰芯前端，使熔化的焊丝熔滴连续加入熔池；如果火焰能率小，熔化速度慢，则加入焊丝的速度要相应减小。

在焊接薄件或焊件间隙大的情况下，应将火焰焰芯直接指在焊丝上，使焊丝阻挡部分热量；并使焊炬上下跳动，阻止熔池前面或焊缝边缘过早地熔化下塌。

4. 焊炬和焊丝的摆动

焊接过程中，为了获得质量优良、外观美观的焊缝，焊炬和焊丝应做均匀协调的摆动。焊炬和焊丝有规律摆动，能使焊件金属便于熔透、焊道均匀，也避免了焊缝金属的过热或烧穿。

焊炬摆动有三个基本动作：

（1）沿焊缝向前移动。

（2）沿焊缝做横向摆动（或打圆圈摆动）。

（3）作上下跳动，即焊丝末端在高温区和低温区间做往复跳动，以调节熔池的热量；但必须均匀协调，不然就会造成焊缝高低不平、宽窄不一等现象。

焊丝和焊炬的摆动方法及摆动幅度与焊件的厚度、性质、空间位置和焊缝尺寸有关。如图 4-21 所示为平焊时焊丝和焊炬常见的几种摆动方法。

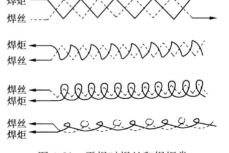

图 4-21　平焊时焊丝和焊炬常见的几种摆动方法

5. 焊缝接头

焊接过程中，更换焊丝停顿或某种原因中

途停顿再继续焊接处称为焊接接头。焊接接头时，应当用火焰将原熔池周围充分加热，将冷却的熔池重新熔化，形成新的熔池后，即可加入焊丝。此时新加入的焊丝熔滴与被熔化的原焊缝金属之间必须充分融合。焊接重要焊件时，接头处必须与原焊缝重叠8~10mm，以便得到强度大、组织致密的焊接接头。

6. 焊缝收尾

当一条焊缝焊接至终点，结束焊接的过程称为收尾。此时，由于焊件温度较高，散热条件差，需要减小焊炬的倾斜角，加快焊接速度，并多加入一些焊丝，以防止熔池面积扩大，更重要的是避免烧穿。收尾时，为了避免空气中的氧气和氮气侵入熔池，可用温度较低的外焰保护熔池，直至将终点熔池填满，火焰才可缓慢离开熔池；气焊收尾时要做到焊炬倾角小，焊接速度快，填充焊丝多，熔池要填满。

4.3.4 低碳钢气焊的常见缺陷及预防措施

（1）过热和过烧

过热和过烧一般是指钢在气焊时热到一定程度时金属组织所起的变化。金属产生过热的特征是，金属表面变黑并起氧化皮，组织上表现为晶粒粗大。而过烧时，除晶粒粗大外，晶粒边界被激烈氧化，焊缝"发渣"。过热的金属会变脆；若过烧，则会更脆。

预防措施：

1）根据工件厚度选择合适的焊炬、焊嘴。

2）采用中性焰或乙炔稍多的中性焰。

3）正确地掌握焊接速度。

4）在焊接过程中遇有特殊情况火焰需在熔池停留时，时间不可过长。如不得已工件需要继续加热，应保证火焰的内焰一跳一跳地不断离开熔池，给熔池以冷却的机会，但外焰仍不可离开熔池，以保护熔池不被氧化。施焊时应严格控制熔池温度。

5）采用合格的焊丝以及避免在风力过大处焊接。金属过热可以用热处理方法纠正，但不太经济也不方便。对重要焊件应尽量避免过热；对于已经产生过热的金属应铲除重新焊接。

（2）气孔

气孔是遗留在焊缝中的气泡。气孔减小了焊缝的有效截面积，降低了接头的力学性能，并破坏了焊缝的致密性。当气孔的尺寸、数量超过允许值时，应铲去重焊。

预防措施：

1）仔细清除焊丝、焊件表面的油污、铁锈、污垢等脏物和杂物等。

2）根据被焊母材性质选择火焰。

3）适当改进操作技术，提高火焰保护效果。

4）在焊炬周围适当设置防风装置。

5）采用适当的焊接速度，焊接结束时，火焰应延时离开熔池。

6）合理选用焊丝。

（3）咬边

咬边是在基本金属和焊缝金属边界处所形成的凹坑或凹槽。焊缝形成咬边缺陷后，减小了金属的有效截面积，同时在咬边处形成应力集中。

焊接横焊缝时，焊缝上部最容易形成咬边缺陷。

预防措施：

1）根据板厚选用合适的火焰能率。

2）改进焊接操作技术。

3）控制熔池温度，使熔池尺寸不致过大。

（4）夹渣

夹渣使焊缝的力学性能降低，引起应力集中。低碳钢的气焊一般不易产生夹渣现象，除非是在工件和焊丝上有油垢、油漆、铁锈等脏物和杂物。所以，焊前必须把工件和焊丝清理干净。施焊中一旦遇有夹渣现象时，应及时用焊丝将夹杂物拨出。

预防措施：

1）根据母材的性质选择焊接火焰。

2）加强待焊处、焊丝表面油垢、污垢、铁锈等脏物和杂物的清理。

3）熔池中有熔渣时，应及时用焊丝将其挑出。

（5）裂纹

裂纹是最危险的缺陷，它显著地降低了焊接构件的承载能力，甚至可引起构件脆性破坏。这种缺陷是不允许存在的，必须铲除后重新进行焊补。

预防措施：

1）合理地选择焊丝。

2）进行装配及焊接时要防止应力过大。焊接长焊缝时，先在起焊端往反方向施焊一段（长度可为 20～30mm），之后再往正方向施焊。

3）进行定位焊时，焊缝的厚薄和长短要适当。

4）若在气温较低的场所进行焊接，焊嘴抬起和焊接结束或中断时，火焰离开熔池不可太快。若有可能，可适当提高焊接场地的温度。

5）收尾时弧坑要填满。

（6）未焊透

未焊透是焊接时接头根部未完全熔透的现象。未焊透的危害之一是减小了焊缝的有效面积，使接头强度下降；未焊透引起的应力集中所造成的危害，比强度下降的危害大得多；未焊透会严重降低焊缝的疲劳强度；未焊透也可能成为裂纹源，是造成焊缝破坏的重要原因。

预防措施：

1）焊前仔细清理焊接处。

2）选择合适的坡口尺寸。

3）更换焊嘴，使火焰温度升高。

4）适当降低焊接速度。

（7）焊瘤

焊瘤是指焊缝边缘未与基本金属熔合部分的堆积金属，以及焊缝背面多余的金属。焊瘤影响接头的强度和平整度，管子接头焊缝的背面如有焊瘤，则减小内孔的有效面积，影响液体或气体的流量。

预防措施：

1）根据焊缝所处的空间位置选择火焰能率，立焊、横焊、仰焊时的火焰能率应比平焊时的火焰能率低。

2）根据焊接位置选择焊嘴倾角。

3）适当控制熔池温度，防止熔化金属下流。

4）适当提高焊接速度。

4.4 手工气割工艺与操作技术

4.4.1 气割工艺参数的选择

气割工艺参数包括割炬型号、切割氧压力、预热火焰能率、切割速度、割嘴与被割件表面距离及切割倾角等。

1. 割炬型号和切割氧压力

气割中，被割件越厚，割炬型号、割嘴号码、氧气压力均应增大，氧气压力与割件厚度、割炬型号、割嘴号码的关系如表4-15所列。

普通割炬的型号及主要技术数据　　　　　表4-15

割炬型号	G01-30			G01-100		
结构形式	射吸式					
割嘴号码	1	2	3	1	2	3
割嘴孔径（mm）	0.6	0.8	1	1	1.3	1.6
切割厚度范围（mm）	2～10	10～20	20～30	10～25	25～30	50～100
氧气压力（MPa）	0.20	0.25	0.30	0.20	0.35	0.50
乙炔压力（MPa）	0.001～0.10	0.001～0.10	0.001～0.10	0.001～0.10	0.001～0.10	0.001～0.10

割炬型号	G01-30			G01-100		
结构形式	射吸式					
割嘴号码	1	2	3	1	2	3
氧气消耗量（m³/h）	0.8	1.4	2.2	2.2～2.7	3.5～4.2	5.5～7.3
乙炔消耗量（L/h）	210	240	310	350～400	400～500	500～610
割嘴形状	环 形			梅花形和环形		

割炬型号	G01-300			
结构形式	射吸式			
割嘴号码	1	2	3	4
割嘴孔径（mm）	1.8	2.2	2.6	3
切割厚度范围（mm）	100～150	150～200	200～250	250～300
氧气压力（MPa）	0.50	0.65	0.80	1.00
乙炔压力（MPa）	0.001～0.10	0.001～0.10	0.001～0.10	0.001～0.10
氧气消耗量（m³/h）	9.0～10.8	11～14	14.5～18	19～26
乙炔消耗量（L/h）	680～780	800～1100	1150～1200	1250～1600
割嘴形状	梅 花 形			

当割件较薄时，切割氧压力可适当降低。但切割氧的压力不能过低，也不能过高。若切割氧压力过高，则切割缝过宽，切割速度降低，不仅浪费氧气，同时还会使切口表面粗糙，而且还将对割件产生强烈的冷却作用；若氧气压力过低，会使气割过程中的氧化反应减慢，切割的氧化物熔渣吹不掉，在割缝背面形成难以清除的熔渣黏结物，甚至不能将工件割穿。切割氧气的推荐压力值如表 4-16 所列。

切割氧气的推荐压力值 表 4-16

工件厚度（mm）	3～12	12～30	30～50	50～100	100～150	150～200	200～300
切割氧压力（MPa）	0.4～0.5	0.5～0.6	0.5～0.7	0.6～0.8	0.8～1.2	1.0～1.4	1.0～1.4

在实际切割工作中，最佳切割氧压力可用试放"风线"的办法来确定。对所采用的割嘴，当风线最清晰，且长度最长时，这一切割氧压力即为合适值，可获得最佳的切割效果。

除上述切割氧的压力对气割质量的影响外，氧气的纯度对氧气消耗量、切口质量和气割速度也有很大影响。氧气中的杂质（如氮等）在气割过程中会吸收热量，并在切口表面形成气体薄膜，阻碍金属燃烧，从而使气割速度下降和氧气消耗量增加，并使切口表面粗糙。氧气纯度降低，会使金属氧化过程缓慢、切割速度降低，同时氧的消耗量增加。因此，气割用的氧气的纯度应尽量高。

2. 预热火焰能率

预热火焰是影响气割质量和切割速度的重要参数之一，其作用是提供足够的热量把被割工件加热到燃点，并始终保持在氧气中燃烧的温度。

预热火焰能率与焊件厚度有关，焊件越厚，火焰能率越大。所以，火焰能率主要是由割炬型号和割嘴号码决定的，割炬型号和割嘴号码越大，火焰能率也越大。

预热火焰能率过大，会使切口上边缘熔化、切割面变粗糙、切口下缘挂渣等；预热火焰能率过小时，割件得不到足够的热量，使切割速度减慢，甚至使切割过程中断而必须重新预热起割。

预热火焰应采用中性焰；碳化焰因有游离状态的碳，会使切口边缘增碳，一般情况下不予使用。

（1）预热火焰能率应随切割件厚度的增大而加大。氧-乙炔预热火焰的能率与板厚的关系如表 4-17 所列。

氧-乙炔预热火焰的能率与板厚的关系　　　　　　　　　表 4-17

板厚（mm）	3～25	25～50	50～100	100～200	200～300
火焰能率（乙炔消耗量）（L/min）	4～8.3	9.2～12.5	12.5～16.7	16.7～20	20～21.7

（2）在切割较厚钢板时，火焰宜用轻度碳化焰，以免切口上缘熔塌，同时也可使外焰长一些。

（3）使用扩散形割嘴和氧帘割嘴切割厚 20mm 以下钢板时，火焰能率宜选择稍微大一些的，以加速切口前缘加热到燃点，从而获得较高的切割速度。

（4）切割碳的质量分数较高或合金元素含量较多的钢材时，因它们的燃点较高，预热火焰能率要大一些。

（5）用单割嘴切割坡口时，因熔渣被吹向切口外侧，为补充热量，要加大火焰能率。

（6）使用石油液化气或天然气作为燃气，因其火焰温度低，预热时间较长。在切割小尺寸零件等频繁预热起割的场合，为缩短预热时间、提高切割效率，宜把火焰调节成氧化焰，开始切割后再调节为中性焰。

3. 割嘴与被割工件表面的距离

割嘴与被割工件表面的距离应根据工件的厚度而定，一般情况下，火焰焰芯至割件表面的距离应控制在 3～5mm。如果距离过小，火焰焰芯触及工件表面，不但会引起切口上缘熔化和切口渗碳的可能，而且飞溅的熔渣会堵塞割嘴；如果距离过大，会使预热时间加长。通常情况下，使用不同割嘴时的合适割嘴高度为：

（1）使用直筒形割嘴时，其高度为 10～15mm。

（2）使用扩散形割嘴时，其高度为 5～10mm。

（3）使用氧帘形割嘴时，其高度约为 5mm。

切割厚工件时，割嘴高度可适当增大一些，以避免切口上缘过多地熔塌。

4. 割嘴与被割工件表面的倾角

割嘴倾角的大小主要根据工件的厚度来确定，一般情况下：

（1）气割 4mm 以下厚的钢板时，割嘴应后倾 25°～45°。

（2）气割 4～20mm 厚的钢板时，割嘴应后倾 20°～30°。

（3）气割 20～30mm 厚的钢板时，割嘴应垂直于工件。

（4）气割大于 30mm 厚的钢板时，开始气割时应将割嘴前倾 20°～30°，待割穿后再将割嘴垂直于工件进行正常切割，当快割完时，割嘴应逐渐向后倾斜 20°～30°。

割嘴与工作间的倾角如图 4-22 所示。

5. 切割速度

气割速度与工件的厚度和割嘴形式有关，工件愈厚，气割速度愈慢；反之，气割速度则较快。气割速度由操作者根据割缝的后拖量自行掌握。所谓后拖量，是指在氧气切割的过程中，在切割面上的切割氧气流轨迹的始点与终点在水平方向上的距离，如图 4-23 所示。

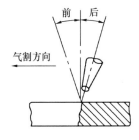

图 4-22　割嘴与工件间的倾角示意图

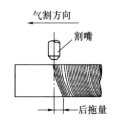

图 4-23　后拖量示意图

在气割时，后拖量总是不可避免的，尤其气割厚板时更为显著。合适的气割速度，应以使切口产生的后拖量较小为原则。若气割速度过慢，会使切口边缘不齐，甚至产生局部熔化现象，割后清渣也较困难；若气割速度过快，会造成后拖量过大，使割口不光洁，甚至造成割不透。

总之，合适的气割速度可以保证气割质量，并能降低氧气的消耗量。

4.4.2　手工气割操作技术

1. 氧气-乙炔切割操作技术

（1）气割前的准备工作

1）检查工作场地是否符合安全要求，割炬、橡胶管、乙炔瓶或乙炔发生器及回火防止器是否正常。然后将气割设备按一定的操作规程连接好。

2）切割前，首先将工件垫平，工件下面应留出一定的间隙，以利于氧化铁渣的吹出。切割时，为防止操作者被飞溅的氧化铁渣烧伤，必要时可加挡板遮挡。

3）将氧气调节到所需的压力。对于射吸式割炬，应检查割炬是否有射吸能力。检查的方法是：首先拔下乙炔进气软管并弯折起来，再打开乙炔阀门和预热氧阀门。这时，将手指放在割炬的乙炔进气管接头上。如果手指感到有抽力并能吸附在乙炔进气管接头上，说明割炬有射吸能力，可以使用；反之，则说明割炬不正常，不能使用，应检查修理。

4）检查风线，其方法是点燃火焰并将预热火焰调整适当，然后打开切割氧气阀门，观察切割氧流（即风线）的形状，风线应为笔直、清晰的圆柱体并有适当的长度，这样才能使工件切口表面光滑干净、宽窄一致。如果风线不规则，应关闭所有的阀门，用通针或其他工具修理内嘴的内表面，使之光滑。

预热火焰能率应根据板材厚度不同加以调整，火焰性质应采用中性焰。

（2）手工气割的操作要点

1）割件的放置

将割件垫高，并与地面保持一定距离，切勿在离水泥地面很近的位置气割。在工件与水泥地面之间应放入薄钢板，以防熔渣飞溅伤人。然后将割件表面的污垢、油漆以及铁锈等清除干净。

2）调整火焰

气割操作时，应首先点燃割炬，随即调整火焰。火焰的大小应根据钢板的厚度调整适当，然后进行切割。

3）操作姿势

手工气割操作因各人的习惯不同，可以是多种多样的。对于初学者来说，可以按以下姿势练习。双脚成外八字形，蹲在工件的一侧，右臂靠住右膝盖，左臂放在两腿中间，便于气割时移动。右手握住割炬手把，并以右手的拇指和食指握住预热氧调节阀，便于调节预热火焰能率，并能够在发生回火时及时切断预热氧。左手的拇指和食指握住切割氧调节阀，便于切割氧的调节，其余三指平稳地托住射吸管，掌握方向并使割炬与割件保持垂直。气割操作时，上身不要弯得太低，呼吸要平稳，两眼应注意工件和割嘴，并着重注视割口前面的割线，沿切割线从右向左进行切割。整个气割过程中，割炬运行要均匀，割炬与割件的距离要保持不变。每割一段后需要移动身体位置，此时应关闭切割氧调节阀。这种气割方法称为"抱切法"。

4）起割

开始气割时，将起割点预热到燃烧温度（割件发红），但有时为了起割方便，也可将割件表面加热到熔化的温度，然后慢慢开启切割氧调节阀。当看到铁液被氧流吹动时，便可加大切割氧气流。待听到割件下面发出"啪啪"的声音时，说明割件已被烧穿，这时应按割件的厚度灵活掌握切割速度，沿切割线继续切割。

气割过程中，当发生回火时，应立即关闭切割氧调节阀，然后关闭乙炔调节阀及预热氧调节阀。在正常工作停止时，应先关切割氧调节阀，再关乙炔和预热氧调节阀。

5）移动操作

气割较长的直线或曲线形板材时，一般切割 300～500mm 后，需移动操作位置，此时，应先关闭切割氧调节阀，将割炬火焰离开割件，然后再移动身体位置。继续气割时，割炬的割嘴一定要对准割缝的接割处，并预热到燃烧温度后，再缓慢地开启切割氧调节阀。薄板气割时，可先开启切割氧流，然后将割炬的火焰对准切割处继续气割。

6）收尾

气割接近终点时，割炬应向气割方向后倾一定角度，便于割缝下部的钢板先烧穿，同时要注意余料的下落位置，然后将钢板全部割穿，可保证割缝的表面较平整。

7）结束

气割过程完毕后，应迅速关闭切割氧调节阀，并将割炬抬起，再关闭乙炔调节阀，最后关闭预热氧调节阀。如果停止工作的时间较长，应将氧气瓶阀门关闭，松开减压器调压螺钉，并将氧气胶管中的氧放出。结束工作时，应将减压器卸下，将乙炔瓶阀关闭。

2. 液化石油气切割技术

液化石油气切割与氧-乙炔气割基本相同。氧-液化石油气代替氧-乙炔进行切割具有很多优点，如成本低、切口表面光滑、氧化铁熔渣易于清除、操作安全、回火爆炸的可能性较小、使用方便等；缺点是切割时预热的时间较长，耗氧量大等。

割炬多是射吸式的，为保证液化石油气输出割炬的流量，以达到与氧气混合的比例要求，调整液化气的供应极其重要。根据现场操作经验，对手工切割一般厚度的钢板，液化石油气调压后的输出压力为 2000～3000Pa；切割厚度在 200～300mm 厚的钢冒口时为 25kPa。

由于液化石油气的着火点较高，致使点火较乙炔困难，必须用明火才能点燃，或者把割嘴端部靠近钢板表面，并稍稍打开一点氧气阀；也可用打火机点火。

调节时，先送一点氧气，然后再慢慢加大液化石油气量和氧气量。当火焰最短，呈蓝白色并发出"呜呜"响声时，该火焰温度最高。

4.4.3　碳素钢的气割工艺

1. 一般厚度钢板的气割工艺

切割一般厚度的钢板比较容易，割炬可选用 G01-100 型或 G02-100 型；操作工艺除前面介绍的外，应注意使风线的长度超过被切割板厚的 1/3。割嘴与割件的距离大致等于焰芯长度加上 2～4mm。为提高切割效率，在气割厚度 25mm 以上的钢板时，割嘴可向后（即向切割前进的反方向）倾斜 20°～30°角度。

2. 薄钢板的气割工艺

气割 4mm 以下的钢板时，因钢板较薄，故氧化铁渣不易吹掉，而且冷却后氧化铁渣会黏在钢板背面更不易清除。薄板受热快而散热慢，故当割嘴刚过去时，因割缝两边还处在熔融状态，这时如果切割速度稍慢或预热火焰控制不当，易使钢板变形过大，且钢板正面棱角也会被熔化，形成前面割而后面又熔合在一起的现象。

气割薄板时，为了得到较好的效果，应注意以下几点：

（1）预热火焰能率要小，加热点落在切割线上，并处于切割氧流的正前方。

（2）割嘴应向前倾斜，与钢板成 25°～45°角。

（3）割嘴与割件表面的距离为 10～15mm。

（4）切割速度要尽可能快。

（5）要选用 G01-30 型割炬及小号割嘴。

为顺利切割这些极薄板，可使用 BG01-0.5 型手工割炬和阶梯形割嘴。此外，也可将最小号射吸式割嘴用钢丝堵塞 2～3 个预热孔。

3. 大厚度工件的气割工艺

大厚度钢板是指厚度在 300mm 以上的钢板。切割大厚度工件时，要选用大型号的割炬和割嘴，而且气割时氧气要供应充足。

(a)　　　　　(b)　　　　　(c)

图 4-24　大厚度工件气割过程示意图
(a) 预热；(b) 后倾；(c) 移动

开始切割时，预热火焰要大，首先由工件的边缘棱角处开始预热，如图 4-24 (a) 所示；将工件预热到切割温度时，逐渐开大切割氧气并将嘴头后倾，如图 4-24 (b) 所示；待工件边缘全部切透时，这时加大切割氧气流，并使嘴头垂直于工件，同时割嘴沿割线向前移动，切割速度更慢，割嘴要做横向月牙形摆动，如图 4-24 (c) 所示。

4. 圆钢的气割工艺

气割圆钢时，应先从一侧开始预热。预热时火焰应垂直于圆钢的表面。开始切割时，在慢慢地打开切割氧气阀门的同时，将割嘴转为与地面相垂直的方向，这时加大切割氧流，使圆钢割透。割嘴在向前移动的同时，还要稍做横向摆动，最好使圆钢一次切完；但若圆钢直径较大，一次切不透，可采用分瓣切割法，如图 4-25 所示。

5. 坡口的气割工艺

起割前，先按坡口尺寸划好线，然后将割嘴按坡口角度找好，以往后拖或向前推的操作方法进行切割。坡口的气割与分离切割相比，割速需稍慢，预热火焰能率应适当增加，切割氧的压力也应稍大些。

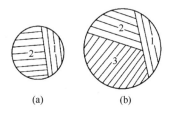

(a)　　　　　(b)

图 4-25　圆钢分瓣切割法示意图
(a) 分两瓣切割；(b) 分三瓣切割

为了得到宽窄一致和角度相等的切割坡口，可将割嘴靠在扣放的角钢上进行切割，如图 4-26 (a)、图 4-26

（b）所示。为了更好地控制切割坡口的角度，还可将割嘴安放在角度可调的滚轮架上（可调滚轮架一般根据割件的形状由现场自制），这样可以进一步保证切割质量，而且操作灵活，如图 4-26（c）所示。

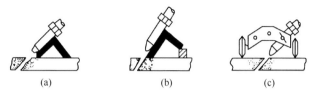

图 4-26　坡口气割示意图

（a）角钢架 1；（b）角钢架 2；（c）滚轮架

4.4.4　气割清焊根

现场焊缝清焊根一般采用气割清焊根（割槽）法进行。

气割清焊根的技术特点：采用普通割炬，风线不要求太长太细，而要短且钝，长度只需 20～30mm 即可，而直径要求粗些。因此，气割清焊根使用风线不好的旧割嘴较为适宜，如使用专用清焊根割嘴最为理想。

气割清焊根的操作技术较为简单，容易掌握，其操作要领如下：

（1）首先在清焊根部位预热（此时割嘴角度不限，一般为 45°～90°），使起割点迅速升温。当金属呈熔融状态（比割钢板时的预热温度高些）时，立即将割嘴调整至与工件表面的夹角为 20°左右；慢慢打开切割氧气，将焊缝根部吹成一条一定深度的沟槽；然后割嘴再做横向摆动，将沟槽的两边扩至需要的宽度；之后，割嘴伸进已割出的坡口内，按上述方法继续向前割槽，清根过程中割炬与工件的角度变化如图 4-27 所示。

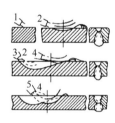

图 4-27　清根过程割炬与工件的角度示意图

1—预热角度（20°左右）；

2—清根开始角度（5°左右）；

3—清根开始后角度逐渐变化到 45°左右；4—割炬前进后继续清根的开始角度（5°左右）；

5—继续清根的角度（45°左右）

（2）每当打开切割氧吹除氧化铁渣的同时，割嘴要随着氧化铁渣的吹除而慢慢后移（移动范围一般多在 10～30mm 之间），以减轻氧气气流的冲击力，防止将金属吹成高低不平或吹出深沟。

（3）在清根过程中，切割氧不是总打开着的，需根据金属的温度情况随时打开和关闭。

（4）采用中性火焰预热，火焰能率比割钢板时要大些。吹除氧化铁渣时，切割氧流要小些，这样便于控制坡口的宽窄、深浅和根部表面的粗糙度。

5 其他焊接与切割技术

5.1 氩弧焊

5.1.1 氩弧焊的概述

1. 氩弧焊的原理

氩弧焊就是使用氩气作为保护气体的气体保护焊。

它是利用从焊枪喷嘴中喷出的层流状氩气流，在电弧区域形成严密封闭的气层，使电极和填充金属及液态金属熔池与空气隔绝，以防止空气的侵入，同时利用电弧的热量，来熔化母材和填充金属，待液态金属熔池凝固后形成焊缝的一种焊接方法。

由于氩气是一种惰性气体，不与金属起化学反应，所以不会使被焊金属中的合金元素烧损，能充分保护金属熔池不被氧化。又因氩气在高温时不溶于液态金属中，所以焊缝不易引起气孔。其保护作用有效、可靠，通过氩弧焊焊接可获得较高质量的焊缝。

如图 5-1 所示为氩弧焊工作原理示意图。

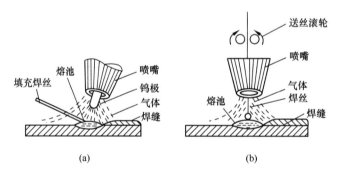

图 5-1　氩弧焊示意图

（a）非熔化极（钨极）氩弧焊；（b）熔化极氩弧焊

2. 氩弧焊的特点

氩弧焊与其他焊接方法相比，氩弧焊具有以下特点：

（1）明弧操作，容易控制。电弧和熔池的可见性好，焊接过程中可根据熔池情况随时调节焊接热输入，以确保焊接质量，便于实现单面焊双面成形。

（2）焊接热影响区小。电弧在保护气流压缩下热量集中，焊接速度较快，熔池较小，保护气体对焊缝具有一定的冷却作用，使焊缝热影响区狭窄，焊件焊后变形小，尤其适用于薄板焊接。

（3）氩气的保护性能好，可焊的材料范围广。可以焊接化学性质活泼和易形成高熔点氧化膜的镁、铝、钛及其合金。且没有熔渣或很少有熔渣，焊接基本上不需清渣。

（4）有利于焊接过程的机械化和自动化，特别是空间位置的机械化焊接。

3. 氩弧焊的分类

氩弧焊按照电极的不同分为非熔化极氩弧焊和熔化极氩弧焊两种。

（1）钨极氩弧焊（TIG）

钨极氩弧焊采用手工操作方法，通常也称为手工钨极氩弧焊。

钨极氩弧焊采用高熔点的钨棒作为电极，在氩气层流保护下，利用钨极与焊件之间的电弧热量来熔化加入的填充焊丝和基本金属，以形成焊缝。而钨极本身是不熔化的，只起发射电子产生和维持电弧的作用。

钨极氩弧焊有手工和自动两种操作形式，焊接时需要另外加入填充焊丝，有时也不加填充焊丝，仅将接缝处熔化后形成焊缝。为了防止钨极的熔化与烧损，所使用的焊接电流受到限制，因此电弧功率较小，熔深也受到影响，只适用于薄板和打底焊的焊接。

（2）熔化极氩弧焊（MIG）

熔化极氩弧焊一般采用半自动或自动的操作方法。

熔化极氩弧焊采用焊丝作为电极，电弧在焊丝与焊件之间燃烧，同时处于氩气层流的保护下，焊丝以一定速度连续给送，并不断熔化形成熔滴过渡到熔池中去，液态金属熔池冷却凝固后形成焊缝。其操作形式有自动和半自动两种。

熔化极氩弧焊的熔滴过渡过程，多采用射流过渡的形式。因为在氩气气氛中，所需的临界电流值较低，所以容易实现熔滴的射流过渡，与其他形式的熔滴过渡相比，具有焊接过渡过程稳定、飞溅小、熔深大及焊缝成形好等特点。此外，由于电极是焊丝，焊接电流可以增大，因此电弧功率大，可用于中厚板的焊接。

（3）脉冲氩弧焊

脉冲氩弧焊又分为钨极脉冲氩弧焊和熔化极脉冲氩弧焊。

钨极脉冲氩弧焊和熔化极脉冲氩弧焊是目前推广应用及发展的一项新工艺方法。与普通氩弧焊的根本区别是采用脉冲焊接电流，脉冲氩弧焊电源的基本原理如图5-2所示。从图中可看到，它由两个电源并联组成，同时接到电极（或焊丝）与焊件上，其中Ⅰ是维弧电源，由一台普通的直流电源提供基本电流，其电流值很小。只要维持电弧稳定燃烧即可，仅对电极（或焊丝）与焊件起预热作用。脉冲电源Ⅱ的作用是提供一个脉冲电流，用来熔化金属，在焊接时作为主要热源。

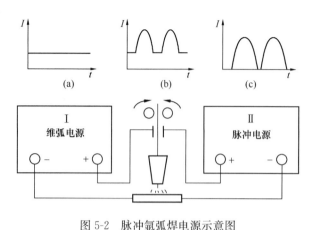

图 5-2 脉冲氩弧焊电源示意图

(a) 基本电流；(b) 脉冲焊接电流；(c) 脉冲电流

在脉冲氩弧焊焊接过程中，基本电流和脉冲电流相叠加，就可以得到脉冲焊接电流。由脉冲焊接电流完成的连续焊缝，实际上是由许多焊点搭接而成的。高值电流（脉冲电流）时，形成熔化焊点；低值电流（基本电流）时，焊点凝固成形。同时，通过对脉冲电流、基本电流的调节和控制，可达到对焊缝热输入量的控制，从而控制了焊缝的尺寸和质量。因此，在保证足够焊透能力的前提下，可以调节焊接线能量及焊缝高温停留时间，适合于各种可焊性较差材料的焊接，可减少裂缝倾向。还有，对各种焊接位置有较强的适应能力，适用于全位置、单面焊双面成形焊接。此外，脉冲氩弧焊容易克服焊缝下塌缺陷，提高抗烧穿能力，特别适合焊接很薄的板材。

（4）区别与应用

1）熔化极氩弧焊和非熔化极氩弧焊（钨极氩弧焊）的区别

熔化极氩弧焊使用焊丝作电极，并被不断熔化填入熔池，冷凝后形成焊缝，有轻微的金属飞溅。

非熔化极氩弧焊（钨极氩弧焊）在焊接过程中，以钨极作为电极与熔池产生电弧，钨极是不熔化的，而焊丝是通过侧向添加后，利用电弧热量将熔化的焊丝送入熔池冷凝后形成焊缝，其过程是不经过焊接电流的，焊接过程平静，不产生飞溅，焊道成形美观。

2）应用

非熔化极氩弧焊（钨极氩弧焊）可用于几乎所有金属及合金的焊接，但由于其成本较高，通常多用于焊接铝、镁、钛、铜等有色金属，以及不锈钢、耐热钢等。焊接的板材厚度范围，从生产率考虑以 3mm 以下为宜。对于某些黑色和有色金属的厚壁重要构件（如压力容器及管道），在根部熔透焊道焊接、全位置焊接和窄间隙焊接时，为了保证较高的焊接质量，有时也采用非熔化极氩弧焊（钨极氩弧焊）。

熔化极氩弧焊的焊丝通过丝轮送进、导电嘴导电，在母材与焊丝之间产生电弧，使焊丝和母材熔化，并用惰性气体氩气保护电弧和熔融金属来进行焊接。

随着熔化极氩弧焊的技术应用发展，保护气体已由单一的氩气推广至多种混合气体，如以氩气或氦气为保护气时称为熔化极惰性气体保护电弧焊（国际上简称 MIG 焊）；以惰性气体与氧化性气体（$Ar + CO_2$）混合气为保护气体时，或以 CO_2 或 CO_2

＋O_2混合气为保护气时，统称为熔化极活性气体保护电弧焊（国际上简称为 MAG 焊）。

从其操作方式看，目前应用最广的是半自动熔化极氩弧焊和富氩混合气保护焊，其次是自动熔化极氩弧焊。MIG 焊适用于铝及铝合金、不锈钢等材料中、厚板焊接；MAG 焊适用于碳钢、合金钢和不锈钢等黑色金属材料的全位置焊接。

5.1.2 氩弧焊设备组成与使用

1. 氩弧焊设备组成

手工钨极氩弧焊设备包括弧焊电源、控制系统、焊枪、供气系统及供水系统等部分。熔化极氩弧焊设备，则在上述设备的基础上，增加送丝及行走机构，以水冷系统为例，如图 5-3 所示。

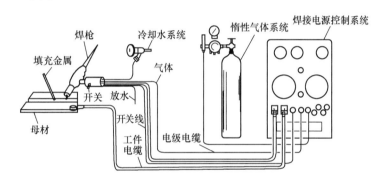

图 5-3　手工钨极氩弧焊设备示意图制系统

（1）焊接电源

手工钨极弧焊，可用交直流两种电源进行焊接。

（2）焊接控制系统

焊接控制系统主要是控制箱，控制箱的作用是控制引弧、控制气路和水路系统。引弧器主要有高频引弧器和脉冲引弧器等。

（3）供气系统

供气系统主要由氩气瓶、减压器、流量计和电磁气阀等组成。

（4）水路系统

通水的目的是用水来冷却焊接电缆和焊枪、钨极，若使用电流小于150A 时则可不需要水冷却，各种便携式焊机中无此装置，为了保证设备使用的安全性，应在水路中装有水压开关。

（5）焊枪

焊枪的作用为夹持钨极，传导电流和输送气等，焊枪有水冷式或空冷式两种，空冷式焊枪使用的最大焊接电流为150A，水冷式焊枪的使用焊接电流大于150A。

2. 手工钨极氩弧焊焊接工艺参数

手工钨极氩弧焊焊接工艺参数包括焊接电流、钨极直径、电弧电压、焊接速度、喷嘴直径、氩气流量和焊接层数等。此外，还有焊丝直径、喷嘴至工作表面的距离和钨极伸出长度等。

（1）焊接电流

焊接电流主要根据焊件材质、厚度、接头形式和焊接位置选择，焊接电流增加时，熔深增大，焊缝的宽度和余高稍有增加，过大或过小的焊接电流都会使焊接成型不良或产生焊接缺陷。焊接电流过大易引起咬边烧穿等缺陷；焊接电流过小易产生未焊透等缺陷。

（2）钨极直径

钨极的直径可根据焊件厚度、焊接电流大小和电源极性进行选择。焊接时，当电流超过允许值时，钨极就会强烈地发热，致使熔化和挥发，引起电弧不稳定和焊缝中产生夹钨等缺陷。铈钨极与钍钨极相比，其最大允许电流密度可增加 5%～8%。

（3）电弧电压

电弧电压由电弧长度决定。弧长增大，电弧电压增高，焊道宽度增大，熔深减小。电弧电压过高，不但会未焊透，并会使氩气保护效果变差。因此，在不短路的情况下，应尽量减小电弧长度。钨极氩弧焊的电弧电压一般为 10～20V。

（4）焊接速度

焊接速度增加时，熔深和熔宽减小，焊接速度过快时，容易产生未熔合及未焊透，焊接速度过慢时，焊缝很宽，而且还可能产生焊漏、烧穿等缺陷。手工钨极氩弧焊时，通常是根据熔池的大小、熔池形状和两侧熔合情况随时调整焊接速度。

（5）喷嘴直径

增大喷嘴直径的同时，应增加气体流量，此时，保护区扩大，保护效果好。但喷嘴直径过大时，不仅使氩气的消耗增加，而且对窄一些的焊缝，焊炬伸不进去，或妨碍焊工视线，不便于观察操作。因此，常用的喷嘴直径取 8～20mm 为宜。喷嘴直径也可按经验公式（5-1）选择：

$$D = (2.5 \sim 3.5)d \tag{5-1}$$

式中　D——喷嘴直径（一般指内径），mm；

d——钨极直径，mm。

一般 d 偏大，系数取偏小一点。

（6）氩气流量

为可靠地保护焊接区不受空气污染，必须有足够流量的保护气体。但不是氩气流量越大，保护效果越好。对于一定直径（孔径）的喷嘴，气体流量可按下列经验公式（5-2）确定：

$$Q = (0.8 \sim 1.2)D \qquad (5\text{-}2)$$

式中　Q——氩气流量，L/min；

　　　D——喷嘴直径，mm。

（7）喷嘴至工件表面的距离

喷嘴离焊件越远，则空气越容易沿焊件表面侵入熔池，保护气层也越会受到流动空气的影响而发生摆动，使气体保护效果降低。通常喷嘴至焊件间的距离取 5～15mm。

（8）钨极伸出长度

钨极端头至喷嘴端面的距离为钨极伸出长度。钨极伸出长度小，可使喷嘴至工件表面距离近，气体保护效果好。通常在焊接对接焊缝时，钨极伸出长度 5～6mm 较好；焊接角接接头和 T 形接头的角焊缝时，钨极伸出长度 7～8mm 较好。

3. 弧焊机的检查及使用

（1）焊机应按外部接线图正确连接，并检查焊机铭牌电压与网路电压值是否相符，不符时不得使用。

（2）使用前检查气路连接是否正确、接线是否良好。

（3）焊机必须可靠接地，未接地不得使用。

（4）应经常检查焊炬上钨棒夹头夹紧情况和喷嘴的绝缘性能是否良好。

（5）接通电源开关后，指示灯亮检查风扇转动方向是否正确。

（6）打开气瓶旋扭检查是否漏气，将焊机上检气/焊接开关拨向检气位置，调节气体至所需流量调好再将其拨向焊接位置。

（7）工作完毕后，关气瓶阀等焊机稍稍冷却后关闭电源开关、切断输入电源。

5.1.3　氩弧焊的安全操作技术

1. 氩弧焊焊接操作方法

（1）焊前准备

1）阅读焊接工艺卡，了解施焊工件的材质、所需要的设备、工具和相关工艺参数。

2）检查焊机、供气系统、供水系统、接地是否完好。

3）检查工件是否合格。

（2）送丝

外填丝可以用于打底和填充，需用较大的电流，其焊丝头在坡口正面，需左手捏焊丝，不断送进熔池进行焊接，其坡口间隙要求较小或没有间隙。送丝方法：以左手的拇指、食指捏住，并用中指和虎口配合托住焊丝便于操作的部位。需要送丝时，将弯曲捏住焊丝的拇指和食指伸直如下图 5-4（b）图，即可将焊丝稳稳地送入焊接区，然后借助中指和虎口托住焊丝，迅速弯曲拇指、食指，向上倒换捏住焊丝如下图 5-4

（a）图，如此反复填充焊丝。

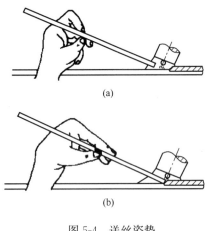

(a)

(b)

图 5-4 送丝姿势

电流大、间隙小，所以其生产效率高，且操作技能容易掌握。其缺点是在用于打底时因为操作者看不到钝边熔化和反面余高情况，所以容易产生未熔合和得不到理想的反面成形。

（3）焊接方法

摇把即把焊嘴咀稍用力压在焊缝上面，手臂大幅度摇动进行焊接。其优点因为焊嘴压在焊缝上，焊把在运行过程中非常稳定，所以焊缝保护好，质量好，外观成形非常漂亮，产品合格率高，特别是仰焊非常方便，焊接不锈钢时可以得到非常漂亮的外观的颜色。其缺点是学起来很难，因手臂摇动幅度大，所以无法在有障碍处施焊。

拖把即焊嘴轻轻靠或不靠在焊缝上面，右手小指或无名指亦靠或不靠在工件上，手臂摆动小，拖着焊把进行焊接。其优点是容易学会，适应性好，其缺点是成形和质量没摇把好，特别是仰焊没摇把方便施焊，焊不锈钢时很难得到理想的颜色和成形。

（4）引弧

引弧一般采用引弧器（高频振荡器或高频脉冲发生器），钨极与焊件不接触引燃电弧，没有引弧器时采用接触引弧（多用于工地安装，特别是高空安装），可用紫铜或石墨放在焊件坡口上引弧，但此法比较麻烦，使用较少，一般用焊丝轻划，使焊件和钨极直接短路又快速断开而引燃电弧。

（5）焊接

电弧引燃后要在焊件开始的地方预热 3～5s，形成熔池后开始送丝。焊接时，焊丝焊枪角度要合适，焊丝送入要均匀。焊枪向前移动要平稳、左右摆动时两边稍慢，中间稍快。

要密切注意熔池的变化，池熔池变大、焊缝变宽或出现下凹时，要加快焊速或重新调小焊接电流。当熔池熔合不好和送丝有送不动的感觉时，要降低焊接速度或加大焊接电流，如果是打底焊，目光注意力应集中在坡口的二侧钝边处，眼角的余光在缝的反面，注意其余高的变化。焊枪、焊丝与工件角度见图 5-5。

（6）收弧

如果直接收弧很容易产生缩孔，有引弧器的焊枪要断续收弧或调到适当的收弧电流慢收弧，没有引弧器焊

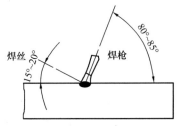

图 5-5 焊枪、焊丝
与工件角度

机则应缓慢将电弧引到坡口的一边，不可产生收缩孔，如产生收缩孔要打磨干净后方可施焊。

收弧如果是在接头处时，应先将待接头处打磨成斜口，待接头处充分熔化后再向前焊 10～20mm 后应缓慢收弧，不可产生缩孔。在生产中经常看见接头不打磨成斜口，直接加长接头处焊接时间进行接头的行为，这是很不好的习惯，会使接头处容易产生内凹、接头未熔合和反面脱节影响成形美观，如是高合金材料还很容易产生裂纹。

2. 氩弧焊注意事项

（1）熟练掌握氩弧焊操作技术，工作前穿戴好劳动防护用品，检查焊接电源、控制系统的接地线是否可靠。将设备进行空载试运转，确认其电路、水路、气路畅通，设备正常时，方可进行作业。

（2）焊接开始前，先通氩气将气管中的空气积水吹净再进行焊接。

（3）氩气压力规定为 0.01～0.05MPa，引弧时氩气应提前送气 3～5s，熄弧时氩气应滞后 6～7s 停气。

（4）焊接时，焊枪、焊丝和工件之间必须保持正确的相对位置，焊直缝时，通常采用左向焊法。焊丝与工件间的角度不宜过大，否则会扰乱电弧和气流的稳定。手工钨极氩弧焊时，送丝可以采用断续送进和连续送进两种方法，禁止焊丝与高温的钨极接触，以免钨极被污染、烧损，电弧稳定性被损坏。断续送丝时要防止焊丝端部移出气体保护区而被氧化。环缝自动焊时，焊枪应逆旋转方向偏离工件中心线一定距离，以便于送丝和保证焊缝的良好形成。

（5）在容器内部进行氩弧焊时，应戴静电防尘口罩及专门面罩，以减少吸入有害烟气，容器外设专人监护及配合。

（6）氩弧焊会产生臭氧和氮氧化物等有害气体及金属粉尘，因此作业场地应加强自然通风。固定作业台可装置固定的通风装置。

（7）氩弧焊时，电弧的辐射强度比焊条电弧焊强得多，因此要加强防护措施。

（8）采用交流电氩弧焊时，须接入高频引弧器。脉冲高频电流对人体有危害，为减少高频电流对人体的影响，应有自动切断高频引弧装置。焊件要良好接地，接地点离工作场地越近越好。登高作业时，禁止使用带有高频振荡器的焊机。

（9）大电流操作时焊炬采用水冷却，故操作前应检查有无水路漏水现象，不得在漏水情况下操作。

（10）若采用钍钨棒做电极会产生放射性，应尽量采用微量放射性的铈钨棒。磨削钍钨棒时，砂轮机罩壳应有吸尘装置，操作人员应戴口罩。需要更换钍钨或铈钨极时，应先切断电源；磨削电极时应戴口罩、手套，并将专用工作服袖口扎紧，同时要正确使用专用砂轮机。

（11）工作结束后，要切断电源，关闭冷却水和气瓶阀门，认真检查现场确认安全后再离开作业现场。

（12）氩气瓶的安全使用要求。氩气钢瓶规定漆成灰色，上写绿色"氩"字；使用中严禁敲击、碰撞；瓶阀冻结时，严禁用火烘烤；严禁使用起重搬运机搬运氩气钢瓶；夏季防止阳光暴晒；氩气钢瓶内气体严禁用尽；氩气钢瓶需直立放置、绑扎固定，以防倾倒伤人。

5.1.4 氩弧焊的安全防护技术

1. 氩弧焊的有害因素

氩弧焊影响人体的有害因素有三方面：

（1）放射性。钍钨极中的钍是放射性元素，但钨极氩弧焊时钍钨极的放射剂量很小，在允许范围之内，危害不大。如果放射性气体或微粒进入人体作为内放射源，则会严重影响身体健康。

（2）高频电磁场。采用高频引弧时，产生的高频电磁场强度在 $60\sim110V/m$，超过参考卫生标准（$20V/m$）数倍。但由于时间很短，对人体影响不大。如果频繁起弧，或者把高频振荡器作为稳弧装置在焊接过程中持续使用，则高频电磁场可成为有害因素之一。

（3）有害气体—臭氧、氮氧化物和氩气。氩弧焊时，弧柱温度高，紫外线辐射强度远大于一般电弧焊，因此在焊接过程中会产生大量的臭氧和氧氮化物；尤其臭氧浓度会远远超出参考卫生标准。如不采取有效通风措施，焊工接触高浓度尘气后可能会引起急性化学性肺炎或肺水肿，这种情况是氩弧焊主要的有害因素。

其次氩气的密度比空气大，易沉降在地下室及低洼处，大容量的氩气集聚会造成局部空间的缺氧，严重时会导致施工人员的窒息。

2. 氩弧焊的安全防护措施

（1）通风措施

氩弧焊工作现场要有良好的通风装置，以排出有害气体及烟尘。除厂房通风外，可在焊接工作量大、焊机集中的地方，安装几台轴流风机向外排风。

此外，还可采用局部通风的措施将电弧周围的有害气体抽走，例如采用明弧排烟罩、排烟焊枪、轻便小风机等。

容器内、地下室施工，要进行氩气溶度的测量，加强自然通风，确保通风效果，然后才进入施工场地进行操作，并要有专人监护。

（2）防护射线措施

尽可能采用放射剂量极低的铈钨极。钍钨极和铈钨极加工时，应采用密封式或抽风式砂轮磨削，操作者应配戴口罩、手套等个人防护用品，加工后要洗净手脸。钍钨极和铈钨极应放在铝盒内保存。

（3）防护高频电梯场的措施

为了防备和削弱高频电磁场的影响，采取的措施有：

1）工件良好接地，焊枪电缆和地线要用金属编织线屏蔽。

2）适当降低频率。

3）尽量不要使用高频振荡器作为稳弧装置，减少高频通电作用时间。

（4）其他个人防护措施

氩弧焊时，由于臭氧和紫外线作用强烈，宜穿戴非棉布工作服。在容器内焊接又不能采用局部通风的情况下，可以采用送风式头盔、送风口罩或防毒口罩等个人防护措施。

5.2 碳弧气刨

5.2.1 碳弧气刨的概述

（1）碳弧气刨原理

碳弧气刨是使用石墨棒或碳棒与工件间产生的电弧将金属熔化，并用压缩空气将其吹掉，实现在金属表面上加工沟槽的方法，如图5-6所示。

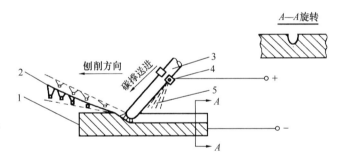

图5-6 碳弧气刨示意图

1—工件；2—刨渣；3—碳棒；（电极）；4—夹钳；5—气流

碳弧气刨过程中，压缩空气的主要作用是把碳极电弧高温加热而熔化的金属吹掉，还可以对碳棒电极起冷却作用，这样可以相应地减少碳棒的烧损。但是，压缩空气的流量过大时，将会使被熔化的金属温度降低，而不利于对所要切割的金属进行加工。

碳弧刨割条：其外形与普通焊条相同，是利用药皮在电弧高温下产生的喷射气流，吹除熔化金属，达到刨割的目的。工作时只需交、直流弧焊机，不用空气压缩机。操作时其电弧必须达到一定的喷射能力，才能除去熔化金属。

（2）碳弧气刨的特点

碳弧气刨设备、工具简单，工作时只需要一台直流电焊机、空气压缩机和专用的碳弧切割机及碳棒。其使用方便，操作灵活，对处于窄小空间位置的焊缝（只要刨枪能伸进去的地方）可以进行切割作业。与氧乙炔切割、风铲相比，操作使用安全，噪声低，劳动强度轻，易实现机械化。

碳弧气刨一般用来加工焊缝坡口，特别适用于开 U 形坡口；碳弧气刨还用来对焊缝进行清根；清除不合格焊缝中的缺陷，然后进行修复，效率高；清理铸件的毛边、飞边、浇铸冒口及铸件中的缺陷；用碳弧气刨的方法可加工多种不能用气割加工的金属，如铸铁、不锈钢、铜、铝等。

5.2.2 碳弧气刨的设备组成及要求

1. 设备组成

（1）电源设备

碳弧气刨应采用具有陡降外特性的直流电源，因此，功率较大的硅整流式焊机或旋转式直流弧焊机均可作为碳弧气刨的电源。电源的额定电流应在 500A 左右。

（2）刨枪

碳弧气刨枪有侧面送风式和圆周送风式两种，圆周送风式气刨枪只是枪嘴结构与侧面送风式气刨枪不同。

常用侧面送风式碳弧气刨枪。它的特点是送风孔开在钳口附近的一侧，工作时压缩空气从此处喷出，气流恰好对准碳棒的后侧，将熔化的铁水吹走，可达到刨槽或切割的目的。缺点是单一方向进行气刨。

圆周送风式气刨枪的特点是喷嘴外部与工件绝缘，压缩空气由碳棒四周喷出，碳棒冷却均匀，适合在各个方向操作。缺点是结构比较复杂。

碳弧气刨枪应具有导电性良好，吹出的压缩空气集中而准确，碳棒电极夹持牢固且更换方便，外壳绝缘良好，重量较轻，体积小及使用方便等性能。

（3）碳棒

碳棒可用作碳弧气刨时的电极材料。对碳棒的要求有耐高温、导电性良好、组织致密、成本低等。

一般多采用镀铜实心碳棒，其断面形状有圆形和扁形。扁形碳棒刨槽较宽，适用于大面刨槽或刨平面。圆形碳棒多用于刨坡口，清根及切割用。

2. 碳弧气刨的工艺参数选择

碳弧气刨时的工艺参数有极性、碳棒直径、刨削电流、刨削速度、压缩空气压力、弧长、碳棒的倾角和伸出长度等。

（1）极性

碳弧气刨一般碳钢时采用直流反接。此时，熔化金属流动性好，刨削过程稳定，刨槽光滑。

（2）碳棒直径

根据被刨削的钢板厚度选择见表 5-1 还与刨槽的宽度有关，一般碳棒直径比所要求的刨槽宽度小约 2mm。

钢板厚度和碳棒直径的关系　　　　　表 5-1

钢板厚度（mm）	碳棒直径（mm）
3	/
4～6	4
6～8	5～6
8～12	6～8
10～15	8～10
15 以上	10

（3）刨削电流

应根据不同的碳棒直径选择适当地电流值（表 5-2），在正常电流下，碳棒发红长度约为 25mm，电流过小容易产生"夹碳"现象。

常用的碳棒规格及适用电流　　　　　表 5-2

断面形状	规格（mm）	适用电流（A）	断面形状	规格（mm）	适用电流（A）
圆形	$\phi 3 \times 355$	150～180	扁形	$3 \times 12 \times 355$	200～300
圆形	$\phi 4 \times 355$	150～200	扁形	$4 \times 8 \times 355$	
圆形	$\phi 5 \times 355$	150～250	扁形	$4 \times 12 \times 355$	
圆形	$\phi 6 \times 355$	180～300	扁形	$5 \times 10 \times 355$	300～400
圆形	$\phi 7 \times 355$	200～350	扁形	$5 \times 12 \times 355$	350～400
圆形	$\phi 8 \times 355$	250～400	扁形	$5 \times 15 \times 355$	400～500

（4）刨削速度

刨削速度太快，刨槽深度就会减小，而且可能造成碳棒与金属相接触，使碳进入金属中，形成"夹碳"缺陷。刨削速度的范围一般为 0.5～1.2m/min。

（5）压缩空气压力

压缩空气压力高，刨削有力，能迅速吹走熔化的金属。反之，吹走熔化金属的作用减弱，刨削表面较粗糙。

一般碳弧气刨使用的压缩空气压力为 0.4～0.6MPa。且刨削电流增大时，压缩空气的压力也应相应增加。

（6）弧长

碳弧气刨时，弧长通常控制在 1～3mm 范围内。弧长过短时，容易引起"夹碳"；过长时，会导致电弧不稳定，会引起刨槽高低不平、宽窄不均。

（7）碳棒的倾角和伸出长度

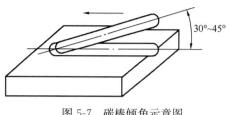

图 5-7 碳棒倾角示意图

倾角的大小主要影响刨槽的深度。倾角增大，槽深增加。一般采用 30°～45° 的倾角。如图 5-7 所示。碳弧气刨时，碳棒的伸出长度是指从钳口导电嘴到电弧端的碳棒长度，即伸出长度就是碳棒导电部分的长度。碳棒伸出长度越大，电阻越大，在同样的电流下发热越多，碳棒烧损越快，同时钳口离电弧越远，吹到铁水上的风力也越弱，从而影响铁水的及时排出。若碳棒伸出长度太短，则钳口离电弧太近，不仅影响操作者的视线，看不清刨槽方向，而且容易造成刨枪与工作短路。

一般碳棒伸出长度为 80～100m，当烧损 20～30mm 时，就需要及时调整。

（8）刨缝装配间隙

用碳弧气刨板厚不大的钢板开对接坡口时，应先进行装配，其间隙不宜大于 1mm，否则容易烧穿。如果由于熔化的金属及氧化物嵌入缝隙，则不易去除，容易使焊接时产生夹渣。

5.2.3 碳弧气刨的操作

1. 基本操作

（1）准备切割前操作

要检查电缆及气管是否完好，电源极性是否正确（一般采用直流反接，即碳棒接正极），并根据碳棒直径选择并调节好电流，调节碳棒伸出长度为 70～80mm。调节好出风口，使出风口对准刨槽。

（2）起弧前操作

必须打开气阀，先送压缩空气，随后引燃电弧，以免产生夹碳缺陷。电弧引燃瞬间，不宜拉得太长，以免熄灭。在垂直位置切割时，应由上向下切削。

（3）切割操作

开始刨削时钢板温度低，不能很快熔化，当电弧引燃后，此时刨削速度应慢一点，否则易产生夹碳。当钢板溶化而且被压缩空气吹去时，可适当加快刨削速度。

碳棒与刨槽夹角一般为 45° 左右。夹角大，刨槽深；夹角小，刨槽浅。起弧后应将气刨枪手柄慢慢按下，等切削到一定深度时，再平稳前进。

在切割的过程中，碳棒既不能横向摆动也不能前后摆动，否则切出的槽就不整齐光滑。如果一次切槽不够宽，可增大碳棒直径或重复切削。对碳棒移动的要求是准、平、正。准，是深浅准和切槽的路线准。在进行厚钢板的深坡口切削时，宜采用分段多层切削法，即先切一浅槽，然后沿槽再深切。平，是碳棒移动要平稳，若在操作中稍有上下波动，则切槽表面就会凹凸不平。正，是碳棒要端正，要求碳棒中心线应与切槽中心线重合，否则会使切槽的形状不对称。

要保持均匀的刨削速度。刨削时，均匀清脆的"撕、嘶"声表示电弧稳定，能得到光滑均匀的刨槽。每段刨槽衔接时，应在弧坑上引弧，防止碰触刨槽或产生严重凹痕。

刨削结束时，应先切断电弧，过几秒钟后再关闭气阀，使碳棒冷却。刨槽后应清除刨槽及其边缘的铁渣、毛刺和氧化皮，用钢丝刷清除刨槽内炭灰和"铜斑"，并按刨槽要求检查焊缝根部是否完全刨透，缺陷是否完全清除。

（4）排渣方向的操作

由于压缩空气是从电弧后面吹来的，所以在操作时，压缩空气的方向如果偏一点，渣就会偏向槽的一侧，压缩空气吹得正，则渣会被吹到电弧的前部，而且一直向前，直到切完为止。这样切出来的槽两侧渣最少，可节省很多清理工作。但是这种方法由于前面的准线被渣覆盖住而妨碍操作，所以较难掌握。通常的方法是使压缩空气稍微吹偏一点，把一部分渣翻到槽的外侧，但不能吹向操作位置的一侧，否则吹起来的铁水会落到身上，严重时还会引起烧伤。若压缩空气集中吹向槽的一侧，则造成熔渣集中在一侧，熔渣多而厚，散热就慢，同时引起黏渣。

（5）切削尺寸的要求

要获得所需切槽尺寸，除了选择好合理的切削工艺参数外，还必须靠操作去控制。同样直径的碳棒，当采用不同的工作方法或不同的电流和切削速度时，可以切出不同宽度和深度的槽。例如，对 12～20mm 厚的低碳钢板，用直径 8mm 的碳棒，最深可切到 7.5mm，最宽可切到 13mm。

（6）收弧操作

碳弧气刨收弧时，不允许熔化的铁水留在切槽里。这是因为在熔化的铁水中，碳和氧都比较多，而且碳弧气刨的熄弧处往往也是后来焊接的收弧坑。而在收弧坑处一般比较容易出现裂缝和气孔。如果让铁水留下来，就会导致焊接时在收弧坑出现缺陷。因此，在气刨完毕时应先断弧，待碳棒冷却后再关闭压缩空气。

2. 刨坡口操作

（1）刨 U 形坡口

钢板厚度较小时，U 形坡口可一次完成。一般坡口深度不超过 7mm 时，底部可以一次刨成，两侧斜边可按图 5-8（a）所示进行刨削。钢板很厚时，坡口相应开大，可按图 5-8（b）所示次序多次刨削。

（2）刨单边坡口

利用碳弧气刨开单边坡口，在现场施工中可发挥其作用，对于厚度小于 12mm 的钢板开半边坡口可一次完成，对于厚度较大的钢板，可以多次刨削来完成。

（3）挑焊根

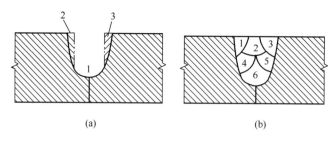

图 5-8　U 形坡口的刨削

（a）开 U 形坡口的刨削次序；（b）厚钢板开 U 形坡口的刨削次序

通常在焊接厚度大于 12mm 的钢板时，需要两面焊。为了保证质量，常在反面焊之前，将正面焊缝的根部刨掉，通常称为挑焊根。它与开 U 形坡口操作相同，并在生产中得到广泛的应用。对容器内、外环缝挑焊根的情况，如图 5-9 所示。

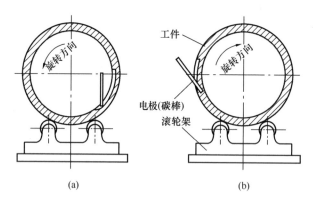

图 5-9　容器内、外环缝的挑焊根

（a）在内环缝上挑焊根；（b）在外环缝上挑焊根

（4）焊缝返修时刨削缺陷

焊缝经 X 射线或超声波探伤后，发现有超标准的缺陷，可用碳弧气刨进行刨除。可根据检验人员在焊缝上做出的缺陷位置的标记来进行刨削。刨削过程中要注意逐层刨削，每层不要太厚。当发现缺陷后，应再轻轻地往下刨一或二层，直到将缺陷彻底刨掉为止，所刨槽形如图 5-10 所示。

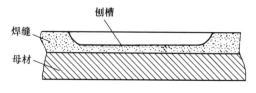

5.2.4　碳弧气刨的安全操作技术

1. 碳弧气刨安全操作注意事项

碳弧气刨时，由于镀铜碳棒的烧损，使烟尘中除了含有大量的氧化铁外，还含

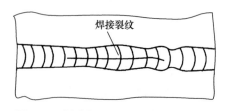

图 5-10　刨除焊缝缺陷后的槽形

有1%～1.5%的铜，并且含有碳棒黏结剂——沥青，以至于带有一定的毒性；同时，压缩空气吹渣时还会产生大量的熔融金属及烟尘。因此，除遵守焊条电弧焊的有关规定外，还应注意以下几点：

（1）碳弧气刨的弧光较强，操作人员应戴深色的护目镜。

（2）碳弧气刨时大量高温液态金属及氧化物从电弧下被吹出，操作时应尽可能顺风向操作，并注意防止铁水及熔渣烧损工作服及烫伤身体。

（3）气刨时使用电流较大，应注意防止焊机过载和长时间使用而过热。

（4）碳弧气刨时烟尘大，操作者应佩戴送风式面罩。

（5）在容器或狭小部位操作时，作业场地必须采取排烟除尘措施，还应注意场地防火。

（6）刨削时碳棒伸出长度不得小于20～30mm。

（7）碳弧气刨时噪声较大，操作者应戴耳塞。

（8）未切断电源前，碳弧气刨枪铜头不准与工件接触。

（9）在容器或舱室内操作时，必须加强通风，及时排除烟尘，改善工作环境。

（10）必须使用碳弧气刨的专用石墨棒，这种石墨棒杂质含量小，操作时产生的有害气体对环境污染小。

2. 碳弧气刨的常见缺陷及排除

碳弧气刨的常见缺陷及排除方法见表5-3。

碳弧气刨常见缺陷及排除　　　　　　　　　　　　　　表5-3

缺陷	产生原因	排除方法	预防措施
夹碳	碳棒送进过快，使碳棒来不及熔化就粘在未熔化金属上	在夹碳前端引弧，刨除夹碳金属	保持刨削速度和碳棒送进速度稳定均匀
粘渣	气压过小、速度过小或碳棒倾角过小	机械消除后调整工艺参数	试刨后再调整工艺参数
刨槽不正、深浅不均、刨偏	（1）碳棒偏向一侧。 （2）刨削速度与碳棒送进速度配合不当。 （3）碳棒抖动，使弧长波动引起深浅不均。 （4）刨削过程中碳棒角度不一致	用机械方法消除缺陷后再进行刨削	提高操作技术熟练度
铜斑	采用表面镀铜的碳棒时，有时因镀铜质量不好，会使铜皮成块剥落，剥落的铜皮成熔化状态，在刨槽的表面形成铜斑	焊前用钢丝刷或砂轮机将铜斑清除，就可避免母材的局部渗铜。如不清除，铜渗入焊缝金属的量达到一定数值时，就会引起热裂纹	为避免这种缺陷要选用镀层质量好的碳棒，采用合适的电流，并注意焊前用钢丝刷或砂轮机清理干净

5.3 等离子焊接与切割

5.3.1 等离子弧焊接

1. 等离子弧焊接的基本原理及其特点

等离子弧焊是用惰性气体作为工作气和保护气，以等离子弧为热源来熔化母材金属使之形成焊接接头的熔焊方法。等离子弧焊按照焊透母材的方式可分为穿透型和熔透型两种。

优点：

（1）电弧能量集中，故焊缝深宽比大，截面积小；焊接速度快，尤其是焊接厚度大于 3.2mm 的材料更为明显；焊接薄板时变形小，焊接厚板时热影响区较窄。

（2）电弧挺度大，如焊接电流为 10A 时，等离子弧喷嘴的高度（喷嘴到焊件表面的距离）可达 6.4mm，其弧柱仍较挺直。

（3）电弧的稳定性好，如微束等离子弧焊的电流可小至 0.1A，仍能稳定燃烧。

（4）等离子弧焊的钨极缩在喷嘴表面，不会与焊件接触，故焊缝不可能有夹钨。

缺点：

由于需要有离子气和保护气两股气流，因而程序控制和焊枪的构造较复杂。等离子弧焊的电弧直径小，故要求焊枪喷嘴轴线更准确地对准焊缝。

2. 等离子弧堆焊

（1）等离子弧堆焊的基本原理

等离子弧堆焊以联合型或转移型等离子弧作为热源，堆焊时等离子弧将待焊零件表面和堆焊填充材料同时熔化，使两种金属相互混合形成熔池，待熔池冷凝结晶后即形成堆焊层焊缝。堆焊也属异种钢焊接，良好的堆焊层需由合理的堆焊工艺和恰当的堆焊材料来实现。

等离子弧堆焊的填充材料分为合金粉末和焊丝两种，其中合金粉末等离子弧堆焊发展较快，因合金粉末不受焊接的铸造、轧制、拔丝等加工工艺的限制，可根据堆焊层的技术要求精确配制各种成分比例的合金粉末，所以应用甚广。等离子弧堆焊也选用铈电极，并以 Ar、N 或其他混合气体作为离子气。

（2）粉末等离子弧堆焊工艺

影响粉末等离子弧堆焊层性能与堆焊效率的关键指标是母材的稀释率和熔敷速度，直接影响这两大指标的焊接参数是转移型弧电流等离子气及送粉气的流量、送粉量、工件移动速度（焊接速度）、焊枪摆动速度与两端停留时间、钨极内缩量、孔道外弧长等。

1）转移型弧电流（焊接电流）

该电流是影响堆焊层质量与效率的主要参数之一。实践表明，在送粉量固定的前提下，提高焊接电流，则熔深增加、稀释率增加。但若焊接电流过小，则易出现堆焊层与母材未熔合的状况，因此为提高常速度，在增加送粉量的同时也应适当提高焊接电流。

2）离子气及送粉气的流量

离子气流量的影响与等离子弧焊接时的影响一样，即离子气流量越大，则母材的熔深也越大，稀释率增加；若流量过小，则等离子弧压缩数应减弱，易产生双弧。因堆焊时使用的喷嘴孔径较大，常大于 5m，所以等离子气流量可为 2.5～7L/min，当堆焊工件较大时，等离子气的流量也可提高至 8.3L/min。

送粉气的流量对稀释率无太大影响，但过大的送粉气流量会增加粉末喷出堆焊层的数量，使熔敷率与熔敷速度下降。在实践中送粉气的流量应控制在 5～10L/min 范围内。若焊枪无保护气系统，则送粉气就有一定保护气作用，这时送粉气流量可适当大些。

3）送粉量

送粉量的多少直接影响到堆焊层的厚度宽度与熔敷速度，为获得较高的熔敷速度，较厚的堆焊层和宽的堆焊焊道，需适当增加送粉量，并同时适当提高烟电流和焊枪摆动宽度。送粉量常控制在 0.5～4kg/h。

4）工件移动速度（焊接速度）

在其他条件不变的前提下，工件移动速度的增加会使稀释率上升，而堆焊层厚度下降。过快的移动速度还会使母材来不及熔化，使堆焊层和母材的结合强度下降，稀释率降低。

5）焊枪摆动速度与两端停留时间

摆动速度过低，会导致熔深增加、稀释率上升；摆动速度提高稀释率会下降。但摆动过快会使粉末损失增加，熔敷率下降。两端停留时间可调节熔深及堆焊层的均匀性。在堆焊环形堆焊层时，内、外圆的线速度相差较大，这时须减小在内圆处的停留时间，而增加在外圆处的停留时间便可得到较均匀的堆焊层。

6）钨极内缩量

钨极的尖端至内压缩喷嘴端面的距离为钨极内缩量，控制在钨极尖端缩于孔道长度以上 1～3mm，内缩量过小，会使熔深有增大的倾向；内缩量过大则会引弧困难。

7）孔道外弧长

孔道外弧长一般为 8～12m，若过小，熔深增大稀释率上升、粉末飞溅量增多；孔道外弧长太大时导致引弧困难、保护效果差、电弧稳定性差。

（3）等离子弧焊主要工艺

以气阀的密封面（锥面）为基准，焊前把锥面加工成平面或凹槽。焊枪保持与水平面呈垂直位置，使气阀的轴线倾斜约45°，以使堆焊熔池处于水平状态。用下坡焊姿态，使焊枪向气阀头部中心偏移一定距离，以熔池能保持水平为准。为避免阀头较薄的边缘熔化，应在阀头下侧垫纯铜坐垫并对紫铜坐垫进行水冷。为防止烧边现象，转移弧电流不宜过大、电弧电压也不宜过高：采用联合型弧为宜。为防止堆焊搭头处焊道凸起，应在搭头时提前停粉，利用管道内的余粉填入接部位并及时进行电流衰减。焊前对堆焊件预热550～600℃、焊后600～650℃的消除应力热处理。

堆焊参数：离子气（Ar）流量4.2～5L/min、送粉气（Ar）流量4.2～5L/min、工件旋转一周所需时间110s、送粉量18～20g/min、非转移弧电流70～75A、转移弧电流120～130A、转移弧电压30V。

3. 常用金属材料的等离子弧焊焊接工艺

（1）碳钢及低合金铜的等离子弧焊焊接工艺

该类钢如Q235、Q275、20g、45钢等，焊接时用Ar作离子气、Ar或Ar＋CO_2作保护气，可进行穿透型焊或熔透型焊。为降低成本，可把孔道外弧长减至2mm以下进行短弧焊接。这时可只保留离子气而不用保护气也可获得优质的焊接接头。

在碳钢的等离子弧焊缝表面纵向中心线上有时会出现下凹的结晶线，该线较直，使焊缝中心部位低于焊缝的轮廓。为消除或减少这种现象，在纵缝焊接时可适当提高焊接速度或采用脉冲焊方法。在环缝焊接时，可适时调节焊枪角度或位置，采用平焊或上坡焊，减少下坡焊趋势。

当碳钢工件刚度不大、厚度又较薄，等离子弧焊接后一般不会产生裂纹，只要环境温度不低于10℃，一般无须预热和后热处理，但在焊接低合金钢时，焊后最好进行局部高温回火处理，以便消除焊缝热影响区中存在的硬组织，尤其在焊接碳当量大于0.45％的低合金钢时，应采取预热和焊后保温缓冷措施，以防产生冷裂纹。

板—板对接等离子弧焊焊前的工艺要点：

1）用精度较高的剪床剪切待焊件边缘，剪切口反面不得有高度大于0.5mm的毛边，不得有撕裂现象，剪切口与板面及板边应垂直。

2）用丙酮或其他溶剂擦洗待焊边缘上、下表面20mm范围内的油污。若待焊边缘表面有氧化膜，应用砂轮或其他方法磨至完全露出金属光泽，以防在焊缝表面产生气孔，这点在焊接沸腾钢（如Q235F时）尤为重要。

3）将剪切好的待焊板料在工装卡具上对准、装配，卡紧控制对接缝间隙，将错边量控制至最小。

4）装好引弧板并在与对接缝的交叉点上进行定位点焊，引弧板的厚度和材质应和工件相同。

5）焊前准备工作完成后调整好焊接参数，在引弧板上起焊，保持孔道外弧长

(3±0.5)mm 范围内变化，并使弧柱始终对准两板的装配缝隙，并在引出板上停弧。焊接结束后松开工装卡具、去掉引弧板和引出板。

上述等离子弧焊前工艺要点不局限于碳钢、低合金钢的板板对接，也可延伸至所有金属，各种形式焊接接头的焊前工艺要点均可参照。

等离子弧焊焊接参数的选择对焊接接头质量的影响 表 5-4

名称	参数的影响	备注
焊接电流	（1）焊接电流过大会造成熔池金属因小孔直径过大而坠落，难以形成合格的焊缝，甚至会引起双弧，损伤喷嘴并影响焊接过程的稳定性。 （2）焊接电流过小难以形成小孔效应	（1）焊接电流应按板厚或熔透要求决定。 （2）要获得小孔效应接电流只可在某合适范围内选择
焊接速度	（1）焊接速度太快，热输入减小，小孔直径也随之减小，甚至消失。 （2）焊接速度太慢，母材过热，小孔直径扩大，熔池金属容易坠落，甚至焊缝出现凹陷、熔池泄露等缺欠	焊接速度、离子气流量及焊接电流这三个参数应有恰当的匹配
离子气及保护气流量	（1）离子气的流量越大，穿透能力也越大，但过大也会使小孔直径过大，而不能保证焊缝的正常成形。 （2）熔透法焊接时，应适当降低等离子气流量。 （3）保护气流量应按焊接电流与离子气流量来选择，穿透型等离子弧焊的保护器流量一般为 15～30L/min	离子气及保护气的流量通常按被焊金属的性能及焊接电流大小而定
引、收弧	（1）板厚≤3mm 的纵缝对接，采用穿透型等离子弧焊，应采用增加引弧板及收弧板，避免气孔与凹陷等缺欠。 （2）大厚度的环缝对接，应采取焊接电流和离子气流量可递增和递减的控制功能，在焊件上起弧，且完全建立正常的小孔并利用焊接电流及离子气流量的衰减来实现收弧闭合小孔	用引、收弧板主要针对平、直焊缝的焊件

（2）纯铜的等离子弧焊接的焊接工艺

1）铜及铜合金等离子弧焊的主要特点

① 铜及铜合金的导热性好、热容量大。纯铜的导热系数比低碳钢大 7.2 倍，所以纯铜在等离子弧焊接时宜选用较大的焊接热输入。在离子气中加入氦气（85％He＋15％Ar）或用纯氦，保护气用纯氦，可明显提高焊接速度及增加熔深。如用氦气作保护气的等离子弧焊，有熔深大、效率高的优点。焊前若进行适度预热，便可有利于用小的焊接热输入，对铜及其合金实施等离子弧焊。

② 铜及铜合金的线膨胀系数大，焊接变形也大，工件刚度较大时易产生裂纹，所以在等离子弧焊前应对工件进行可靠的装卡，并适当地定位焊固定，以防焊后变形。

③ 铜及铜合金在高温时易氧化，生成的 Cu_2O 与铜形成低熔点共晶，易产生热裂纹及气孔。故焊接时除加强对熔池的气保护外，还应选用无氧铜或脱氧铜作母材或焊

继来防止热裂纹和气孔的产生。

④ 氢在液态铜中的溶解度很大，随着熔池温度的下降，其溶解度也大为降低而易产生氧气孔，氢还会与铜中的氧化亚铜反应生成水汽而产生气孔，为此须加入一些含有脱氧元素（如磷）的焊丝。

2）纯铜的等离子弧焊接的主要工艺特点

① 由于等离子弧焊适合于焊接高导热系数和对过热触感的铜材，故纯铜的等离子弧焊具有焊接速度快、热影响区变形小，焊接接头塑性好、焊缝成形美观等优点。采用直流正接法转移型弧，有利于增强焊件受热，使待焊区迅速达到熔化温度而实现焊接，同时直流正接法转移型弧还能使电弧稳定。

② 纯铜的熔液流动性好，表面张力较小，自重大，故适宜采用熔透型等离子弧焊。

③ 等离子弧焊的焊接参数较多，其中作为调节等离子沉和电弧稳定性的主要参数是焊接电流及离子气的成分与流量。为获得更高的能量以有利于焊接过程的进行，可在单一氩离子气中接入体积分数为 5％的 H_2 或体积分数为 30％的 He。

④ 因等离子弧束极细、能量高度集中，所以对焊件焊前边缘的加工精度及装配要求甚高，尤其对薄件的间腺均匀性错边量和反面垫板的贴紧程度、坡口的平直度等，其误差必须小于1mm、薄板构件不超过 0.5mm，板越薄，允许的差值就越小等，均要求有高精度的夹具。

⑤ 焊前清理参照《现场设备、工业管道焊接工程施工规范》GB 50236—2011 中的各项措施，常用铜及铜合金自动等离子弧焊接的焊。

5.3.2　等离子切割

1. 等离子切割概述

等离子切割主要依靠高温高速的等离子弧及其焰流作热源，把被切割的材料局部熔化及蒸发，并同时用高速气流将已熔化的金属或非金属材料吹走，随着等离子弧割炬的移动而形成很窄的切口。

等离子弧所用的电极材料优先使用没有放射性的铈钨极，常用的等离子弧的工作气体是氮、氩、氢以及它们的混合气体。在碳素钢和低合金钢切割中，也有使用压缩空气作为产生等离子弧介质的空气等离子弧切割。

等离子弧分为转移型等离子弧和非转移型等离子弧。转移型等离子弧（又称直接弧）：电极接负极，工件接正极，等离子弧产生在电极和工件之间，适宜切割中厚板材。非转移型等离子弧（又称间接弧）：电极接负极，喷嘴接正极，等离子弧产生在电极和喷嘴内表面之间，主要用于较薄的金属和非金属材料的切割。

等离子弧能量集中、温度高、具有很大的机械冲击力，并且电弧稳定。

2. 等离子切割设备组成及要求

等离子弧切割设备由电源、控制箱、水路系统、气路系统及割炬等组成。

（1）电源

切割电源有专用和串联直流弧焊机两种类型。一般由程序控制接触器、高频振荡器、电磁气阀等组成，应符合如下要求：

1）能提前送气、滞后停气、以防电极氧化。

2）引燃电弧后，高频振荡器应立即断开。

3）切割气流应随主电弧逐渐形成而缓慢地增加，使等离子弧稳定形成。

4）当切割结束或断弧时，控制线路应能自动断开。短路和过载时，电源过流保护装置应能切断电源，同时控制线路也能随之断开。

（2）控制箱

电气控制箱内主要包括程序控制接触器、高频振荡器、电磁气阀、水压开关等。

（3）水路系统

等离子切割时必须通冷却水，用以冷却喷嘴、电极，同时还应附带冷却普通非转移型弧电流的水冷电阻。

冷却水用于冷却割炬，以免在高温时割炬烧坏，冷却供水应连续稳定，冷却水流量应大于 $2\sim3L/min$，水压为 $0.15\sim0.2MPa$，水管不宜过长。

（4）气路系统

气体的作用是作为等离子弧的介质压缩电弧，防止错极氧化和形成隔热层，以保护喷嘴不被烧坏。输出气体的管路不宜太长，气体工作压力一般应调到 $0.25\sim0.35MPa$。

气路系统要求连续稳定供气，气体输送管不宜过长，一般采用软尼龙管。气体工作压力一般调节在 $0.25\sim0.35MPa$，流量计应安装在各气阀的后面。

（5）割炬

割炬是产生等离子弧的装置，也是直接进行切割的工具。割炬分小车（自动）割炬和手动割炬。割炬主要有保护套、喷嘴、气体分配器、电极、割炬体、气管、电缆线和水管等组成。割炬要求上下枪体之间绝缘可靠、枪体结构简单、密封良好、同心度高、拆装容易、操作灵活。

3. 等离子切割机的使用及维护

使用要求：等离子切割机应安放在洁净、干燥和通风良好的场所。不得靠近易燃、易爆物品和有害工业气体、水蒸气及烟雾的地方，切割机外壳应接地可靠，接地线应用铜线、其截面应大于 $6mm^2$。设备的电源输入线与电网相连时，电源线必须按要求选用，以保证设备的安全。

（1）使用场地的输入电压和输入电缆的截面若低于规定数值，其切割厚度和切割速度将降低。

（2）输入电压为 380V、三相。电极输入线为四芯电缆，其中一根缆线连接机壳接零线。

（3）将气源的供气管道与设备后部的进气口相接，不得漏气。

（4）空气压力若高于规定数值时会影响切割厚度，或不能引弧。低于规定数值时会影响喷嘴的使用时间。

4. 等离子弧切割工艺参数选择

等离子弧切割的主要工艺参数为空载电压、切割电流和工作电压、气体流量、切割速度、喷嘴到工件距离、钨极端部到喷嘴的距离等。等离子切割机常见故障与排除见表 5-5。

（1）空载电压

一般空载电压在 150V 以上使等离子弧易于引燃和稳定燃烧，切割厚度在 20～80mm 范围内，空载电压须在 200V 以上；若切割厚度更大时，空载电压可达 300～400V。

（2）切割电流和工作电压

切割电流和工作电压决定等离子弧的功率。提高功率可以提高切割厚度和切割速度。但若单纯增加电流，会使弧柱变粗、割缝变宽，喷嘴也容易烧坏。为防止喷嘴的严重烧损，对不同孔径的喷嘴有其相应的允许应用极限电流。等离子弧的切割功率主要依据切割材料的种类和厚度来选择。

（3）气体流量和切割速度

气体流量和切割速度如果选择不当，会使切口和工件产生粘渣、熔瘤等毛刺。

气体流量：直接影响着切割质量，通常切割 100mm 以下的不锈钢，气体流量为 (2500～3500)L/h；切割 100～250mm，气体流量为 (3000～8000)L/h，引弧气流量为 (400～800)L/h。

（4）切割速度

标准合理的切割速度能消除割口背面的毛刺。但切割速度过大，使电弧吹力出现水平分量，使熔化金属沿切口底部向后流，形成粘渣，甚至造成割不透。但若切割速度过低，造成切口下端过热，甚至熔化，也会造成粘渣。若割件已被切透，又无粘渣，则表明切割速度是正常的。

（5）喷嘴与工件的距离

合适的距离能充分利用等离子弧功率，有利于操作。一般不宜过大，否则切割速度下降，切口变宽。但距离过小，会造成喷嘴与工件短路。

对于切割一般厚度的工件，距离以 6～8mm 为宜。当切割厚度较大的工件时，距离可增大到 10～15mm。割炬与切割工件表面应垂直，有时为了有利于排出熔渣，割据也可以保持一定的后倾角。

（6）钨极端部与喷嘴的距离

钨极端部与喷嘴的距离影响着电弧压缩效果和电极的烧损越大，电弧压缩效果越强。但太大时，电弧稳定性反而差。钨极端部与喷嘴的距离太小，不仅电弧压缩效果差，而且由于电极离喷嘴孔太近或者伸进喷孔，使喷嘴容易烧损，而不能连续稳定地工作。

等离子切割机常见故障与排除

表 5-5

故障	产生原因	排除方法
没有高频火花	（1）中间继电器故障。 （2）高频变压器故障。 （3）高频电容器断路或损坏。 （4）火花发生器短路或损坏。 （5）输入的三相电源缺相。 （6）割炬控制开关损坏或开关控制线断开	（1）检查、更换中间继电器。 （2）检查、更换高频变压器。 （3）检查、更换高频电容器。 （4）检查火花发生器，调整使钨棒间距为 2～3mm。 （5）检查三相电源。 （6）更换割炬控制开关重新接线
产生"双弧"	（1）电极对中不良。 （2）割炬气室的压缩角太小或压缩孔道过长。 （3）切割时等离子焰流上翻或是熔渣飞溅至喷嘴。 （4）钨极的内伸长度较长，气体流量太小。 （5）喷嘴离工件太近	（1）调整电极和喷嘴孔的同心度。 （2）改进割炬结构尺寸。 （3）改变割炬角度或先在工件上钻好孔。 （4）减小钨极内伸长度，增大气体流量。 （5）把割炬稍加抬高
切割过程中自动熄弧	（1）空气压缩机的容量太小。 （2）空气压缩机的下限调得太低。 （3）设备中空气压力开关的控制压力太高。 （4）切割时速度太慢。 （5）非接触切割过程。 （6）切割过程中的喷嘴、电极耗尽	（1）在使用时应选用容量大于 0.3m³/min 的空气压缩机。 （2）应调整至 0.4MPa 以上。 （3）调整压力控制器的控制压力大于 0.2MPa。 （4）应正确平稳掌握切割速度。 （5）喷嘴与工件间的弧拉得过长。 （6）应更换新的喷嘴、电极
喷嘴容易烧损	（1）切割电流过大。 （2）压缩空气流量不足，喷嘴冷却不好。 （3）工件接触喷嘴的侧面时容易烧损。 （4）电极与喷嘴的同心度不好。 （5）板材太厚，超过了设备使用范围。 （6）选用的喷嘴与设备要求不相符	（1）切割电流大于 100A 时，应采用非接触切割方式。 （2）增大压缩空气流量。 （3）控制喷嘴与工件接触的距离。 （4）切割前调好电极与喷嘴的同心度。 （5）选择相匹配的切割设备。 （6）选用与设备要术相符的喷嘴

故障	产生原因	排除方法
喷嘴急速烧坏	(1) 产生双弧而烧坏。 (2) 气体严重不纯，钨极成段烧断致使喷嘴与钨极短路。 (3) 操作不慎，喷嘴与工件短路。 (4) 通水故障或工作时突然断水，转弧时气体流量没有加大或突然停气	(1) 出现双弧时，应立即切断电源然后根据产生双弧的原因加以克服。 (2) 换用纯度高的气体或增加纯装置。 (3) 防止喷嘴与工件短路。 (4) 宜采用水压开关的电磁气阀气路，宜采用硬橡胶管
切口熔瘤	(1) 等离子弧功率不够。 (2) 气体流量过小或过大。 (3) 切割速度过小。 (4) 电极偏心或割炬在割缝两侧的倾斜角时，易在切口一侧造成熔瘤。 (5) 切割薄板边缘时，在窄边易产生熔瘤	(1) 适当加大功率。 (2) 把气体流量调节合适。 (3) 适当提高切割速度。 (4) 调整电极同心，割炬应保持在割缝所在平面内。 (5) 加强窄边的散热排除方法
切口太宽	(1) 电流太大。 (2) 气体流量不够，电弧压缩不好。 (3) 喷嘴孔径太大。 (4) 喷嘴至工件的距离过大	(1) 适当减小电流。 (2) 适当增大气体流量。 (3) 适当减小喷嘴孔径。 (4) 把割炬压低些
切口面不光洁	(1) 工件表面有油锈、污垢。 (2) 气体流量过小。 (3) 操作时移动速度，以及割炬高度掌握不均匀	(1) 切割前将工件清理干净。 (2) 适当加大气体流量。 (3) 熟练操作技术
切不透	(1) 等离子弧功率不够。 (2) 气体流量太大。 (3) 喷嘴离工件距离太大	(1) 增大功率。 (2) 降低切割速度，适当减小气体流量。 (3) 把喷嘴压低

5. 手工切割基本操作

（1）切割准备

1）割件放在工作台上，使接地线与割件接触良好，开启排尘装置。

2）根据切割对象，调整好切割电流、工作电压，检查冷却水系统是否畅通和是否漏水。

3）检查控制系统情况，接通控制电源，检查高频振荡器工作情况，调整电极与喷嘴的同心度。

4）检查气体流通情况，并调节好气体的压力和流量。

5）切割前，应把切割工件表面的起切点清理好，使其导电良好。

（2）起切方法

按启动引弧按钮，产生"小电弧"，使之与割件接触。

切割时应从工件边缘开始，待工件边缘切穿后再移动割炬。若不允许从板的边缘起切，则应根据板的厚度，在板上钻出直径为 8～15mm 的小孔为起切点，以防止由于等离子弧的强大吹力使熔渣飞溅，造成熔渣堵塞喷嘴孔或堆积在喷嘴端面上，烧坏喷嘴，使切割难以进行。

切割过程：在起切时，要适时掌握好割炬的移动速度。开始切割时工件是冷的，割炬应停留一段时间，使割件充分预热，待切穿后才能开始移动割炬。如果停留时间过长，会使切口变宽。当电弧已稳定燃烧且工件已切透时，割炬应立即向前移动。

在整个切割过程中，喷嘴到工件的距离应保持恒定，距离的变动会像切割速度掌握不匀一样，使切口不平整。

5.4　激光切割

5.4.1　激光切割的概述

激光加工技术是一种先进制造技术，而激光切割是激光加工应用领域的一部分，激光切割是当前世界上先进的切割工艺。由于它具备精密制造、柔性切割、异型加工、一次成形、速度快、效率高等优点，所以在工业生产中解决了许多常规方法无法解决的难题。采用激光切割技术可以实现各种金属、非金属板材、复合材料及碳化钨、碳化钛等硬质材料的切割，在国防建设、航天航空、工程机械、汽车等领域得到了广泛应用。

1. 激光切割的原理

激光切割是利用经聚焦的高功率密度激光束照射工件，使被照射的材料迅速熔化、汽化、烧蚀或达到燃点，同时借助与光束同轴的高速气流吹除熔融物质，从而实现将工件割开。激光切割属于热切割方法之一，激光气割原理如图 5-11 所示。

2. 激光切割的分类及应用

激光切割的分类激光切割大致可分为汽化切割、熔化切割、氧助熔化切割和控制断裂切割，其中以氧助熔化切割应用最广，根据切割材料可分为金属激光切割和非金属激光切割。通过激光技术切割的材料可以分为金属切割和非金属切割。下面，介绍一些用激光切割技术切割金属和非金属的应用。

（1）激光切割不锈钢

激光可比较容易切割不锈钢薄板。用高功

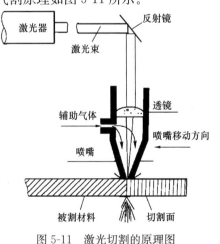

图 5-11　激光切割的原理图

率 YAG 激光切割系统，切割不锈钢最大厚度已可达 4mm。一些公司开发的小功率 YAG 激光切割系统切割不锈钢厚度也可达 4mm。

（2）激光切割合金钢

大多数的合金钢都能够用激光技术切割，切边质量良好。但是钨含量比较高的工具钢和热模钢，通过激光切割时会出现熔蚀和粘渣。

（3）激光切割碳钢

现代激光切割系统可以切割碳钢板的最大厚度可以到达接近 20mm，对缝板来说，其切缝也可窄至 0.1mm 左右。激光切割低碳钢的热影响区极小，而且切缝平整、光滑，垂直度好。对高碳钢，激光切割切边质量好于低碳钢，但其热影响区较大。有些公司的一些激光机最大切割深度可达为 5mm。

（4）激光切割铝及合金

铝切割属于熔化切割，加以辅助气体把切割区的熔融物吹走，这样可以获得较好的切面质量。目前，激光切割铝板的最大厚度可到达到 1.5mm。

（5）激光切割其他金属材料

铜材不适合激光切割。不是所有的金属材料都适合用激光技术进行切割，要多方考虑，慎重选择，以免造成不必要的损失。

（6）激光切割非金属材料

激光能切割塑料（聚合物）、橡胶、木材、纸制品、皮革以及天然和合成织物等有机材料，同时也能切割石英、陶瓷等无机材料，还能切割新型轻质加强纤维聚合体等复合材料。通过切割不同材料所用激光器功率不同，也可进行不同材料的分离切割，如电缆剥皮等工程，可以使用激光进行。

3. 激光切割的特点

激光切割与其他热切割方法相比较，其总的特点是切割的速度快、质量高。具体可以概括为如下几个方面。

（1）切割质量好

由于激光的光斑小、能量密度高、切割速度快，因此激光切割能够获得较好的切割质量。

1）激光切割所形成的切口细窄，切缝两边平行并且与表面垂直，切割零件的尺寸精度可达 ±0.05mm。

2）激光切割的表面光洁美观，其表面粗糙度只有几十微米，甚至有的时候激光切割可以作为某些工程的最后一道工序，根本无需机械加工，零部件可直接使用。

3）材料经过激光切割后，热影响区宽度很小，同时切缝附近材料的性能也几乎可以不受影响，并且工件变形小，切割精度高，切缝的几何形状良好，切缝横截面形状呈现较为规则的长方形。

（2）切割效率高

由于激光的传输特性，激光切割机上面一般都配有多台数控工作台，整个切割得过程可以全部实现数控。操作的时候，只需要改变数控程序，就可适用于不同的形状零件的切割，既可以进行二维切割，又可以实现三维切割。

（3）切割速度快

用功率为 1200W 的激光切割 2mm 厚的低碳钢板，切割的速度可以达 600cm/min；用其切割 5mm 厚度的聚丙烯树脂板，切割速度可高达 1200cm/min。材料在激光切割的时候也不需要装夹固定，既可以节省工装夹具，又可以节省上、下料的辅助时间。

（4）非接触式切割

激光切割时割炬与工件并没有接触，也就不存在工具的磨损。加工不同形状的零件的时候，不需要更换"刀具"，只需改变激光器的输出参数。激光切割过程噪声低，振动小，无污染，离环保工程的目标更近。

（5）切割材料的种类多

与氧乙炔切割和等离子切割比较，激光可以切割的材料的种类多，包括金属、非金属、金属基和非金属基复合材料、皮革、木材及纤维等。但是对于不同的材料，由于自身的热物理性能及对激光的吸收率不同，表现出不同的激光切割适应性。使用时需要将这些因素都考虑在内。

（6）激光切割的缺点

激光切割由于受到激光器功率和设备体积的限制，激光切割只能切割中、小厚度的板材和管材，而且随着工件厚度的增加，切割速度明显下降。激光切割设备费用高，一次性投资大。

5.4.2　激光切割设备

1. 激光切割设备的组成

激光切割设备按激光工作物质不同，可分为固体激光切割设备和气体激光切割设备；按激光器工作方式不同，分为连续激光切割设备和脉冲激光切割设备。激光切割大都采用 CO_2 激光切割设备，主要由激光器、导光系统、数控运动系统、割炬、操作台、气源、水源及抽烟系统组成。典型的 CO_2 激光切割设备的基本构成如图 5-12 所示。

激光切割设备各结构的作用如下：

（1）激光电源：供给激光振荡用的高压电源。

（2）激光振荡器：产生激光的主要设备。

（3）折射反射镜：用于将激光导向所需要的方向。为使光束通路不发生故障，所有反射镜都要用保护罩加以保护。

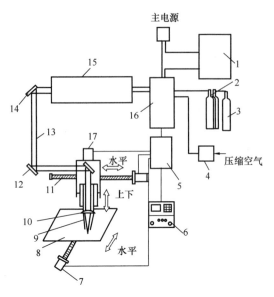

图 5-12　CO_2 激光切割设备的基本构成

1—冷却水装置；2—激光气瓶；3—辅助气体瓶；4—空气干燥器；5—数控装置；6—操作盘；7—伺服电动机；8—切割工作台；9—割炬；10—聚焦透镜；11—丝杆；12、14—反射镜；13—激光束；15—激光振荡器；16—激光电源；17—伺服电动机和割炬驱动装置

（4）割炬：主要包括枪体、聚焦透镜和辅助气体喷嘴等零件。

（5）切割工作台：用于安放被切割工件，并能按控制程序正确而精确地进行移动，通常由伺机电机驱动。

（6）割炬驱动装置：用于按照程序驱动割炬沿 x 轴和 z 轴方向运动，由伺服电动机和丝杆等传动件组成。

（7）数控装置：对切割平台和割炬的运动进行控制，同时也控制激光器的输出功率。

（8）操作盘：用于控制整个切割装置的工作过程。

（9）气瓶：包括激光工作介质气瓶和辅助气瓶，用于补充激光振荡器的工作气体和供给切割用辅助气体。

（10）冷却水装置：用于冷却激光振荡器。激光器是利用电能转换成光能的装置，如 CO_2 激光器的转换效率一般为 20%，剩余的 80% 能量就变换为热量。冷却水把多余的热量带走以保持振荡器的正常工作。

（11）空气干燥器：用于向激光振荡器和光束通路供给洁净的干燥空气，以保持通路和反射镜的正常工作。

2. 激光器

切割用激光器主要有 CO_2 激光器和钇铝石榴石固体激光器（通常称 YAG 激光器）。切割加工性能比较见表 5-6。

CO_2 激光器与 YAG 激光器的切割加工性能比较　　　　　表 5-6

项目	CO_2 激光器	YAG 激光器
聚焦性能	光束发散角小，易获得基模，聚焦后光斑小，功率密度高	光束发散角小，不易获得单模式（仅超声波 Q 开关 YAG 激光器产生单模式），聚焦后光斑较大，功率密度低
金属对激光的吸收率（常温）	低	高
切割特性	好（切割厚度大，切割速度快）	较差（切割能力低）
结构特性	结构复杂，体积较大，对光路的精度要求高	结构紧凑，体积小，光路和光学零件简单

项目	CO₂ 激光器	YAG 激光器
维护保养性	差	良好
加工柔性	差（光束的传输依靠反射镜，难以传输到不同加工工位）	好（可利用光纤传输光多个工位，也能多台同型激光器连用）

3. 激光切割设备的割炬

激光切割用割炬的结构如图 5-13 所示。主要由割炬体、聚焦透镜、反射镜和辅助气体喷嘴等组成。激光切割时，割炬必须满足下列要求：

（1）割炬能够喷射出足够的气流。

（2）割炬内气体的喷射方向必须和反射镜的光轴同轴。

（3）割炬的焦距能够方便调节。

（4）切割时，保证金属蒸气和切割金属的飞溅不会损伤反射镜。

割炬的移动是通过数控运动系统进行调节，割炬与工件间的相对移动有 3 种情况：

（1）割炬不动，工件通过工作台运动，主要用于尺寸较小的工件。

（2）工件不动，割炬移动。

（3）割炬和工作台同时运动。

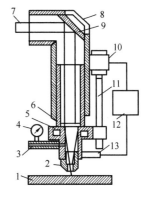

图 5-13　激光切割用割炬的结构

1—工件；2—切割喷嘴；3—氧气进气管；4—氧气压力表；5—透镜冷却水套；6—聚焦透镜；7—激光束；8—反射镜冷却水套；9—反射镜；10—伺服电动机；11—滚珠丝杆；12—放大控制及驱动电器；13—位置传感器

5.4.3　激光切割操作

1. 激光切割工艺参数

（1）光束横模

1）基模

基模又称为高斯模，是最理想的切割模式，主要出现在功率小于 1kW 的激光器上。

2）低阶模

低阶模与基模比较接近，主要出现在功率为 1～2kW 的中功率激光器上

3）多模

多模是高阶模的混合，主要出现在功率大于 3kW 的激光器上。相同功率的情况下多模的聚焦性差、切割能力低，单模激光的切割能力优于多模。

（2）激光功率

激光切割所需要的激光功率主要取决于切割类型以及被切割材料的性质。汽化切割所需激光功率最大，熔化切割次之，氧化切割由于有第二热源（氧化放热），所需激

光功率最小。激光功率对切割速度、切割厚度和切口宽度有根大影响。激光功率增大，切割速度增加，所能切割材料的厚度增加，切口宽度也增加。

（3）焦点位置（离焦量）

离焦量对切口宽度和切割深度影响较大。一般选择焦点位于材料表面下方约 1/3 板厚处，切割深度最大，切口宽度最小。

（4）焦点深度

切割较厚工件时，应采用焦点深度大的光束，以获得垂直度较好的切割面，但焦点深度大，光直径也增大，功率密度随之减小，使切割速度降低。若要保持一定的切割速度，则需要增大激光的功率；切割薄板宜采用较小的焦点深度，这样光斑直径小，功率密度高，切割速度快。

（5）切割速度

切割速度直接影响切口宽度和切口表面粗糙度。对于不同厚度的材料，不同的切割气体压力，总有个最佳的切割速度，这个切割速度约为最大切割速度的 80%。随着割件厚度的增加，切割速度应降低。使用氧气作辅助气体时，如果氧的燃烧速度高于激光束的移动速度，切口显得宽而粗糙。如果激光束的移动速度比氧的燃烧速度快，所得切口狭窄而且光滑。

（6）辅助气体的种类和压力

切割低碳钢时采用氧气作辅助气体，有利于金属的燃烧放热，切割速度快，切口光洁，无挂渣。切割不锈钢时，由于不锈钢熔化金属流动性差，在切割过程中不易把熔化金属全部从切口中吹掉，采用 $O_2 + N_2$ 混合气体或双层气流效果较好，单用 O_2 在切口底部易挂渣。增加辅助气体压力可以提高排渣能力，有利于切割速度的提高。但过高的压力，会导致切口粗糙。

常见的金属材料激光切割工艺参数如下表 5-7 所示。

常见金属材料激光切割工艺参数　　　　　　　　　表 5-7

材料	厚度（mm）	辅助气体	切割速度（cm/s）	激光功率（W）
低碳钢	1.0	O_2	900	1000
	1.5		300	300
	3.0		200	300
	6.0		100	1000
	16.2		114	4000
	35		50	4000
30CrMnSi	1.5	O_2	200	500
	3.0		120	500
	6.0		50	500

材料	厚度（mm）	辅助气体	切割速度（cm/s）	激光功率（W）
不锈钢	0.5	O₂	450	250
	1.0		800	1000
	1.6		456	1000
	2.0		25	250
	3.2		180	500
	4.8		400	2000
	6.0		80	1000
	6.3		150	2000
	12		40	2000
钛合金	3.0	O₂	1300	250
	8.0		300	250
	10.0		280	250
	40.0		50	250

2. 激光切割操作要点

激光切割时激光束的参数、机器与数控系统的性能和精度都会直接影响激光切割的效率和质量。要想得到满意的切割质量，必须掌握好以下几项技术：

（1）焦点位置控制技术

在工业生产中确定焦点位置的简便方法有 3 种：

1）打印法

使切割头从上往下运动，在塑料板上进行激光束打印，打印直径最小处为焦点。

2）斜板法

用和垂直轴成一角度斜放的塑料板，使其水平拉动，寻找激光束的最小处即为焦点。

3）蓝色火花法

去掉喷嘴，吹空气，将脉冲激光打在不锈钢板上，使切割头从上往下运动，直至蓝色火花最大处即为焦点。

（2）切割穿孔技术

任何一种热切割技术，除少数情况可以从板边缘开始外，一般都必须在板上穿小孔。早先在激光冲压复合机上是用冲头先冲出一孔，然后再用激光从小孔处开始进行切割。对于没有冲压装置的激光切割机有两种基本穿孔方法：

1）爆破穿孔

材料经连续激光的照射后在中心形成凹坑，然后由与激光束同轴的氧流很快将熔融材料去除形成孔。一般孔的大小与板厚有关，爆破穿孔平均直径为板厚的一半，因此对较厚的板爆破穿孔孔径较大，且不圆，不宜在要求较高的零件上使用，只能用于废料。此外由于穿孔所用的氧气压力与切割时相同，故飞溅较大。

2）脉冲穿孔

脉冲穿孔是利用高功率的脉冲激光瞬间将加工材料进行一个熔化以及汽化的过程。为了使材料加工的范围得到控制，在加工的时候，每个脉冲光只产生小的喷射微粒，逐步深入，不管是厚型材料还是软性材料都只需要一个短时间的加工过程。为此所使用的激光器不但应具有较高的输出功率，更重要的是光束的时间和空间特性，因此，一般横流 CO_2 激光器不能适应激光切割的要求。此外，脉冲穿孔还须要有较可靠的气路控制系统，以实现气体种类、气体压力的切换及穿孔时间的控制。在采用脉冲穿孔的情况下，为了获得高质量的切口，从工件静止时的脉冲穿孔到工件等速连续切割的过渡技术均应予以重视。在工业生产中采用改变激光平均功率的办法，具体有以下 3 种：

① 改变脉冲宽度。

② 改变脉冲频率。

③ 同时改变脉冲宽度和频率。

实践结果表明，第 3 种效果最好。

6　安全技术与管理

6.1　概述

建筑施工焊接与切割作业所使用的气体均易燃、易爆，所使用的设备一般情况下接 220V 或 380V 电网电源。焊接与切割过程中，操作者经常与金属结构、电气设备、有毒介质、压力容器等接触，并且焊接与切割过程总是伴随着强烈的弧光、高温金属熔滴的飞溅、有害气体及烟尘的产生，加之施工现场 80％以上的工作属于临边作业、洞口作业、攀登作业、悬空作业等高处作业，使得焊接与切割作业的难度增加、危险性加剧。

焊接与切割作业环境与条件的不安全和不卫生因素，在一定的条件下会引起爆炸、火灾、高处坠落、物体打击、烫伤、中毒及触电等事故，可能导致人身伤害，甚至致人死亡，或者造成其他经济损失，还可能使操作者身染尘肺、慢性中毒、血液疾病、电光性眼疾和皮肤病等诸多职业病。这些情况都在不同程度上直接危害着作业人员的安全和健康，威胁着现场财产安全。所以对焊工和其他与焊接、切割有关的从业人员进行必要的焊接、切割安全教育和培训，加强焊接、切割安全技术管理，以保证安全操作，这对于保护作业人员的人身安全，避免不应有的经济损失，具有十分重要的意义。

本章主要介绍施工现场焊接与切割作业时的安全技术和管理等内容。

建筑电气焊（切割）工属于特殊工种，下面是建筑电气焊（切割）工应具备的条件：

（1）建筑电气焊（切割）工必须经专门培训，由建设行政主管部门组织考核，成绩合格，并取得建筑施工资格证（建筑焊工）后，方可上岗从事建筑电气焊（切割）作业。

操作资格证书有效期为两年，有效期满需要延期的，建筑电气焊（切割）工应当于证书期满前 3 个月内向原考核发证机关申请办理延期复核手续，延期复核合格的，证书有效期延期 2 年。

（2）申请建筑电气焊（切割）作业操作资格证书的人员，应当具备下列基本条件：

1）年龄满 18 周岁。

2）经二级乙等以上医院体检合格，身体健康，无听觉障碍、无色盲，双眼裸视力在 4.8 以上，且矫正视力不低于 5.0，无妨碍从事建筑电气焊（切割）作业的疾病（如癫痫病、高血压、心脏病、眩晕症、恐高症、精神病和突发性昏厥症等）和生理缺陷。

3）初中及以上学历。

6.2 用电安全技术

6.2.1 常见的触电事故原因

1. 触电

人体触电的方式多种多样，一般可分为直接触电和间接触电两种主要触电方式。此外，还有高压电场、高频电磁场、静电感应、雷击等会对人体造成的伤害。

（1）直接触电

人体直接触及或过分靠近电气设备及线路的带电导体，以及靠近高压电网等而发生的触电现象称为直接触电。与电源相线接触、电弧伤害都属于直接接触触电。

1）与电源相线接触发生的触电

当人体直接碰触带电设备或线路的一相导体时，电流通过人体而发生的触电现象称之为与电源相线接触触电。

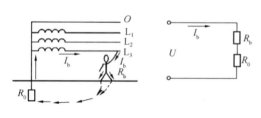

图 6-1 与电源相线接触发生触电事故示意图及等值电路图

发生与电源相线接触触电的情况，如图 6-1 所示。假设人体与大地间接触良好，土壤电阻忽略不计，由于人体电阻比中性点工作接地电阻大得多，加于人体的电压几乎等于电网相电压。

对于 220/380V 三相四线制电网，流过人体的电流远大于安全电流，足以危及触电者的生命。

显然，与电源相线接触触电的后果与人体和大地间的接触状况有关。如果人体站在干燥的绝缘地板上，由于人体与大地间有很大的绝缘电阻，通过人体的电流就很小，不会有触电危险，但如地板潮湿，则有触电危险。

2）电弧伤害

电弧是气体间隙被强电场击穿时，电流通过气体的一种现象。弧隙间的气体属于游离的带电气态导体，被电弧"烧"着后，同时遭受电击和电伤。因此，习惯上将电弧伤害视之为直接触电。

在引发电弧的种种情形中，人体过分接近高压带电体所引起的电弧放电以及带负荷拉、合闸具造成的弧光短路，对人体的危害往往是致命的。电弧不仅使人受电击，而且由于弧焰温度极高（中心温度高达 6000～10000℃），将对人体造成严重烧伤，烧伤部位多见于手部、胳膊、脸部及眼睛。电弧辐射对眼睛的刺伤，后果更为严重。此外，被电弧熔化了的金属颗粒侵蚀皮肤还会使皮肤组织金属化，这种伤疤往往经久不愈。

（2）间接接触触电

电气设备在正常运行时，其金属外壳或结构是不带电的。当电气设备绝缘损坏而发生接地短路故障（俗称"碰壳"或"漏电"）时，其金属外壳便会带电，人体触及意外带电体即会发生触电，这就是间接触电。通常所称的接触电压触电即是间接触电。

1）接地故障电流入地点附近地面电位分布

当电气设备发生碰壳故障、导线断裂落地或线路绝缘击穿而导致单相接地故障时，电流便经接地体或导线落地点呈半球形向地中流散，如图6-2(a)所示。

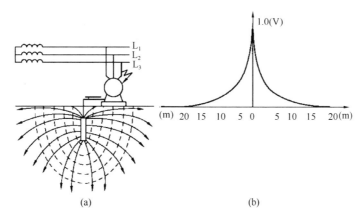

图 6-2　地中电流的流散电场和地面电位分布

（a）电流在地中的流散电场；（b）电流入地点周围的地面电位分布

由于接近电流入地点的土层具有最小的流散截面，呈现出较大的流散电阻值，接地电流将在流散途径的单位长度上产生较大的电压降，而远离电流入地点土层处电流流散的半球形截面随该处与电流入地点的距离增大而增大，相应的流散电阻随之逐渐减少，接地电流在流散电阻上的压降也随之逐渐降低。于是，在电流入地点周围的土壤中和地表面各点便具有不同的电位分布，如图6-2(b)所示为电位分布曲线图。从电位分布曲线图上可以看出，在电流入地点处电位最高，随着离此点的距离增大，地面电位呈先急后缓的趋势下降，在离电流入地点10m处，电位已下降至电流入地点电位的8%。在离电流入地点20m以外的地面，流散半球的截面已经相当大，相应的流散电阻可忽略不计，或者说地中电流不再于此处产生电压降，可以认为该处地面电位为零，电工学上所谓的"地"就是指此零电位处的地（而非电流入地点周围20m之内的地）。通常我们所说的电气设备对地电压也是指带电体对此零电位点的电位差。

2）接触电压及接触电压触电

当电气设备因绝缘损坏而发生接地故障时，如人体的两个部分（通常是手和脚）

同时触及漏电设备的外壳和地面，人体该两部分便处于不同的地电位，其间的电位差即称为接触电压。在电气安全技术中是以站立在离漏电设备水平方向 0.8m 的人，手触及漏电设备外壳距地面 1.8m 处时，其手与脚两点间的电位差为接触电压计算值。由于受接触电压作用而导致的触电现象称为接触电压触电。

接触电压的大小，随人体站立点的位置而异。人体距离接地极越远，受到的接触电压越高，如图 6-3(a) 所示。当 2 号电机碰壳时，离接地极（电流入地点）远的 3 号电机的接触电压比离接地极近的 1 号电机的接触电压高，这是由于三台电机的外壳都等于接地极电位的缘故。

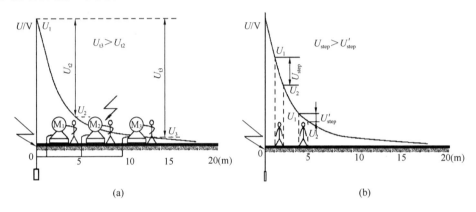

图 6-3　接触电压触电和跨步电压触电示意图

（a）接触电压触电示意图；（b）跨步电压触电示意图

3）跨步电压及跨步电压触电

如图 6-3(b) 所示，电气设备发生接地故障时，在接地电流入地点周围电位分布区（以电流入地点为圆心，半径为 20m 的范围内）行走的人，其两脚将处于不同的电位，两脚之间（一般人的跨步约为 0.8m）的电位差称之为跨步电压。设前脚的电位为 U_1，后脚的电位为 U_2，则跨步电压 $U_{step} = U_1 - U_2$，显然人体距电流入地点越近，其所承受的跨步电压越高。

人体受到跨步电压作用时，电流将从一只脚经胯部到另一只脚与大地形成回路。触电者的症状是脚发麻、抽搐、跌倒在地。跌倒后，电流可能改变路径（如从头到脚或手）而流经人体重要器官，使人致命。

跨步电压触电还可发生在其他一些场合，如架空导线接地故障点附近或导线断落点附近、防雷接地装置附近地面等。

接触电压和跨步电压的大小与接地电流的大小、土壤电阻率、设备接地电阻及人体位置等因素有关。当人穿有靴鞋时，由于地板和靴鞋的绝缘电阻上有电压降，人体受到的接触电压和跨步电压将明显降低，因此，现场严禁赤裸胳臂和光脚去操作电气设备。

2. 焊接与切割操作中发生触电事故的原因

焊接与切割用电的特点是电压超过了安全电压，必须采取防护措施，才能保证安全。

焊接时的触电事故一般分为两种情况，一是直接电击，即接触电焊设备正常运行的带电体或靠近高压电网和电气设备所发生的触电事故；二是间接电击，即触及意外带电体所发生的电击。意外带电体是指正常不带电而由于绝缘损坏或电器设备发生故障而带电的导体。

（1）焊接时发生直接电击事故的原因

1）手或身体的某个部位接触到电焊条或焊钳的带电部分，而脚或身体的其他部位对地面又无绝缘，特别是在金属容器内、阴雨潮湿的地方或身上大量出汗时，容易发生电击事故。

2）接线或调节电焊设备时，手或身体的某个部位碰到接线柱、极板等带电体而发生触电事故。

3）登高焊接时，触及或靠近高压电网电路引起的触电事故。

（2）焊接时发生间接触电事故的原因

1）电焊设备漏电，人体触及带电的壳体而触电。造成焊机漏电的常见原因是由于潮湿使绝缘损坏、长期超负荷运行或短路发热造成绝缘损坏，或焊机安装的地点和方法不符合安全要求。

2）电焊变压器的一次绕组与二次绕组之间绝缘损坏，变压器接线错误，将二次绕组接到电网上去，或将220V的变压器接到380V电源上，手或身体某一部分触及二次回路或裸露导体。

3）触及绝缘损坏的电缆、胶木闸刀、破损的开关等。

4）由于利用金属结构、管道、轨道、塔机吊钩或其他金属物搭接作为焊接回路而发生触电。

6.2.2　预防触电事故的措施

（1）对作业人员的要求

1）建筑电气焊（切割）工属于特殊工种，施工现场应按照要求，认真做好对焊接与切割作业人员的安全知识和安全技能培训，确保作业人员持证上岗。

2）作业人员在现场实施作业时，必须严格遵守安全操作规程和安全制度，提高安全意识，增强自我保护意识。

3）现场应保证作业人员的相对稳定，加强培训教育。

（2）绝缘

绝缘是保证焊接设备和线路正常工作的必要条件，也是防止触电事故的重要措施。

焊接设备及线路的绝缘必须与所采用的电压等级相匹配,与周围环境和运行条件相适应。橡胶、胶木、陶瓷、塑料等都是焊接设备和工具常用的绝缘材料。要防止各种因素造成焊机系统绝缘层的破坏。

1) 电焊机的各导电部分之间应有良好的绝缘,其绝缘性能应能满足说明书的要求。使用焊机前,必须按照产品说明书或有关技术要求进行检验。

施工现场应定期检测电焊机的绝缘电阻,电焊机的一次线圈与二次线圈之间、带电部分与机壳、机架之间的绝缘电阻值不应小于 2.5MΩ,其他各部分的绝缘电阻不应小于 1MΩ。

2) 电焊机的一、二次侧接线柱应无松动或严重烧伤现象。电焊机应放在通风良好的干燥场所,不允许放在高湿度(相对湿度超过 90%)、高温(周围空气温度超过 40℃)及有腐蚀性气体等不良场所。使用时,应设有防雨、防潮、防晒的电焊机操作棚,底部应垫放干燥的木板等绝缘材料。

3) 焊钳应有良好的绝缘和隔热能力。焊钳握柄的绝缘层和绝热层必须保证性能良好,握柄与导线连结应牢固牢靠,橡胶包皮应有一段深入到钳柄内部,使导体不外露。现场不得使用破损的焊钳,操作人员不得用胳膊夹持焊钳,禁止将热的焊钳浸入水中冷却。

4) 焊接工作中断时,应把焊钳放在安全的地方,防止焊钳与焊件之间产生短路而烧毁焊机及焊钳、把线,或降低其绝缘性能。

5) 焊接电缆应具有良好的导电能力和绝缘外层,要保证焊接电缆线的绝缘性能良好,不得使用破损、老化及导线裸露的焊接电缆。焊接电缆应轻便、柔软,能任意弯曲和扭转,便于操作。

6) 焊接电缆应尽可能地使用整根电缆,使用设备耦合器与电焊机连接,电缆的中间一般不得有接头,如确需用短线接长时,则接头不应超过两个,接头处应使用铜导体,可以采用电缆耦合器(俗称快换接头),接头处应坚固、可靠,接触良好,防止因接触不良而产生高温。

7) 严禁使用结构钢筋、金属结构、轨道、管道或其他金属物搭接起代替焊接电缆使用,防止引发触电事故,或因接触不良,产生火花,引发火灾事故。

8) 电焊机与开关箱之间的电源线,由于其电压较高,应保证其具有良好的绝缘性能,其长度应不超过 3~5m。

9) 不得将焊接电缆放在电弧附近或炽热的焊缝金属旁,避免高温烧坏绝缘层。同时,要尽量避免电缆的碾压和磨损,不得浸泡在水中。

10) 在金属容器、管道、金属结构及潮湿地点等不良环境下实施焊接与切割作业时,触电的危险性很大,除必须采取安装电焊机自动断电保护装置的措施外,还应采用加"一垫一套"的方法来防止触电事故的发生,即在焊工脚下加绝缘垫,停止焊接时，取下焊条，在焊钳上套上"绝缘套"。

（3）隔离防护

焊接设备要有良好的隔离防护装置，避免人与带电体接触。

1）电焊机的绕组或线圈引出线穿过设备外壳时应设绝缘板。

2）穿过设备外壳的接线端（如铜螺栓接线柱），应加设绝缘套和垫圈，并用防护罩盖好，防止人体意外触及带电体。如果防护罩是金属材料，必须防止防护罩和接线端口的接线柱、金属导线碰触或连接，以免防护罩带电。

3）有插销孔接头的焊机，插销孔的导体应隐蔽在绝缘板平面内。

4）设备的一次线应设置在靠墙壁不易接触的地方，当有临时任务确需接长电源线时，应沿墙壁或立柱用瓷瓶隔离布置，其高度必须距地面2.5m以上。各设备之间以及设备与墙壁之间至少要留有1m宽的通道。

5）焊接电源启动后，必须要有一定的空载运行时间，观察其工作、声音是否正常。调节焊接电流及极性开关时，也要在空载下进行。采用连接片改变焊接电流的焊机，在调节焊接电流前应先切断电源。

6）更换焊条、焊件时，转移工作地点或移动焊机时，更换保险丝时，焊接作业过程中突然停电时，焊接与切割设备发生故障需要检修时，以及作业结束后，必须切断电源。切断电源过程中，必须戴绝缘手套，同时头部需偏斜，严禁正对开关箱。

7）焊接设备的一次侧接线、修理和检查应由专业电工进行，焊工不得私自随意拆、修；二次侧接线可由焊工进行。接线作业必须在断电状态下进行，接好的电缆线经检查符合要求，方可送电作业。不得随意随地拖拉电缆线。

8）在一些特殊场所施焊时，其照明应满足以下要求：

① 比较潮湿或灯具离地面高度低于2.5m等场所的照明，电源电压不应大于36V。

② 潮湿和易触及带电体场所的照明，电源电压不得大于24V。

③ 特别潮湿场所的照明电压不得大于12V。

（4）采用电器保护装置

1）焊接与切割设备应设有独立的电器控制箱，箱内应装有熔断器、断路器（过载保护开关）、漏电保护装置，手工电弧焊的专用开关箱内须装设二次侧降压保护装置。

2）焊接与切割设备的一次侧引出线必须从开关箱内接出，并满足"一机一闸一漏一箱"的要求，不允许一个开关箱接多台设备，开关箱内电器的配备与安装应满足《施工现场临时用电安全技术规范（附条文说明）》JGJ 46—2005的有关要求。

3）多台焊接与切割设备集中使用时，应尽可能地使三相电源网络的三相负载平衡。多台焊接与切割设备的重复接地装置应分别由接地极处引接，不得串联。

（5）加强个人安全防护

1）焊接与切割作业时，作业人员必须正确佩戴安全防护用具和用品。手工电弧焊作业时，作业人员应穿帆布工作服；氩弧焊作业时，作业人员应穿着毛料或皮料工作服；作业人员佩戴的绝缘手套和穿好绝缘鞋应保持干燥，严禁露天冒雨从事电焊与切割作业。

2）对于空载电压和焊接电压较高的焊接与切割操作和在潮湿的工作场所作业时，应使用干燥的橡胶衬垫，并确保使其与焊件保持绝缘。作业人员不得靠在焊件和工作台上，夏天炎热天气由于身体出汗及衣服潮湿时，尤其应予注意。

3）现场更换焊条或焊丝时，作业人员不仅应戴好绝缘手套，而且应避免身体与焊件、焊条或焊丝接触。

4）在金属容器内或狭小工作场地焊接或切割金属构件时，必须采取专门的安全防护措施，如采用绝缘橡胶衬垫、穿绝缘鞋、戴绝缘手套等，以保证作业人员的身体与带电体保持绝缘。同时，现场须安排两人轮流操作，其中一人负责在外监护，确保在发生意外的紧急情况下，监护人能立即切断电源，并实施救护。

5）高空作业时必须系好安全带，在吊篮中作业时，安全带必须挂在安全绳上。

（6）焊接与切割设备保护接零

焊接与切割设备的外壳、电气控制箱外壳等应按照《施工现场临时用电安全技术规范（附条文说明）》JGJ 46—2005 的要求设置保护接零装置，以避免因漏电而发生触电事故。

施工现场临时用电工程采用中性点直接接地、TN—S 接零保护的 220/380V 三相四线制低压电力系统，必须采用三级配电系统和二级漏电保护系统。若设备不接保护零线，当一相碰壳与人体接触时，通过人体的漏电电流就会超过安全电流，但该电流不足以切断焊机的熔断器，电流长时间流经人体将会造成死亡。如图 6-4 所示。

设备采用保护接零后可避免人体触电，保护接零的原理如图 6-5 所示。用导线的一端接到保护零线上，一旦设备因绝缘损坏，导电体接触到外壳上时，绝缘损坏的一相就会与保护零线短路，产生强大的短路电流，使熔断器迅速熔断或使空气断路器自动跳开，外壳带电现象立刻终止，起到保护作用。

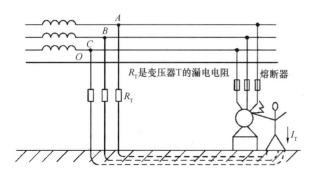

图 6-4　设备不做保护接零的危险示意图

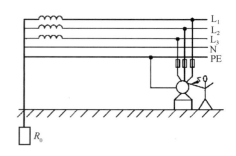

图 6-5　设备保护接零原理图

6.3 防火、防爆安全技术

焊接与切割工艺广泛应用于建筑施工生产中，属于明火作业，产生高热，形成电弧，又经常与易燃、可燃和易爆物质相接触，管理不当，极易引发火灾和爆炸事故。最近几年，因焊接与切割作业引发火灾，造成重大人员伤亡和巨大经济损失的教训屡见不鲜，作为一名建筑电焊（切割）工，掌握一定的防火、防爆知识，对于有效防止火灾、爆炸事故尤为重要。

6.3.1 发生火灾和爆炸事故的原因

（1）焊、割火花引起的火灾或爆炸

焊接与切割过程中，熔化了的金属液滴由于急剧的冷热气流交换、化学反应和外力作用，使炽热的金属火花飞溅。这些固体的金属火花热能量很大，温度达 1000℃以上。开始飞溅时呈燃烧状态，然后温度逐渐下降，有的大颗粒熔化金属，持续燃烧时间在 30s 以上。此时，周围可燃物质（如油品、木材、棉纱等）会被点燃而引起火灾，如果有可燃气体存在，还会发生爆炸事故。焊接与切割火花有三个特点：一是降温时间较长；二是具有一定的自重力；三是会不规则飞溅，尤其是气体切割作业时，由于使用压缩空气或氧气流的喷射，会使火花、金属熔滴和熔渣飞溅的更远（较大的熔化金属液滴和熔渣能飞溅到距操作点 5m 以外），焊、割火花的这些特点更增加了潜在的火灾危险性。

在一些焊、割场所，工作结束后，表面焊、割火花虽已熄灭，但其表面温度还没有下降至可燃点以下，一旦作业人员离开，这些高温的熔化金属液滴还会引起燃烧。燃烧金属在自重力的作用下，会使炽热的金属颗粒穿越垂直管道和建筑物的缝隙、孔洞，引起异域火灾。火花飞溅具有较大区域，特别是高空焊接，范围更广，加之高处作业时，存在随手乱扔焊条头的违章行为，可能造成火灾事故。

（2）焊接与切割回路故障引起的火灾或爆炸

电弧焊、割的能量是依靠电缆线输送的，电缆线的选型不当，连接错误，以及绝缘老化等都会使电缆线本身燃烧或造成其他火灾。

1）电缆线过负荷

焊接与切割电路是大容量供电线路，电流达数十至数百安培。这就对导线的连接和选型提出了较高的要求。有时，作业人员不了解情况或者找不到符合要求的电缆线，就会用截面积较小的普通绝缘导线临时替代，这样会使焊接导线过负荷而发热，轻者导线本身燃烧，重者会引燃导线周围可燃物，也有的会因此而发生触电事故。

2）电缆线燃烧

焊接与切割电缆使用时间过长，绝缘层会老化。同时，焊接与切割电缆因受机械损伤或有害物质的腐蚀，部分绝缘层会失去原有的绝缘能力。这样，当焊接与切割进行时，交叉在一起的正负极线会产生漏电或短路，使电缆线燃烧。

另外，建筑施工现场大多需进行高空焊、割作业，电缆线比较长。当焊、割点高于电缆线时，落下焊渣也会将电缆线引燃。

3）短路或接触不良引起火灾

电焊机的电缆或电焊机本身的绝缘破坏而发生短路，电焊机与电缆连接处接触不良，特别是电焊机二次回路通过易燃物质时，由于自身发热、短路或接触不良产生火花而引燃周围的可燃、易燃物质，引起火灾。

（3）热传导引起的火灾

焊接与切割的对象是金属，由于热传导的作用，热量会由焊、割点传递到附近相接触的可燃构件和物体上而引起火灾事故。现场对管道等设备、设施焊、割时，往往会把作业范围内的可燃物清除，而稍远一点的聚苯乙烯、软木、棉、麻等可燃材料还存在，焊、割时，高温可通过管道传递从而引燃这些可燃材料。而且这些燃烧点比较隐蔽，开始时不易被发现，一旦着火，成灾的因素就很大。1985年4月，上海某单位在对室外通风管道焊接修补时，热传导使室内管道上的聚苯乙烯泡沫塑料燃烧，整个礼堂被烧毁的事故就是一个典型案例。

现场焊、割作业时，往往只注意清除周围环境的可燃物而忽视焊件内部的可燃物，这也是导致火灾或爆炸事故的一个重要原因。如对一些可燃、易燃液体的管道、桶、槽罐进行焊补时，因没有按照要求采取置换、冲洗等措施或置换、冲洗不彻底，焊、割时，如果设备内本身已有爆炸性气体，就会一触即发，即时产生爆炸。如果是液体，就会产生两种结果：一是电弧引起燃烧；二是电弧使焊、割件内液体受热蒸发，达到一定极限后，压力增大而引起爆炸事故。

（4）氧气瓶使用、维护不当引起的爆炸

氧气瓶不但是高压容器，而且常承受搬运时因振动、滚动和碰撞冲击等产生的作用力。瓶装氧气是强氧化剂，一旦出现燃烧爆炸事故，其破坏力相当大。以下几个方面原因会造成氧气瓶燃烧爆炸。

1）充装不当引起事故。氧气瓶的正确充装是保证气瓶使用的关键环节，由于充装不当引起爆炸事故时有发生，表现在充装不当的最危险因素是用盛装过可燃气体（如氢气）的气瓶来充装氧气和氧气充装过量，因此，要求氧气瓶上必须清晰注明"氧气"字样。

2）氧气瓶的材质、制造质量不符合要求。在充装氧气和使用过程中，也往往会发生爆炸事故，主要表现在制作气瓶的材质脆弱、瓶壁厚薄不均匀、瓶体出现夹层等方面，而现场对进场的氧气瓶又未保存有关的合格证明材料。

3）氧气瓶维护、保管不当引起事故。主要表现在瓶体严重腐蚀或使用中将气瓶置于烈日下长时间的暴晒，或将气瓶靠近高温热源，这是氧气瓶爆炸的最常见因素。据试验，氧气瓶在盛夏的阳光直接暴晒下，瓶壁温度可达 200℃。通常情况下，充装氧气的条件是 20℃、150 个大气压，瓶内气压随着温度的升高而升高，直至达到爆炸极限。

4）气瓶操作不当也会导致火灾或烧坏气瓶附件。这主要表现在三个方面：一是打开氧气瓶瓶阀的速度过快，使得减压器或管道内的压力迅速提高，温度也会大大升高，严重时会使橡胶垫圈等附件烧毁；二是开启速度太快，因气体内含有水珠、铁锈等微粒，高速流经瓶阀时产生静电火花引起燃烧或爆炸；三是氧气瓶解冻方法不当，未使用热水或蒸汽进行解冻，而使用明火烧烤等。

5）氧气瓶瓶阀没有瓶帽保护、高处坠落、剧烈碰撞及使用方法不当等，造成密封不严、泄漏，甚至瓶阀损坏，致使高压气流冲出引起燃烧爆炸。

6）氧气瓶瓶阀或其他附件（如阀门杆、减压器）沾有油脂，以及采用邻苯二甲酸二丁酯等带油的材料清洗气瓶等也常常会引起燃烧事故。

7）氧气瓶压力过低，导致氧气瓶内窜入可燃气体也是导致氧气瓶爆炸的一个不可忽视的因素。

（5）乙炔瓶发生爆炸

1）乙炔瓶在存放及使用过程中卧放引起事故

① 乙炔瓶卧放使用时，丙酮易随乙炔气流出，丙酮属易燃液体，发生回火时易引发乙炔瓶爆炸事故。

② 乙炔瓶卧放时，易滚动，瓶与瓶、瓶与其他物体易受到撞击，形成激发能源，导致乙炔瓶爆炸事故的发生。

③ 乙炔瓶配有防震胶圈，其目的是防止在装卸、运输、使用中相互碰撞。胶圈是绝缘材料，卧放即等于乙炔瓶垫放在绝缘体上，致使气瓶上产生的静电不能向大地扩散，聚集在瓶体上，易产生静电火花，当有乙炔气泄漏时，极易造成燃烧和爆炸事故。

④ 乙炔瓶瓶阀上装有减压器、回火防止器，连接有胶管，使用时，因卧放易滚动，滚动时易损坏减压器、阻火器或拉脱胶管，因此，乙炔瓶卧放也容易造成乙炔气向外泄放，导致燃烧爆炸事故。

2）丙酮的添加量过多或过少可能导致乙炔气瓶爆炸。如瓶内丙酮过多，使瓶中安全空间减小，瓶内产生液压，当温度升高或接受到其他能量后就容易产生爆炸。瓶中丙酮过少，使瓶中气态乙炔增加，很少能量即可产生燃烧爆炸。

3）温度超过允许范围（不允许瓶体超过 40℃）容易产生燃烧爆炸。乙炔在生产和使用中常会出现溶解热、分解热及其他引起温度升高的能量。温度升高乙炔分解爆炸所需的压力就大大降低，同时温度升高，瓶内的压力也随之升高。当达到一定温度时，瓶内压力就会急剧升高，易熔活塞如果还不能产生熔化泄压时，就会引起燃烧爆炸。

4）乙炔充装量和充装压力超过极限时也会产生燃烧爆炸，这是因为超过极限时瓶内压力就会升高，压力升高就会造成瓶内安全空间减少，在受到振动、撞击等外界能量时就会发生危险。

5）乙炔在运输过程中受到敲击、振动、碰撞、暴晒或烘烤都可能使乙炔接收能量，使乙炔瓶内温度升高、压力升高而改变瓶内自由空间分布状态引起爆炸。

6）当乙炔瓶内混入空气、氧气、氯气，使瓶内超过允许压力，同时形成混合性的爆炸气体，在一定条件下可产生爆炸。乙炔同重金属如铜、银接触，会反应形成乙炔铜、乙炔银等易燃易爆物质。

7）乙炔瓶发生爆炸的重要因素还包括下列情况：

乙炔瓶、减压器、胶管等连接处漏气；减压器安装不良，胶管连接处漏气；胶管老化或被烧坏、脱离引起漏气；未控制好火源（如烟头乱扔，焊、割作业时的火花飞溅到乙炔瓶上使易熔塞熔化，乙炔气体喷出，或火花将胶管烧破使乙炔气体外泄等）；未装回火防止器；不按规定的方法操作和维护，操作失误；乙炔瓶阀未关或关闭不严；对漏气气瓶的处理方法错误；野蛮装卸乙炔瓶；报废乙炔瓶未作余气处理而直接用火焰切割瓶体致使瓶内乙炔产生分解引起爆炸等。

6.3.2 预防火灾、爆炸事故的措施

1. 消防管理

（1）消防方针

我国消防工作的方针是"以防为主，防消结合"。

所谓"以防为主"，就是在消防工作中要把"预防"火灾的工作放在首位，积极开展防火安全教育，提高人民群众对火灾的警惕性；建立健全防火组织和防火制度；经常进行防火检查，消除火灾隐患，把可能引起火灾的因素消灭，减少火灾事故的发生。

所谓"防消结合"，就是在积极做好防火工作的同时，在组织上、思想上、物质上和技术上做好灭火战斗的准备，一旦发生火灾，能够迅速、及时、有效地将火扑灭。

"防"和"消"是相辅相成的两个方面，是缺一不可的。因此，要积极做好"防"和"消"两方面的工作，不可偏废任何一方。

（2）加强消防技能培训

焊、割作业是施工现场发生火灾事故的主要载体，因此，向现场从业人员宣传基本的消防知识，使之知晓如何报警、如何自救、如何逃生、如何识别和使用消防器具尤为重要，要通过不断的教育和培训，提高从业人员的消防安全"四种能力"，即：

1）检查火灾隐患的能力。

2）扑救初期火灾的能力。

3）组织疏散逃生的能力。

4）消防宣传教育的能力。

（3）三级动火管理

三级动火即指在生产中动用明火或可能产生火种的作业。如熬沥青、烘砂、烤板等明火作业和凿水泥基础、打墙眼、电气设备的耐压试验、电烙铁锡焊、凿键槽、开坡口等易产生火花或高温的作业等都属于动火的范围。动火作业所用的工具一般是指电焊、气焊（割）、喷灯、砂轮、电钻等。

根据工程位置、周围环境、平面布置、施工工艺和施工部位不同，施工现场动火区域一般可分为三个等级。

1）一级动火区域，也称为禁火区域。施工现场凡属于下列情况之一的，均属一级动火区域。

① 在生产或者储存易燃、易爆物品场区内进行施工作业。

② 周围存在生产或储存易燃易爆品的场所，在防火安全距离范围内进行施工作业。

③ 施工现场内储存易燃易爆危险物品的仓库、库区。

④ 施工现场木工作业区，木器原料、成品堆放区。

⑤ 在密闭的室内、容器内、地下室等场所，进行配制或者调和易燃易爆液体和涂刷油漆等作业。

一级动火作业，必须按要求进行焊接、切割作业的施工队负责人填写动火申请表，报项目负责人审批。如遇特别危险场所或部位动火，要由项目负责人召集有关技术、施工、安全等部门负责人，共同讨论制定动火方案和安全措施，由项目负责人和总工及主管防火工作的安全负责人签字，方能执行动火。

2）凡属于下列情况之一的，均属二级动火区域。

① 禁火区域周围动火作业区。

② 登高焊接或者金属切割作业区。

③ 木结构或砖木结构临时职工食堂的炉灶处。

二级动火由要求执行焊、割作业的班组长填写动火申请表，经项目安全部门现场检查，确认符合动火条件并签字后，交动火人执行动火作业。

3）凡属于下列情况之一的，均属三级动火区域。

① 无易燃易爆危险物品处的动火作业。

② 施工现场燃煤茶炉处。

③ 冬季燃煤取暖的办公室、宿舍等生活设施。

三级动火由要求执行焊、割作业的电焊（气割）工填写动火申请表，由项目专职安全管理人员签字批准、备案即可。

在一、二级动火区域施工，必须认真遵守消防法规，严格按照有关规定，建立健全防火安全制度。动火作业前必须按照规定程序办理动火审批手续，取得动火证；动火证必须注明动火地点、动火时间、动火人、现场监护人、批准人和防火措施。没经过审批的，一律不得实施明火作业。

动火作业六大禁令请谨记：①动火证未经批准，禁止动火；②不与生产系统可靠隔绝，禁止动火；③不进行清洗、置换不合格，禁止动火；④不消除周围易燃物，禁止动火；⑤不按时作动火分析，禁止动火；⑥没有消防措施，无人监护，禁止动火。

（4）消防器材的配备和使用方法

1）消防器材的种类。

施工现场消防器材一般包括消防锹、消防斧、消防钩、消防桶、消防栓和灭火器等。

灭火器的种类很多，按其移动方式可分为：手提式和推车式；按驱动灭火剂的动力来源可分为：储气瓶式、储压式、化学反应式；按所充装的灭火剂则又可分为：泡沫、干粉、卤代烷、二氧化碳、酸碱、清水等。

2）消防器材的配备应满足现行《建设工程施工现场消防安全技术规范》GB 50720—2011、《建筑灭火器配置设计规范》GB 50140—2005 的要求。

① 临时用房建筑面积之和大于1000m² 或在建工程单体体积大于10000m³时，应设置临时室外消防给水系统。当施工现场处于市政消火栓 150m 保护范围内，且市政消火栓的数量满足室外消防用水量要求时，可不设置临时室外消防给水系统。临时用房的临时室外消防用水量不应小于表6-1的规定。在建工程的临时室外消防用水量不应小于表6-2的规定。

临时用房的临时室外消防用水量 表6-1

临时用房的建筑面积之和	火灾延续时间（h）	消火栓用水量（L/s）	每支水枪最小流量（L/s）
1000m²＜面积≤5000m²	1	10	5
面积＞5000m²		15	5

在建工程的临时室外消防用水量 表6-2

在建工程（单体）体积	火灾延续时间（h）	消火栓用水量（L/s）	每支水枪最小流量（L/s）
10000m³＜体积≤30000m³	1	15	5
体积＞30000m³	2	20	5

室外消火栓应沿在建工程、临时用房和可燃材料堆场及其加工场均匀布置，与在建工程、临时用房和可燃材料堆场及其加工场的外边线的距离不应小于5m。消火栓的间距不应大于120m。消火栓的最大保护半径不应大于150m。

② 建筑高度大于24m 或单体体积超过 30000m³的在建工程，应设置临时室内消防给水系统。在建工程的临时室内消防用水量不应小于表6-3的规定。

在建工程的临时室内消防用水量　　　　　　　表 6-3

建筑高度、在建工程体积（单体）	火灾延续时间（h）	消火栓用水量（L/s）	每支水枪最小流量（L/s）
24m＜建筑高度≤50m 或 30000m³＜体积≤50000m³	1	10	5
建筑高度＞50m 或体积＞50000m³	1	15	5

③ 临时木工间、油漆间、机具间等，每 25m² 应配备一个种类合适的灭火器；油库、危险品仓库、易燃堆料场应配备数量足够、种类适合的灭火器。灭火器的最低配置标准应符合表 6-4 的规定。灭火器的配置数量应按现行国家标准《建筑灭火器配置设计规范》GB 50140—2005 的有关规定经计算确定，且每个场所的灭火器数量不应少于 2 具。灭火器的最大保护距离应符合表 6-5 的规定。

灭火器的最低配置标准　　　　　　　　　　表 6-4

项目	固体物质火灾		液体或可熔化固体物质火灾、气体火灾	
	单具灭火器 最小灭火级别	单位灭火级别 最大保护面积 （m²/A）	单具灭火器 最小灭火级别	单位灭火级别 最大保护面积 （m²/B）
易燃易爆危险品存放 及使用场所	3A	50	89B	0.5
固定动火作业场	3A	50	89B	0.5
临时动火作业点	2A	50	55B	0.5
可燃材料存放、加工及 使用场所	2A	75	55B	1.0
厨房操作间、锅炉房	2A	75	55B	1.0
自备发电机房	2A	75	55B	1.0
变配电房	2A	75	55B	1.0
办公用房、宿舍	1A	100	—	—

灭火器的最大保护距离（m）　　　　　　　表 6-5

灭火器配置场所	固体物质火灾	液体或可熔化固体物质火灾、气体火灾
易燃易爆危险品存放及使用场所	15	9
固定动火作业场	15	9
临时动火作业点	10	6
可燃材料存放、加工及使用场所	20	12
厨房操作间、锅炉房	20	12
放电机房、变配电房	20	12
办公用房、宿舍等	25	—

3）灭火器械的使用方法。

① 灭火器是一种轻便的灭火工具，用来扑救初期火灾，控制火灾蔓延。使用时将灭火器提到起火地点附近站在火场的上风头，若为干粉灭火器，使用前应先将灭火器上下颠倒几次，使筒内干粉松动。如使用的是内装式或贮压式干粉灭火器，应先拔下保险销，一只手握住喷嘴，另一只手用力压下压把，干粉便会从喷嘴喷射出来。如使用的是外置式干粉灭火器，应一只手握住喷嘴，另一只手提起提环，握住提柄，干粉便会从喷嘴喷射出来。

用干粉灭火器扑救流散液体火灾时，应从火焰侧面。对准火焰根部喷射，并由近及远，左右扫射，快速推进，直至把火焰全部扑灭。用干粉灭火器扑救容器内可燃液体火灾时，亦应从火焰侧面对准火焰根部，左右扫射。当火焰被赶出容器时，应迅速向前，将余火全部扑灭。灭火时应注意不要把喷嘴直接对准液面喷射，以防干粉气流的冲击力使油液飞溅，引起火势扩大，造成灭火困难。用干粉灭火器扑救固体物质火灾时，应使灭火器嘴对准燃烧最猛烈处，左右扫射，并应尽量使干粉灭火剂均匀地喷洒在燃烧物的表面，直至把火全部扑灭。

使用干粉灭火器时应注意灭火过程中始终保持直立状态，不得横卧或颠倒使用，否则不能喷粉；同时注意干粉灭火器灭火后应防止复燃，因为干粉灭火器的冷却作用甚微，在着火点存在着炽热物的条件下，灭火后易产生复燃。

使用手提式干粉灭火器扑救固体可燃物火灾时，应对准燃烧最猛烈处喷射，并上下、左右扫射。如条件许可，使用者可提着灭火器沿着燃烧物的四周边走边喷，使干粉灭火剂均匀地喷在燃烧物的表面，直至将火焰全部扑灭

② 消火栓的使用方法：室内消火栓一般都设置在建筑物公共部位的墙壁上，有明显的标志，内有水龙带和水枪。当发生火灾时，应找到离火场距离最近的消火栓，打开消火栓箱门，取出水带，将水带的一端接在消火栓出水口上，另一端接好水枪，拉到起火点附近后方可打开消火栓阀门。

特别注意，在确认火灾现场供电已断开的情况下，才能用水进行扑救。

2. 预防火灾、爆炸事故的安全技术措施

（1）拆迁

所谓拆迁，就是在易燃、易爆场所和禁火区域内实施焊接与切割作业时，应将焊、割件拆下来，迁移到安全地带实施焊、割作业。

（2）隔离

所谓隔离，就是对在现场确实无法拆卸的焊、割件，按照要求，把焊、割的部位或设备与其他易燃、易爆物质进行严密隔离，然后再实施焊、割作业。

（3）置换

所谓置换，就是对可燃气体的容器、管道进行焊、割作业时，可将惰性气体（如

氮气、二氧化碳等)、蒸汽或水注入焊、割的容器、管道内,把残存在里面的可燃气体置换出来,然后再实施焊、割作业。

(4) 清洗

所谓清洗,就是对储存过易燃液体的设备和管道进行焊、割作业前,应先用热水、蒸汽或酸液、碱液等把残存在其中的易燃液体清洗掉,对无法溶解的污染物,应先铲除干净,清洗干净后再实施焊、割作业。

(5) 敞开

所谓敞开,就是对被焊、割的设备、设施,作业前必须卸压,开启全部入孔、阀门等,然后再实施焊、割作业。

(6) 通风

所谓通风,就是在易燃、易爆、有毒气体的室内及狭窄的容器、管道内作业时,应首先进行通风,待焊、割作业区域内的易燃、易爆和有毒、有害物质完全排除后,才能进行焊、割作业。

(7) 冷却

冷却即当作业点附近的可燃物无法搬移时,可采用喷水的办法,把可燃物浇湿,进行冷却,增加它们的耐火能力之后实施焊、割作业。

(8) 预备

预备即备好灭火器材。针对不同的作业场所和焊、割对象,配备一定数量的灭火器材,对禁火区域的设备、设施进行抢修,以及当作业现场环境比较复杂时,可以将消防水带提前铺设好,随时做好灭火准备。

(9) 测定

测定即对焊、割件内部的可燃气体含量,各种易燃易爆物品的闪点、燃点、爆炸极限进行技术鉴定,在安全、可靠的情况下才能进行焊、割作业。

(10) 检查

所谓检查,包括焊、割作业前和焊、割作业过程中,以及焊、割作业后的安全检查。

1) 焊、割作业前的安全检查

① 焊、割现场 10m 范围内,不得堆放油类、木材、氧气瓶、乙炔瓶等易燃、易爆物品。

② 对承压状态的压力容器及管道、带电设备、承载结构的受力部位和装有易燃、易爆物品的容器严禁进行焊、割作业。

③ 在焊、割作业现场必须配备必要的防火设备和器材,如消火栓、砂箱、灭火器等。

④ 对于存有残余油脂、可燃液体、可燃气体的容器,应先用蒸汽吹热或用热碱水

冲洗，然后开盖检查，确认冲洗干净后方能进行焊接。新涂油漆而油漆尚未充分干燥的结构，不得进行焊、割作业。

⑤ 在含有可燃气体和可燃粉尘的环境中严禁实施焊、割作业。焊、割作业前，应对作业环境里的地沟、下水道内有无可燃液体和可燃气体，以及是否有可燃易爆物质可能泄漏到地沟和下水道内等情况进行检查，以免焊、割作业中引起火灾、爆炸事故。

⑥ 应使用符合国家有关标准、规程要求的焊、割设备及工具。

⑦ 检查劳保用品的配备情况。

2）焊、割作业过程中的安全检查

① 高空焊接或切割作业时，禁止乱扔焊条头，对焊、割作业下方应进行隔离，焊接周围和下方应采取防火措施，并应设专人监护。

② 电气设备失火后，应立即切断电源，使用干粉灭火器灭火。

③ 作业过程中要及时观察周围环境，如感到身体不适，应及时停止作业。

3）焊、割作业后的安全检查

① 焊、割作业结束后，如要进行一些小工作量的焊、割作业时，要坚持焊、割工作大小一个样，安全措施不落实，绝不动火实施焊、割作业。

② 各种设备、设施焊接完成后，要及时检查焊接质量是否达到要求，对焊接质量缺陷应立即修补好。

③ 焊、割作业结束后，关闭电源、气源，把焊炬、割炬安放在安全的地方。

④ 焊、割作业后除要进行认真检查外，下班时要主动向有关人员进行交接，以便加强巡逻检查。

⑤ 焊工所穿的衣服下班后也要彻底检查，看是否有阴燃的情况，发现有焦味等异常现象，须及时采取措施。

⑥ 作业完毕后应对现场全面检查，及时彻底清理现场，清除遗留下来的火种。确认无火灾隐患后，方可离开现场。

6.3.3 火灾、爆炸事故的应急处理

（1）及时扑救

及时扑救即利用消防器材，及时有效地控制火势蔓延。初始火灾的火势较小，也是最佳的灭火时间，因此，必须抓住初始火灾的扑救机会，努力将火灾消灭在初始火灾时期。

（2）立即报告

立即报告即无论在任何时间、地点，一旦发现起火，都要立即向现场防火领导小组进行汇报，以便及时采取有效消防减灾措施。

（3）疏散物料

疏散物料即安排人力和设备，将受到火势威胁的物料转移到安全地带，阻止火势的蔓延。

（4）消灭飞火

消灭飞火即组织人力监视火场周围的建筑物、物料堆放等场所，及时扑灭未燃尽的飞火。

（5）积极抢救被困人员

人员集中的场所发生火灾，要有熟悉情况的人做向导，积极寻找和抢救被围困的人员。火灾事故较大时，不可盲目施救，应由专业人员组织营救。

6.4 焊接与切割作业安全技术

气焊、气割作业时的主要危害是气瓶爆炸、乙炔气和液化石油气引起的着火以及焊接、维修现场油桶、管道等零星容器时引起的爆炸事故等。

6.4.1 焊接与切割器具使用安全技术

1. 一般要求

（1）溶解乙炔瓶及其安全装置等与乙炔相接触的部件（如阀门、仪表、管路、附件等），所用的材料中铜（Cu）或银（Ag）元素的含量不允许超过 70%。

（2）溶解乙炔瓶、液化石油气瓶、氧气瓶及减压器、回火防止器等冻结时，应移入室内缓慢解冻或在严格监督下用温水或蒸汽进行解冻，禁止用明火烘烤加热，或用铁器工具敲击等方法予以解冻。

（3）溶解乙炔瓶、液化石油气瓶、减压器、回火防止器等的连接部位应密封。事先应采用涂抹浓肥皂水的方法来检查泄漏情况，严禁采用点燃明火的方式进行密闭性试验。

（4）凡直接与氧气接触的器具（如氧气瓶、氧气瓶阀、接头、减压器、软管及设备等）必须与油、润滑脂及其他可燃物或爆炸物相隔离，严禁用沾有油污的手及带有油迹的手套等触碰氧气瓶或氧气设备，因为油脂在纯氧的助燃作用下会迅速氧化反应发热而引起燃烧。因此，凡被油脂污染的器具，均应擦洗干净后，才允许使用。

（5）严禁用氧气代替压缩空气使用。严禁将氧气作为动力气体用于气动工具、启动内燃机、吹通管路、衣服及工件除尘等。

（6）未经许可，禁止装设可能使空气或氧气与可燃气体在燃烧前（不包括燃烧室或焊炬内）相混合的装置或附件。

（7）所有用于焊接与切割的气瓶都必须按有关标准及规程制造、管理、使用并维护。

（8）使用中的气瓶必须进行定期检查，使用期满或送检不合格的气瓶禁止继续使用。

（9）气瓶的充气必须按规定程序由专业部门承担，其他任何人不得向气瓶内充气。除气体专业供应单位以外，其他任何人不得在一个气瓶内混合气体或从一个气瓶向另一个气瓶内倒气。

（10）为了便于识别气瓶内的气体成分，气瓶必须按《气瓶颜色标志》GB 7144—2016 的规定做好明显标志。如氧气瓶为淡（酞）蓝色，乙炔气瓶为白色，其标识必须清晰、不易去除，标识模糊不清的气瓶禁止使用。

2. 气瓶的安全要求

（1）气瓶的储存应符合下列要求：

1）气瓶必须储存在不会遭受物理损坏或使气瓶内储存物的温度超过 40℃的地方。气瓶不得置于受阳光暴晒、热源辐射及可能受到电击的地方。

2）气瓶必须储放在远离电梯、楼梯或过道，不会被经过或倾倒的物体碰翻或损坏的指定地点。储存时，气瓶必须稳固以免翻倒。

3）气瓶在储存时必须与可燃物、易燃液体隔离，并且远离容易引燃的材料（诸如木材、纸张、包装材料、油脂等），或用至少 1.6m 高的不可燃隔板隔离。

4）空瓶与实瓶应分开放置，并有明显标志。

5）气瓶不得置于可能使其本身成为电路一部分的区域。避免与电动机车轨道、无轨电车电线等接触。气瓶必须远离散热器、管路系统、电路排线，及可能供接地（如电焊机）的物体。

6）气瓶应设置防振圈、防护帽，并应按规定存放。

7）气瓶间安全距离不应小于 5m，与明火安全距离不应小于 10m。

（2）气瓶的搬运应符合下列要求：

1）气瓶在搬运时装在专用车（架）或固定装置上，严禁肩扛或人抬。

2）关紧气瓶阀，不得提拉气瓶上的阀门保护帽。

3）用吊车、起重机运送气瓶时，应使用吊架或合适的台架，不得使用吊钩、钢索或电磁吸盘。

4）避免可能损伤瓶体、瓶阀或安全装置的剧烈碰撞。

5）气瓶不得作为滚动支架或支撑重物的托架。

6）当气瓶冻住时，不得在阀门或阀门保护帽下面用撬杠撬动气瓶松动。应使用 40℃以下的温水或蒸汽，并在严格的监督下进行解冻。

7）禁止把氧气瓶和溶解乙炔瓶或其他可燃气体放在一起，或同车运输。

8）车上运输氧气瓶时，应把气瓶同一方向卧放码齐，并可靠地固定，避免瓶体相互碰撞和受到剧烈振动。

9）禁止从车上或从高处直接滚下气瓶，或在地面滚动搬运气瓶。

（3）气瓶的开启应符合下列要求：

将减压器接到气瓶阀门前，应对气瓶阀门进行清理。首先用无油污的清洁布把阀门出口处擦拭干净，然后快速打开阀门，并立即关闭，以清除阀门上的灰尘或可能进入减压器的脏物。清理阀门时，操作者应站在阀门出口的侧面，不得站在其正前面。不得在其他焊接作业点，存在着火花、火焰（或可能引燃）的地点附近清理气瓶阀门，以防发生着火或爆炸等事故。

气瓶启闭应使用专用工具，配有手轮的气瓶阀门不得用榔头或扳手开启。未配有手轮的气瓶，使用过程中必须在阀柄上备有把手、手柄或专用扳手，以便在紧急情况下可以迅速关闭气路。在多个气瓶组装使用时，至少要备有一把这样的扳手以备急用。

1）氧气瓶的开启

① 在将减压器安装到氧气瓶阀上后，首先应调节阀门螺杆，并打开顺流管路，排放减压器的气体。

② 其次，调节阀门螺杆，并缓慢打开气瓶阀，以便在打开阀门前使减压器气瓶压力表的指针始终慢慢地向上移动。打开气瓶阀时，应站在瓶阀气体排出方向的侧面，不得站在其正前方。

③ 当压力表指针达到最高值后，阀门必须完全打开，以防气体沿阀杆泄漏。

2）乙炔气瓶的开启

开启乙炔气瓶的瓶阀时应缓慢进行，一般一次只开至 3/4 圈以内，严禁一次开至超过一圈，以便在紧急情况下能迅速关闭气瓶。

（4）气瓶的使用应符合下列要求：

1）储装气体的罐瓶及其附件应合格、完好和有效；严禁使用减压器及其他附件缺损的氧气瓶，严禁使用乙炔专用减压器、回火防止器及其他附件缺损的乙炔瓶。

2）气瓶运输、存放、使用时，应符合下列规定：

① 气瓶应保持直立状态，并采取防倾倒措施，乙炔瓶严禁横躺卧放。

② 严禁碰撞、敲打、抛掷、滚动气瓶。

③ 气瓶应远离火源，与火源的距离不应小于 10m，并应采取避免高温和防止曝晒的措施。

④ 燃气储装瓶罐应设置防静电装置。

3）气瓶应分类储存，库房内应通风良好；空瓶和实瓶同库存放时，应分开放置，空瓶和实瓶的间距不应小于 1.5m。

4）气瓶使用时，应符合下列规定：

① 使用前，应检查气瓶及气瓶附件的完好性，检查连接气路的气密性，并采取避免气体泄漏的措施，严禁使用已老化的橡皮气管。

② 氧气瓶与乙炔瓶的工作间距不应小于 5m，气瓶与明火作业点的距离不应小于 10m。

③ 冬季使用气瓶，气瓶的瓶阀、减压器等发生冻结时，严禁用火烘烤或用铁器敲击瓶阀，严禁猛拧减压器的调节螺丝。

④ 氧气瓶内剩余气体的压力不应小于 0.1MPa。

⑤ 气瓶用后应及时归库。

（5）气瓶的故障处理。

1）泄漏

如果发现燃气气瓶的瓶阀周围有泄漏，应关闭气瓶阀，拧紧密封螺帽。禁止使用带压拧动瓶阀螺杆，或猛击减压器的调节螺杆等方法来处理泄漏的氧气瓶。当气瓶泄漏无法阻止时，应将燃气瓶移至室外，远离所有起火源，并做相应的警告通知。缓缓打开气瓶阀，逐渐释放内存气体。

2）火灾

气瓶泄漏导致的起火可通过关闭瓶阀，采用水、湿布、灭火器等手段予以熄灭。在气瓶起火无法通过上述手段熄灭的情况下，必须疏散该区域的所有人员，并用大量水浇湿气瓶，使其保持冷却状态。

3. 减压器的使用安全事项

（1）减压器（表）是保证供气压力稳定、调节供气量的重要仪表。现场应选用符合国家标准规定、检验合格的产品。凡表针指示失灵、阀门泄漏不严、表体含有油污未处理等缺陷的减压器禁止使用。

（2）氧气、液化石油气及溶解乙炔气等压力气瓶，应按照规定使用各自的专用减压器，即减压器只能用于设计规定的气体和压力，禁止换用。如氧气减压器应涂蓝色，乙炔减压器应涂白色。除了乙炔减压器外的其他气体减压器，都应该提供一个安全阀，用于排出超过出口压力的压力。

（3）装减压器前，应稍许打开气瓶阀门，以吹除瓶口上的垃圾。开瓶阀时要慢慢开启，不得用力过猛，防止高压气体冲击损坏减压器。

（4）当发现减压器发生自流和减压器漏气时，应迅速关闭好气瓶阀，卸下减压器，送经有关部门考核认可的专业人员进行检查和修理，不准自行修理后使用。新修理好的减压器应有检修合格证明。

（5）往氧气瓶阀上安装减压器时应提前做好检查。

1）检查减压器连接头和外套螺母，连接应良好，无任何泄漏；螺纹应无缺陷，应拧足五个螺扣以上；连接头和外套螺母上不得沾有油脂，螺母内应有纤维质（抗氧阻燃）热圈，不得用皮垫或橡胶垫代替。

2）检查胶管与减压器的连接是否合理、牢固，采用专门的夹具压紧时，装卡应平整牢固，防止遇气受压时，胶管脱出打伤人。

（6）停止工作时，应先将氧气瓶关闭，再将减压器的调整螺杆松开，然后打开焊、割炬的氧气阀针，将氧气从胶管中排出。

（7）从气瓶上拆卸减压器之前，必须将气瓶阀关闭并将减压器内的剩余气体释放干净。

（8）同时使用两种气体进行焊接或切割作业时，不同气瓶减压器的出口端都应装上各自的单向阀，以防止气流相互倒灌。

4. 焊炬与割炬的使用安全事项

（1）射吸式焊、割炬在接上乙炔胶管前，应首先检查焊、割炬的射吸能力。检查的方法是：只接上氧气胶管，不接乙炔胶管，打开焊、割炬上的乙炔阀和氧气阀。用手指放在焊、割炬的乙炔气进口处，如感到有吸力，表明焊、割炬的射吸能力良好，如无吸力，则应检查修理。同时，检查乙炔胶管有无乙炔气正常流出，然后再将乙炔胶管接到焊、割炬上。

（2）焊、割炬点火前，应检查其连接处和各气阀的严密性，发现漏气时，应首先将漏气部位修理好，同时检查焊、割嘴有无堵塞现象，堵塞时应用透针疏通，但要注意避免损坏焊、割嘴的边缘。

（3）点火时，先少量打开氧气阀，次开乙炔阀，然后点火。这种操作方法对射吸式焊、割炬而言，当遇到泄漏、气阀关闭不严、嘴口堵塞等原因时，有可能发生氧气预先导入乙炔胶管而引起回火的危险。所以采用这种方法，事先一定要以检查焊、割炬的射吸能力是否完好为前提。另一种方法是点火前先开乙炔阀，点火后再打开氧气阀调节火焰，这种点火方法的优点是能较好地防止点火时产生回火，一发现回火迹象，可马上关闭氧气阀，将火熄灭。缺点是火焰会因供氧不足而产生炭黑烟。点火时应使用摩擦打火机、固定的点火器或其他适宜的火种。焊、割炬不得指向人员或其他可燃物。

（4）禁止在氧气和乙炔阀都开启后，用手或其他物件堵住焊、割嘴，以防止氧气倒流入乙炔供气系统而造成回火事故。

（5）焊、割炬嘴温度过高时，应暂停使用或放入水中冷却。

（6）不准将点燃的焊、割炬随意卧放在工件或地面上。

（7）焊、割炬暂不使用时，不可将其放在坑道、地沟内，或空气不流通的工件或台架下面，或锁在工具箱柜内，以免因气阀不严密而漏出乙炔，在这些空间存积燃气-氧混合气，遇明火而发生爆炸。

（8）熄灭焊、割炬的火焰时，焊炬应先关乙炔阀，后关氧气阀；割炬应先关切割氧阀，再关乙炔阀，最后关预热氧阀。因为关闭乙炔阀可切断氧气再进入乙炔胶管，有利于回火的熄灭。回火熄灭后，应将焊、割嘴放入水中冷却，并打开氧气阀，吹除焊炬内的烟灰，然后再点火使用。

（9）焊、割炬的气体通路均不得沾染油脂，以防氧气遇到油脂燃烧爆炸。

（10）发现皮管冻结时．应用温水或蒸气解冻，禁止用火烤，更不允许用氧气去吹乙炔管道。

5. 胶管的使用安全事项

（1）气焊、气割专用的胶管，应选用国家标准规定的棉纱编织氧气、乙炔胶管。国家标准规定氧气胶管的颜色是蓝色，乙炔胶管是红色。禁止两种胶管相互替用或换用。氧气胶管和乙炔胶管的结构、尺寸、工作压力、力学性能及颜色等必须符合《气体焊接设备焊接、切割和类似作业用橡胶软管》GB/T 2550—2016 的要求，软管接头应满足《气焊设备焊接、切割和相关工艺设备用软管接头》GB/T 5107—2008 的要求。

（2）现场应禁止使用泄漏、烧坏、磨损、老化或有其他缺陷的胶管。如胶管局部有明显磨损，则应切除破损部分或更换新管，以防在破损处泄漏出的乙炔遇火发生事故。发生过回火的胶管以更换新管为宜。

（3）液化石油气胶管在工作中，应防止沾上油脂或触及红热金属。

（4）乙炔胶管在使用中发生脱落、破裂或着火时，应先将焊炬或割炬的火熄灭，然后停止供气。氧气胶管着火时，应迅速关闭氧气阀门停止供氧，禁止用弯折氧气胶管的方式来灭火。乙炔胶管着火时可用弯折前面一段胶管的方式将火熄灭。

6.4.2　特殊环境的焊接与切割安全技术

所谓特殊环境，指在一般地面环境以外的地方，例如狭窄空间（室内、管道、容器及电梯井道、通风管道等）内部、高处等环境进行的焊接与切割作业等。在这些地方进行焊、割作业时，除应遵守上面介绍的一般安全技术外，还应遵守一些特殊的规定。

1. 狭窄空间中焊接与切割的安全技术

（1）狭窄空间存在的危险

1）气焊、气割作业时，由于室内空气中的乙炔或其他气体的富集，会发生缺氧窒息，或产生的氮的氧化物（如亚硝气）及氧化铁、氧化铅和含锌的烟气造成中毒。

2）手工电弧焊时，由于电流作用引起的触电、焊接电弧产生的辐射以及产生的烟尘、气体和蒸汽等造成中毒。

（2）狭窄空间焊接与切割的安全措施

除遵守一般焊接与切割作业的规定外，还应注意以下几点：

1）预防中毒的安全措施

① 在密闭的管道、容器及电梯井道、通风管道内焊接与切割作业时，应先打开施

焊工作物、工作面的孔、洞、口及封闭的安全防护设施等，使内部空气流通，以防焊工中毒。

② 采取送风措施，对狭窄空间内的空气进行置换。

③ 在狭窄空间进行焊接或切割作业时应有专人监护。

④ 工作完毕和暂停作业时，焊、割炬和胶管等都应随人带出，不得放在工作地点。

⑤ 在地面上调试焊、割炬混合气，并点好火，禁止在狭窄空间内调试和点火。

⑥ 作业人员穿戴劳动防护用品，必要情况下，作业人员应佩戴呼吸器及救生索等。

2）预防触电措施

① 容器、管道及潮湿的电梯井、通风管井等部位实施焊、割作业时必须采用 12V 灯具照明，灯泡要有金属网罩防护。

② 电焊作业时，操作者的身体下面要铺设绝缘垫。特别潮湿的作业环境不应进行电焊作业。

③ 作业人员穿戴劳动防护用品，必要情况下，作业人员应佩戴呼吸器及救生索等。

④ 在狭窄空间内作业，外面须有监护人员，以便发生意外时能够及时施救。

2. 高处焊、割作业安全技术

凡坠落高度基准面在 2m 以上（含 2m）有可能坠落的高处进行的作业，均称为高处作业。由于在高处作业，往往活动范围狭窄，发现事故征兆很难紧急回避，发生事故的可能性较大，而且事故严重程度高，因此必须加以特殊注意。

高处焊接、切割作业易发生的事故有触电、坠落、火灾和物体打击等。

（1）预防高处触电

1）距高压线 3m 或距低压线 1.5m 范围以内作业时，必须停电操作。切断电源后在开关闸盒上挂上"有人作业、严禁合闸"的标志牌后才能开始工作。

2）高处焊、割作业须按要求设监护人，焊接电源开关应设在监护人近旁，遇到紧急情况应立即切断电源。

3）高处焊接时，不准使用带有高频振荡器的焊机，以防焊工麻电后失足坠落。

4）焊接电缆要绝缘固定，一次侧电缆线要同脚手架、钢筋、钢结构等金属架体及塔机、施工升降机等起重机械设备之间做可靠的绝缘。不得将焊钳、电缆线搭在肩上或缠在腰间，要在上面准备好后用绳索吊运焊钳和电缆线，且电缆线应系在脚手架及其他设施上，严禁踩在脚下。

5）使用活动的电焊机在高处进行焊接作业时，必须采用外套胶皮软管的电源线；活动式电焊机要放置平稳，并且电焊机外壳要做好保护零线。

6）手提灯使用 12V 电源。

（2）预防高处坠落

1）焊工必须系紧符合国家标准要求的安全带，穿胶底防滑鞋。高处作业的电焊工必须使用完好的焊钳和盔式面罩，不得使用盾式面罩。

2）登高梯子必须符合要求，放置要稳当，梯子脚包防滑橡皮，防止滑倒或倾倒。梯子与地面的夹角在 $75°±5°$ 左右，使用人字梯时，两梯夹角为 $35°～45°$，并用限跨铁钩挂牢。不准两人同在一个梯子上或在人字梯的同一侧上作业，不准在梯子的顶档上作业。

3）安全网的架设应外高离地，铺设平整，不留缝隙，随时清理网上杂物，发现安全网破损应按要求更换。

4）高处焊割作业的脚手板，应事先经过检查，不得使用有腐蚀或机械损坏的脚手板，脚手板应满铺且固定牢固，不得有探头板。

5）高处焊、割作业时，高处作业必须有可靠的防护措施。应按要求搭设工作平台，工作平台应能保证焊工灵活方便地焊接各种空间位置的焊缝，应能使焊、割设备发挥作用的半径越大越好。如悬空高处作业所用的索具、吊笼、吊篮、平台等设备、设施均须经过验收或检测后方可使用。

（3）预防高处落物砸伤

1）进入施工现场，必须戴安全帽。

2）电焊条及随身工具、小零件必须装在牢固无空洞的工具袋内。工作过程和结束时应随时将作业点周围的一切物件清理干净，以防落物砸伤人。

3）高处焊、割作业时，所用电焊机、氧气瓶和乙炔气瓶等设备，要放置在具有足够承载能力的位置，并且应固定牢靠。

4）焊接与切割作业的危险区域以下，应设置围栏和警告标志，禁止行人通过，禁止人员在下方逗留。

5）高处作业中所用的物料、设备必须堆放平稳，不可放置在临边或洞口附近，对作业中的走道、通道板和登高用具等，必须随时清扫干净。拆卸下的物料、剩余材料和废料等要加以清理并及时运走，不得任意乱置或向下丢弃。各施工作业场所内，凡有可能坠落的任何物料都要一律先行撤除或者加以固定，以防坠落伤人。

（4）预防火灾措施

1）作业下方要彻底清除易燃易爆物品。施工前应在焊、割作业位置的下方搭设符合要求的平台，平台侧面和平台底部应铺盖铁皮或石棉板。如确无条件时，亦应在焊、割作业位置下方设置并安放能够满足要求的接渣设备，如接火盆或防火毯等。

2）工作现场 10m 以内要设栏杆隔挡。

3）工作过程中要设专人观察火情。

4）作业现场必须配备有效的消防器材。

5）焊接切割用电缆、胶管严禁缠绕在身上进行操作。

6）工作中和工作后要认真排除火灾隐患，并在焊渣等余燃完全熄灭，温度完全降至周围环境温度后方可离开。

（5）其他注意事项

1）凡从事高处作业的人员，包括建筑电焊（气割）工等特殊工种人员必须经体检合格后，方可进行作业。对患有精神病、癫痫病、高血压、视力和听力严重障碍的人员，不准从事高处作业。

2）夜间高处作业时必须配备充足的照明。

3）高处作业时，应密切注意、掌握季节气候变化，遇有暴雨、6 级及以上大风、大雾等恶劣气候时，应停止露天作业。盛夏季节施工时，应做好防暑降温工作，冬季应做好防冻、防寒、防滑工作。

4）高处作业时要做到"十不准"：一不准违章作业；二不准工作前和工作时间内喝酒；三不准在不安全的位置上休息；四不准随意向下面乱扔东西；五在不准睡眠严重不足时在从事高处作业；六不准打赌斗气；七不准乱动机械、消防及危险用品用具；八不准违反规定，不按要求使用安全用品、用具；九不准在高处作业区域追逐打闹；十不准随意拆卸、损坏安全用品、用具及设施。

5）高处作业前应进行安全技术交底，作业中发现安全设施有缺陷和隐患时必须及时解决，危及人身安全时必须停止作业。

6）电焊机、氧气瓶、乙炔瓶等设备不得放置在高处作业吊篮内使用。

6.5 手工焊接与切割职业卫生防护

建筑电焊（气割）工在焊、割作业中，不可避免地会接触到各种有害因素，如电弧辐射、高频电磁场、金属和非金属粉尘、有毒气体、金属飞溅、放射性物质和噪声等。焊接方法、焊接工艺、焊接母材和焊接材料以及操作者的熟练程度不同，有害因素的表现形式和程度也会出现很大的差别。因此，建立、健全劳动安全卫生制度，严格执行国家劳动安全卫生的相关规程和标准，可以有效避免和减少职业伤害，保护从业者的生命安全和身体健康。

6.5.1 常用的个人劳动防护用品

常用的个人劳动防护用品有安全帽、防护面罩、防护镜片、护目镜、防尘口罩及防毒面具、噪声防护用具、防护服、电焊手套、工作鞋及鞋盖等。

（1）安全帽

在高层交叉作业现场，为了预防高空和外界飞来物的危害，焊工应按要求正确佩戴安全帽。

（2）防护面罩

防护面罩是一种避免熔融金属飞溅物对人体面部及颈部烫伤，同时通过滤光镜片保护眼睛的一种个人防护用品。最常用的有手持式面罩和头盔式面罩，以及送风面罩和头盔，安全帽面罩等。防护面罩及头盔的式样，如图6-6所示。

（3）防护镜片

焊接弧光的主要成分是紫外线、可见光和红外线。而对人体眼睛危害最大的是紫外线和红外线。防护镜片（图6-7）的作用是：适当地透过可见光，使操作人员既能观察到熔池，又能将紫外线和红外线减弱到允许值（透过率不大于0.0003%）以下。焊工护目遮光镜片的选用，见表6-6。

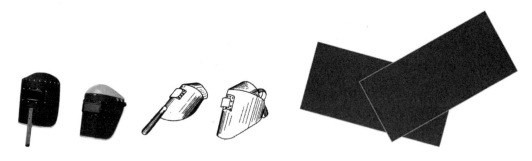

图6-6　防护面罩及头盔　　　　　　　　　图6-7　防护镜片实物图

焊工护目遮光镜片的选用表　　　　　　　　　　表6-6

工种	不同焊接电流选用镜片号			
	≤30A	>30～75A	>75～200A	>200～400A
电弧焊工	5～6	7～8	9～10	11～12
焊接辅助工	3～4			

（4）护目镜

防护眼镜包括黑玻璃和白玻璃两层，焊工在气焊或气割中必须佩戴，它除了与防护镜片有相同的滤光要求外，还应满足不能因镜框受热造成镜片脱落、接触人体面部的部分不能有锐角、接触皮肤的部分不能用有毒材料制作等要求。

护目镜的镜片颜色和深浅，可根据焊工的需要和被焊、割材料性质进行选用，颜色太深或太浅都会妨碍对熔池的观察，影响工作效率。护目镜实物如图6-8所示。

图6-8　护目镜实物图

（5）防尘口罩及防毒面具

焊工在焊接、切割作业时，当采用整体或局部通风不能使烟尘浓度降低到卫生标准以下时，必须选用合适的防尘口罩或防毒面具。

（6）噪声防护用具

国家标准规定若噪声超过85dB时，应采取隔声、消声、减振和阻尼等控制技术。当采取措施仍不能把噪声降低到允许标准以下时，操作者应采取个人噪声防护用具，如耳塞、眼罩或防噪声头盔。

（7）防护服

焊接用防护工作服，主要起到隔热、反射和吸收等屏蔽作用，以保护人体免受焊接热辐射或飞溅物伤害。

（8）电焊手套、工作鞋及鞋盖

为了防止焊工四肢触电、灼伤和砸伤，避免不必要的伤亡事故发生，要求焊工在任何情况下操作，都必须佩戴好规定的防护手套，穿胶鞋及鞋盖。

6.5.2 焊接作业常见危害及防护

1. 电弧光辐射的防护

（1）电弧光辐射的危害

1）焊接电弧温度高，手工电弧焊的电弧温度高达3000℃。在此温度下可产生强烈的弧光，主要是强烈的可见光和不可见的紫外线和红外线。

2）波长为180～320nm波段中的短波紫外线具有明显的生物学作用，电弧焊电弧形成的紫外线波长多集中在上述波长范围内。

① 中短波紫外线可以透过人体的皮肤角化层，被深部组织吸收和真皮吸收，可引起皮炎，产生弥漫性红斑，有时因轻度烧伤，还会使皮肤出现小水泡、渗出液和浮肿等现象，作用严重时伴有头晕、疲劳、发烧、失眠等症状。

② 紫外线能损伤眼结膜和角膜，眼睛短时间内受强烈的紫外线照射会引起电光性眼炎，长期受紫外线照射会引起水晶体内障等眼疾。

3）红外线波段越短，对机体的作用越强。

① 长波红外线可被皮肤表面吸收，使人产生热感觉。

② 短波红外线可被组织吸收，使血液和深部组织加热，产生灼伤。

③ 眼睛长期在短波红外线的照射下，可产生红外线白内障和视网膜灼伤等疾病。

4）焊接电弧的可见光线的光度，比肉眼通常能承受的光度约大一万倍。被照射后眼睛疼痛，看不清东西，通常叫作"电焊晃眼"。

（2）电弧光辐射的防护

电焊弧光防护的目的是保护焊工的眼睛和皮肤免受弧光的辐射作用。

1）光辐射为直线传播，易于遮挡。辐射强度随距辐射源距离的增加而减弱。一般在距离电弧 10m 以外，人眼偶然被弧光刺激，其伤害不大。所以，电焊工进行焊接作业时，应按照规定使用劳保用品、身着白色的帆布工作服，穿戴好鞋帽、手套、鞋盖等，以防电弧光辐射和飞溅烫伤。

2）电焊工进行焊接作业时，必须使用镶有吸收式滤光镜片的面罩。其罩体应遮住脸部和头部，滤光镜片应按照焊接电流强度来选择。使用的手持式或头盔式保护面罩应轻便、不易燃、不导电、不导热、不漏光。

3）为保护焊接作业场所周围工作人员的眼睛，一般在小件焊接的固定场所应安装防护屏，防护屏应用石棉板、玻璃纤维等阻燃或不燃材料制作，其表面涂上黑色或深灰色油漆，高度不低于 1.8m，屏底距地面留 250～300mm 的间隙，以供空气流通，电焊防护屏的构造，如图 6-9 所示。同时，在人员来往较频繁的场所，电焊工在引弧时，应提醒周围其他人员注意避开弧光，以免弧光伤眼。

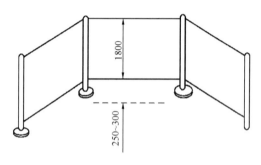

图 6-9　电焊防护屏示意图

4）夜间工作时，焊接现场应有良好的照明，否则由于光线亮度反复剧烈变化，容易引起电焊工眼睛疲劳。

5）一旦发生电光性眼炎，可到医院就医，也可用以下方法治疗：

① 奶汁滴治法。用牛奶每隔 1～2min 向眼内滴一次，连续 4～5 次即可止泪。

② 凉物敷盖法。用黄瓜片或土豆片盖在眼上，闭目休息 20min 即可减轻症状。

③ 凉水浸敷法。眼睛浸入凉水内，睁开几次，再用凉水浸湿毛巾，敷在眼睛上，8～10min 换一次，在短时间内可治愈。

④ 必要时戴有色眼镜。

⑤ 茶叶浸敷法。茶叶适量，用开水泡开，冷却后使用。患者仰卧，将湿茶叶浸敷于眼皮周围，轻轻启合眼皮数次，每隔半小时换茶叶一次，共 7～8 次（有的人一次痊愈）。也可用茶叶贴住双眼，睡一晚即可痊愈。

6）气焊、气割作业时，焊工需要戴护目镜，主要是保护其眼睛不受火焰亮光的刺激，以便于仔细观察焊接、切割部位情况，又可防止飞溅金属微粒溅入眼内。

2. 焊接烟尘及有害气体的防护

（1）焊接烟尘及有害气体的危害

1）在焊接与切割作业中，金属或焊条药皮在焊接电弧或切割火焰的高温作用下发生蒸发、凝结和汽化，并伴随着一系列的化学反应，会产生各种金属烟尘。所谓金属烟尘，包括烟和粉尘，其中直径小于 $0.1\mu m$ 的微粒称为烟，直径在 $0.1\sim10\mu m$ 的微粒称为粉尘，这些飘浮于空气中的烟和粉尘统称气溶胶，含有各种金属、非金属及化合物微粒，其中的 Mn、Si、Al 等金属对人体具有一定的危害，尤其是 Mn 还具有毒性。

① 焊接烟尘是造成焊工尘肺的直接原因，焊工尘肺多在接触焊接烟尘 10 年后，有的长达 15～20 年以上发病，其症状为气短、咳嗽、咳痰、胸闷和胸痛等，可通过 X 射线透视诊断。

② 锰中毒也由焊接烟尘引起，锰的化合物和锰尘通过呼吸道和消化道侵入身体。电焊工的锰中毒发生在使用高锰焊条以及高锰钢的焊接中，发病多在接触 3～5 年以后，甚至可长达 20 年才逐渐发病。锰及其化合物主要作用于末梢神经系统和中枢神经系统，轻微中毒可引起头晕、失眠，舌、眼睑和手指细微振颤，中毒进一步发展，表现出转弯、跨越、下蹲困难，甚至走路左右摇摆或前冲后倒，书写时振颤不清等。

2）另外，在焊接、切割作业高温及光辐射的作用下，电弧及切割火焰周围的空气会产生臭氧、氮氧化物、一氧化碳、二氧化碳和氟化氢等各种有害气体。

① 人处于较高浓度的臭氧环境时，往往会引起咳嗽、胸闷、乏力、头晕、全身酸痛等，严重时可引起气管炎。

② 氮氧化物属于刺激性气体，能引起剧烈咳嗽、呼吸困难、全身无力等。

③ 一氧化碳是一种毒性气体，会经呼吸道由肺泡进入血液与血红蛋白结合成碳氧血红蛋白，而阻碍血液带氧能力，使人体组织缺氧，造成一氧化碳中毒。

④ 二氧化碳是一种窒息性气体，人体吸入过量二氧化碳可引起眼睛和呼吸系统的刺激，重者可出现呼吸困难、知觉障碍、肺水肿等。

⑤ 碱性焊条药皮中的萤石（CaF_2）在电弧高温作用下会分解形成氟化氢。人吸入较高浓度的氟化氢，会强烈刺激上呼吸道，引起眼结膜溃疡以及鼻黏膜、口腔、喉及支气管黏膜的溃疡，严重时可发生支气管炎、肺炎等。

（2）防护措施

焊接通风除尘是防止焊接烟尘和有害气体对人体危害的重要防护措施。其排烟的方式主要有：全面通风换气、局部排风、小型电焊排烟机排风等。

1）全面机械通风是通过管道及风机等机械的通风系统进行全作业空间的抽风换气。设计时应按照每个焊工通风量不小于 $57m^3/mim$ 来考虑。当焊工作业室内净高度低于 3.5～4m 或每个焊工工作空间小于 $200m^3$ 时，以及工作间（容器、管道等狭窄作业场所）内部结构影响空气流动而使焊接工作点焊接烟尘浓度超过 $6kg/m^3$，有害气体浓度超过规定时，应采取全面通风换气。

2）局部通风是通过局部排风的方式来实现的。产生出的焊接烟尘和有害气体会被排风罩口有效地吸走。采用局部排风时，焊接工作地点附近的风速应控制在 $30m/min$，以保证电弧不受破坏。局部通风措施有排烟罩、轻便小型风机、压缩空气引射器及排烟除尘机组等。

3）当无法采用局部通风措施时，应用送风呼吸器面具，也可以使用防尘口罩和防毒面具，以过滤粉尘或焊接烟尘中的金属氧化物及有害气体。

3．烧伤、灼伤的防护

（1）来源和危害

焊、割作业时飞溅的熔渣、飞溅物、高温焊件、用完的焊条头，以及闪光对焊作业时的高温焊接件、产生的火花和高温切割件等，容易烧伤人体皮肤。

（2）防护措施

1）焊、割作业时，作业人员必须穿好工作服，戴好防护用手套和脚盖。绝对不允许卷起袖口、穿短袖衣服以及敞开衣服等进行焊、割作业，防止焊、割作业的飞溅物灼伤皮肤。

2）电焊工在更换焊条时，严禁乱扔焊条头，以免灼伤他人。

3）为防止操作电器开关时发生电弧灼伤，启闭电器开关时应将焊钳挂起来或放在绝缘板上；启闭电器开关时必须先停止焊、割作业。

4）预热工件时，预热好的部分应用石棉板盖住，只露出焊、割部分，并依次进行操作。

5）仰焊时的飞溅比较严重，应加强防护，以免发生被飞溅物灼伤事故。

6）闪光对焊作业时，操作区正前面不准人员通行，并且应采取必要的安全防护措施，防止火花飞溅。

7 典型事故案例

电气焊接、切割能引起的事故类型主要有火灾、爆炸、烧伤、触电等。

7.1 焊接、切割火灾事故

7.1.1 上海"11·15"特大火灾事故

1. 事故经过

2010 年 11 月 15 日 14 时，上海某高层公寓外墙保温施工过程中，2 名电焊工焊接作业时，飞溅的电焊火花引燃了外墙上的保温材料，以及外脚手架上的密目安全网和竹笆等可燃材料，短时间内形成密集火势，发生特大火灾。大火持续数小时后被扑灭，导致 58 人遇难、71 人受伤，直接经济损失 1.58 亿元。上海"11·15"特大火灾事故现场如图 7-1 所示。

2. 主要原因分析

（1）2 名电焊工未按规定取得建设行政主管部门颁发的特种作业人员资格证书。

（2）电焊工严重违反操作规程，引发大火后逃离现场，错失了对初期火灾扑救的最有利时机。

（3）装修工程违法分包，层层转包，导致安全生产责任不落实。

（4）施工作业现场管理混乱，存在明显的抢工期、抢进度、突击施工的行为，动火

图 7-1 上海"11·15"特大火灾事故现场

作业未进行审批，对焊接作业点周围的易燃物品应及时清除、底部应设置接火盆、安排专人监护、配备必要的消防器材等基本的安全措施不落实。

（5）外墙保温材料选用了非阻燃的聚氨酯泡沫，引燃后，与外脚手架上的密目安全网、竹笆等易燃材料沿大楼四周燃烧，可燃物多，火灾负荷大，而且当天的风力较大，火借风势蔓延极快，在"烟囱效应"的作用下，在极短的时间内形成了大面积、立体式火灾。

（6）被困人员较多，加之有相当一部分老人和小孩，自救知识和自救能力相对薄

弱，进一步扩大了伤亡人数。

（7）聚氨酯泡沫和密目安全网等材料燃烧后产生了大量的毒烟，增加了救援工作的难度。

（8）楼层过高，而一般消防车的举高高度只有 60m 左右，国内最好的消防车，其举高高度也只有 100m 左右，该楼 85m，给消防云梯和举高车救援带来极大困难。

3. 预防措施

（1）现场不得埋压、圈占、遮挡消火栓，不得占用防火间距。

（2）现场不得占用、堵塞、封闭疏散通道、安全出口、消防车通道。

（3）现场从事焊、割作业的人员必须取得建筑主管部门颁发的特种作业人员资格证书，持证上岗。

（4）现场焊、割作业属于明火作业，必须严格按照规定进行动火审批，未经审批通过，不得进行焊、割作业。

（5）焊、割作业周围严禁存放易燃易爆物品，因条件限制时，应对现场存放的易燃易爆物品进行封闭处理。

（6）高空焊、割作业时，应有可靠的防止焊渣、火花飞溅的措施，如放置接火盆、铺设防火毯等。

（7）现场焊、割作业时，应指定专人进行监护，及时扑灭可能造成火灾的焊渣及火花。

（8）现场焊、割作业时，其作业人员、监护人员的周围应配备一定数量的灭火器材，以便随时进行现场处置。

（9）施工现场应借用室内消火栓，铺设消防水带，加强监护；对于大型的人员密集场所在建工程施工现场或建筑物施工高度超过 24m 时，应设置与施工进度相适应的临时消防水源、安装消火栓并配备水带、水枪。

（10）不能在未竣工的建筑内设置员工集体宿舍。

7.1.2 洛阳"12·25"特大火灾事故

1. 事故经过

2000 年 12 月 25 日晚，位于河南省洛阳市老城区的某大厦顶层一家歌舞厅正在举办圣诞狂欢舞会，由于一层和地下一层计划于 26 日试营业，正紧张忙碌地进行着店面装修。正当大家沉浸在圣诞节的欢乐之中时，楼下几簇小小的电焊火花引燃大火，火势和浓烟顺着楼梯直逼顶层歌舞厅，酿成了特大火灾，一次夺走了 309 人的生命。

2000 年 11 月底，商厦装修时，已将地下一层大厅通往地下二层的楼梯通道用钢板封闭，但在楼梯两侧扶手穿过钢板处却留有两个方孔未予处理。2000 年 12 月 25 日 20 时许，为封闭两个方孔，商厦员工王某（无焊工作业资格证书）在未采取任何防护措施的情况下，实施焊接作业，电焊火花从方孔溅入地下二层的绒布、海绵床垫、沙发和木制家具等可燃物上。王某发现后，用室内消火栓的水枪从方孔向地下二层射水灭火，在不能扑灭的情况下，既未报警，也没有通知楼上人员，便自行逃离现场。此时，正在商厦办公的东都商厦总经理李某以及为开业做准备的员工见势也迅速撤离，未及时报警，亦未通知四层娱乐城人员逃生。随后，火势迅速蔓延，产生的大量一氧化碳、二氧化碳、含氰化合物等有毒烟雾顺着东北、西北角楼梯间向上扩散（地下二层大厅东南角楼梯间的门关闭，西南、东北、西北角楼梯间为铁栅栏门，着火后，西南角的铁栅栏门进风，东北、西北角的铁栅栏门过烟不过人）。由于地下一层至三层东北、西北角楼梯与商场采用防火门、防火墙分隔，楼梯间形成烟囱效应，大量有毒高温烟雾通过楼梯间迅速笼罩住了四层娱乐城，309人中毒窒息死亡。

2. 主要原因分析

（1）商厦非法施工、施焊人员无证作业、违章作业是事故发生的直接原因

经河南省、洛阳市公安消防部门火灾事故调查人员现场勘查和侦查人员调查取证，并经公安部火灾事故调查专家组勘验复审，确认"12·25"火灾事故是由于商厦地下一层非法施工、施焊人员无证作业、违章作业、电焊火花溅落到地下二层家具商场的可燃物上造成的。施焊人员明知地下二层存有大量可燃木制家具，却在不采取任何防护措施的情况下违章作业，导致火灾发生。火灾发生后，肇事人员和商厦的职工和领导既不报警，也不通知四层娱乐城人员撤离，贻误了灭火的最佳时机，使娱乐城大量人员丧失了逃生的机会，造成大量人员中毒窒息死亡。

（2）东都商厦消防安全管理混乱、对存在的重大火灾隐患不整改是造成事故发生的主要原因

消防安全管理混乱。没有按照《消防法》的要求履行消防安全管理职责，各承包单位、施工单位消防安全工作职责不清，消防安全管理制度不健全、不落实，职工的消防安全教育培训流于形式。

长期存在重大火灾隐患。商厦地下两层和地上四层没有防火分隔，地下两层没有自动喷水灭火系统，火灾自动报警系统损坏，四层娱乐城4个疏散通道3个被铁栅栏封堵，大楼周围防火间距被占用等。

（3）有关部门监督管理不力是事故发生的重要原因

有关职能管理部门明知东都商厦是消防安全重点单位，存在严重的火灾隐患，既没有督促东都商厦采取有效措施进行整改，也未向市政府作过治理请示；没有对东都娱乐城的营业情况进行监督检查，致使其长期无照经营；虽多次向东都商厦下发《重大火灾隐患限期整改通知书》，期限届满后，经复查发现未按要求整改，应按有关规定责令停产停业，但只做了简单罚款处罚。

综上所述，"12·25"特大火灾是由于东都商厦违法筹建及施工，施焊人员无证操

作、违章作业，东都商厦长期存在重大火灾隐患拒不整改，有关部门监督管理不力而导致的一起重大责任事故。

3. 对事故有关责任人员的处理

（1）对事故直接责任人王某（无证焊工）、王某（现场负责人）、杨某（现场负责人）3 人，司法机关以涉嫌放火罪予以逮捕。另外，王某、周某、刘某等东都商厦员工 12 人，司法机关以涉嫌包庇罪予以逮捕。

（2）对事故主要责任人商厦工会主席张某（分管娱乐城）、保卫科邓某、张某 3 人，司法机关以涉嫌玩忽职守罪予以逮捕；对商厦总经理李某、主管安全保卫和消防工作的卢某、保卫科杜某 3 人，司法机关以涉嫌消防责任事故罪予以逮捕。

（3）对洛阳市消防支队防火处指导科姚某、洛阳市文化局瞿某、对洛阳市文化市场管理办公室桂某、老城区工商局青年宫工商所杨某等 4 人，司法机关以涉嫌玩忽职守罪予以逮捕；对洛阳市老城区建委唐某、洛阳市建委城建监察办公室张某 2 人，司法机关以涉嫌滥用职权罪予以逮捕。

（4）娱乐城经理张某已在火灾中死亡，不再追究其责任。

（5）另有 27 人分别受到了党纪政纪处分。

4. 主要预防措施

（1）焊工上岗前应首先经建设主管部门考核合格，并取得特种作业资格证书，焊接过程中应严格按照电焊工安全操作规程操作。

（2）施焊作业前，应分清动火等级，严格履行动火审批程序，未经批准，严禁实施动火作业。

（3）焊接作业前，应对焊接场所认真检查，应在远离易燃品 10m 以外施焊，否则，应对易燃品进行封闭，或在与易燃品隔离的作业空间内作业。

（4）施焊作业时，应设置专人进行监护，对可能飞溅出去的焊渣、火花等及时扑灭。

（5）动火作业周围应配备有一定数量的灭火器材，如砂箱、泡沫灭火机等。

（6）事故发生后应立即组织扑救，并及时报警，及时对周围人员进行疏散，争取在火灾事故的初期予以扑灭，把火灾事故的损失降低到最小。

7.1.3 南昌"2·25"重大火灾事故

1. 事故经过

2017 年 2 月 25 日 7 时 12 分，张某与其组织的 19 名施工人员及 2 名由李某叫来的废品收购人员陆续进入某会所 2 层开始施工。

7 时 47 分许，李某驾驶面包车（高贵、彭永兵同车）携带 3 个氧气瓶、1 个液化石油气罐、1 把气割枪和 1 只手持式电动切割机到达某会所。李某等 3 人在附近吃过早饭后，于 8 时许进入某会所，其中李某安装好氧焊切割设备及手持式电动切割机，开始切割和拆卸会所大堂北部弧形楼梯两侧的金属扶手。至 8 时 18 分许，当李某在会所大堂北部弧形楼梯中部切割南侧金属扶手时，其助手高某发现位于切割点正下方堆积的废弃沙发着火。

初起火灾扑救情况。发现火情后，高某大声呼救并将着火点周围的沙发移开；李某立即停止切割，四处寻找灭火器材；正在弧形楼梯上准备去 2 层查看施工进度的万某听到叫喊，立即返回 1 层，与高某一起搬移沙发，大约移开四五张沙发后，发现火势变大，万某便离开火场；高某在试图寻找消火栓未果后，与李某一同将气割工具搬出火场，丢弃在某会所大门外侧地面，并将带来的氧气瓶、液化石油气罐、手持式电动切割机搬运至李某开来的面包车内。

8 时 21 分许，某酒店保安部经理发现火情，立即叫酒店保安取来 2 只灭火器进行灭火，高某随后也从酒店取来 1 只灭火器进行灭火；李某与酒店保安一起从 a 座公寓大堂内的消火栓及消防卷盘接出水管拉至某会所进行灭火，但火势已控制不住，均放弃扑救。8 时 22 分许，路过的群众发现火情后立即拨打 119 报警。

事故共造成 10 人遇难、13 人受伤（其中 1 人重伤）。事故过火面积约 1500m²。核定事故造成直接经济损失为 2778 万元。

2. 主要原因分析

1）该会所是事故主体责任单位，安全生产主体责任不落实。

①未经批准非法组织改建装修施工。②违规肢解、发包改建装修工程。③违法拆除、停用消防设施并堵塞疏散通道。④未认真履行场所内安全管理和消防安全管理责任。

2）工程施工承包方是事故主要责任方，工程施工安全管理责任不落实。

① 无资质承揽工程并违规层层分包。②施工人员违法动火作业。③施工现场组织混乱、安全管理缺失。

3）酒店是起火建筑公共消防设施管理责任单位，作为消防安全重点单位，未依法依规实施严格的消防安全管理。

①未认真履行消防设施管理、巡查职责。②未按期进行消防设施检测、测试。③未按要求严格消防控制室管理。④聘请无资质消防技术服务机构负责酒店消防维保服务。

4）某消防安全有限公司未依法依规正确履行消防技术服务机构职责。

① 指派无相应从业资格人员从事消防技术服务。②违法拆除、关闭消防设施。

5）某消防安装工程公司。非法从事社会消防技术服务活动。

6）某投资有限公司。未依法依规履行产权方安全管理责任，对产权房屋安全管理缺失。

3. 主要预防措施

（1）坚守安全红线，全面加强安全生产责任体系建设。

（2）完善监管机制，全面围堵安全生产非法违法行为。

（3）深入排查整治，全面落实特殊作业安全监控措施。

（4）严格监督管理，全面落实单位消防安全主体责任。

（5）强化消防宣传，全面提升社会公众防范自救能力。

7.2 焊接、切割爆炸事故

7.2.1 氧气瓶卸车爆炸导致死亡事故

1. 事故经过

2006 年 5 月 30 日下午，某市立交桥工地发生一起氧气瓶爆炸事故，一人当场死亡。事发地点位于立交桥（机场路）与环城北路北端连接处的桥墩下。执法人员赶到现场时看到，一辆白色福田小货车驾驶室玻璃已全部粉碎，车厢三边栏板被掀翻并垂挂在那里，车厢上尚有 20 多个氧气瓶，货车司机被炸死。据现场目击者说，事故发生时，该司机正在现场装卸氧气瓶，为图方便，他把氧气瓶从车上用脚蹬下，第一个气瓶落下后，第二个气瓶跟着砸在了上面，导致氧气瓶气压骤然升高，引起了两个气瓶的爆炸，致其死亡。

2. 主要原因分析

（1）两个气瓶相互碰撞，压缩气体在氧气瓶碰撞时受到剧烈振动，引起压力升高，使气瓶某处产生的压力超过了该瓶壁的强度极限，引起气瓶爆炸，这是发生事故的主要原因。

（2）氧气瓶瓶阀没有瓶帽保护，剧烈碰撞时造成密封不严、泄漏，甚至瓶阀损坏，致使高压气流冲出引起燃烧爆炸，这也是造成事故的一个重要原因。

（3）瓶体严重腐蚀或将气瓶置于烈日下长时间暴晒，瓶内气压随着温度的升高而升高，直至达到爆炸极限，最终爆炸，这也是事故发生的一个重要因素。

3. 主要预防措施

（1）氧气瓶（包括瓶帽）外表应当按照要求涂成天蓝色，并在气瓶上用黑漆标注"氧气"两字，以区别于其他气瓶，并不准与其他气瓶放在一起。

（2）使用氧气时，不得将瓶内氧气全部用完，最少需留有 $100\sim200kPa$ 气压，以便在重装氧气时能做吹除灰尘试验和避免混进其他气体。

（3）夏季氧气瓶应防止暴晒；冬季氧气瓶阀发生冻结时，决不许用火烤，应用热水或蒸汽加热解冻。氧气瓶离开焊炬、割炬、炉子和其他火源的距离一般应大于 5m，离开暖气片、暖气管路应不小于1m。氧气瓶在搬运和使用中严禁撞击。氧气瓶上必须安装防振橡胶圈。

（4）氧气瓶上不许沾染油脂，尤其氧气瓶瓶阀处。

（5）氧气瓶在运输、储存和使用时必须有可靠的固定措施。

7.2.2 补焊空置汽油桶引起爆炸事故

1. 事故经过

2008年12月7日，某工地一空置的汽油桶需要补焊，焊工班班长提出，在未采取措施的情况下，直接补焊可能存在危险，但现场一管理人员却以焊接干燥的空桶没有危险作为理由，强行安排其实施焊接作业。因此，在没有采取任何措施，甚至连加油口盖子也没有打开的情况下，班长即安排一工人辅助一电焊工进行作业。电焊工蹲在地上进行气焊，辅助工人用手帮其扶着油桶。刚开始焊接作业一会儿，汽油桶发生爆炸，两端封头飞出，桶体被炸成一块铁皮，正在操作的气焊工被当场炸死。

2. 主要原因分析

汽油汽化后的爆炸极限为0.89%～5.16%，爆炸下限非常低。因此，尽管汽油桶的内部是干燥的，但只要汽油桶内壁的铁锈表面微孔里吸附了少量的残油，或桶内卷缝里的残油甚至油泥里挥发扩散出少量的汽油蒸气，就很容易达到和超过汽油爆炸的爆炸下限，遇焊接火焰或电弧后就会爆炸，加之汽油桶的加油口盖子没有被打开，因此，其爆炸时的威力会更大，造成这场悲剧的发生。

3. 主要预防措施

（1）补焊或切割空油桶时应敞开孔盖，将油桶横放在地上，操作者应立在桶的侧面，避开油桶盖操作，以防万一发生爆炸，油桶端盖（此处强度较薄弱）炸开，以致伤人。

（2）焊接、切割盛燃油的容器前，必须经严格的清洗，并晾置一段时间，或者采用其他惰性气体置换后方可实施作业，有条件的话，还必须经气体分析检测合格后才可动火焊补或切割。

（3）施工现场应坚决杜绝违章指挥行为的发生，作业人员应自觉抵制违章指挥。

7.3 焊接、切割触电事故

7.3.1 电焊工私自接线引起触电身亡事故

1. 事故经过

某施工现场电焊工在临时动火点实施焊接作业时，因专业电工不在现场，该电焊工即自行完成电焊机的接线工作，其将每股电线头部的胶皮去掉后，分别接在了电箱的三根相线接线柱上。由于错将保护零线接到了相线上，当他准备调节焊接电流而用手触及电焊机外壳时，突遭电击身亡。

2. 主要原因分析

电焊工不熟悉有关电气安全知识，将用于接电焊机外壳的保护零线错误地接到了电箱的相线接线柱上，导致电焊机外壳带电，酿成触电事故。

3. 主要预防措施

（1）建筑电工与电焊工同属特种作业人员，必须通过专门的培训，并经考试合格，取得特种作业人员资格证书后方可上岗作业，现场焊接设备的接线必须由专业电工完成，电焊工不得擅自操作。

（2）电焊机一次侧电缆应严格按照《施工现场临时用电安全技术规范（附条文说明）》JGJ 46—2005 的要求，将相线、工作零线和保护零线分别采用不同的颜色进行标识，杜绝不合格电缆线进场。

（3）现场应进一步加强对操作人员的安全教育和培训，应认真做好安全检查工作，杜绝作业人员的违章作业行为。

7.3.2 未正确使用绝缘手套导致触电事故

1. 事故经过

2010 年 8 月 17 日 13 点 30 分，某施工现场电焊工于某在焊接二楼空调管道时被电流击中，随即倒在了移动式操作平台上。现场作业人员发现后，立即对其进行了人工急救，并送往了医院，于某经抢救无效死亡。事故发生后，调查人员发现，现场为其配备的绝缘手套还完好地放置在移动式操作平台上，说明其在施工过程中根本未按规定正确佩戴。触电事故现场如图 7-2 所示。

图 7-2 触电事故现场

2. 主要原因分析

（1）于某在移动式操作平台上调整作业位置时，左手接触到了焊枪的导电部位，头颈部接触着空调管道，形成闭合回路，造成触电事故，这是发生事故的直接原因。

（2）现场所使用的电焊机未按照规定安装二次侧触电保护器（二次侧降压保护装置），二次侧空载电压过高，造成触电事故，这是发生事故的重要原因。

（3）电焊工于某在作业过程中没有按照要求，正确佩戴绝缘手套，造成触电事故，这是发生事故的另一个重要原因。

3. 主要预防措施

（1）现场焊接作业时，电焊工应严格按照要求，正确佩戴各类防护用品，如戴绝缘手套、穿绝缘鞋等。

（2）电焊机二次侧必须按要求安装二次侧触电保护器（二次侧降压保护装置），确保电焊机空载时的空载电压为安全电压。

（3）应进一步加强对现场作业人员的安全教育和培训，督促作业人员严格按操作规程作业。

7.3.3　拽拉带电焊机电源线引起触电死亡事故

1. 事故经过

2010 年 5 月 16 日，某施工现场，电焊工张某正在对设备的安装支架进行焊接。因支架相互间的距离较远，因此，张某在焊接过程中，必须边作业边向远处移动。当由其负责焊接的最后一根支架只剩下最后 1m 时，电焊机的焊把线却差了 0.5m 左右的长度。为图省事，张某在严重违规的情况下，用双手向前拽拉带电的电焊机，正当张某拽拉着电焊机向前移动时，电焊机一次侧电源线的一根相线突然绷紧拉断，拉断的电源线搭到了电焊机的外壳上，张某当场触电死亡。

2. 主要原因分析

（1）电焊工张某在严重违反操作规程的情况下，带电移动电焊机，拽断电源线，造成电焊机外壳带电，发生触电事故，这是发生事故的直接原因。

（2）张某在明知带电电焊机可能会出现外壳带电的情况下，不按规定佩戴绝缘手套，造成触电事故，这是造成事故的间接原因。

（3）电源线搭到了电焊机外壳上时，按照《施工现场临时用电安全技术规范（附条文说明）》JGJ 46—2005 的要求，如果电焊机外壳能够与保护接零线始终完好接触，其开关箱内的漏电保护器应予跳闸动作，自动切断电源。因此，或保护零线未与电焊机外壳完好连接，或漏电保护器失灵等现场临时用电管理存在的缺陷也是发生事故的最重要原因。

3. 主要预防措施

（1）现场严禁带电移动用电设备，包括电焊机等。必须移位时，则需先将电焊机的电源切断，再行移动；待将电焊机移动到位后，经检查无误后再送电作业。

（2）电焊工现场施焊作业及移动带电设备时，应严格按照规定，认真佩戴好各类劳动防护用品。

（3）现场应加强临时用电管理，严格按照《施工现场临时用电安全技术规范（附条文说明）》JGJ 46—2005 的要求，确保用电设备外壳与保护接零线的完好连接，同时，现场还应按照规定，定期对漏电保护器进行试验和检测，发现问题，及时排除。

（4）现场应加强对作业人员的安全教育和安全培训，加强安全检查，杜绝违章作业行为的发生。

7.3.4　私自维修电焊机导致触电事故

1. 事故经过

某施工现场，电焊工张某、李某在准备构件焊接时发现，其现场使用的 BX1-330 交流弧焊机的一次侧线圈在与接线板连接处出现断裂，张某找了一段软铜线交由李某更换后离开。李某随即将该段软铜线接上，并用扳手将一次线接线板处松动的螺栓进行了紧固，然后离开了现场。张某返回后，见电焊机已经修好，便拿起焊把开始作业，刚一引弧，即发生触电事故，张某大叫一声，倒在了地上。旁边正在作业的另一名工人见状后，立即拉闸，并组织人员将其送往了医院，张某因医治无效死亡。

2. 主要原因分析

（1）因修理方法不当，电焊机受到了碰撞，电焊机一次绕组与二次绕组间的内部绝缘损坏，造成内部短路，使得二次侧的电压异常升高，焊接时发生触电事故，这是事故发生的主要原因。

（2）电焊工焊接过程中，没有按照规定戴绝缘手套、穿绝缘鞋等劳动防护用品，也是事故发生的一个重要原因。

3. 主要预防措施

为防止电焊机二次侧电压异常升高对操作人员所造成的触电事故，除应当以预防正常二次侧空载电压致人触电的措施为基础外，还应采取以下措施：

（1）电焊机应放置在干燥、通风、无振动、无较大的扬尘、无腐蚀性气体、无易燃易爆物品、温度适宜的场所，以防止电焊机长期受潮和腐蚀性气体的侵袭，遭雨淋水淹等原因，导致内部绝缘损坏。

（2）在运输、挪动和使用的过程中，应防止强烈的振动和撞击，在户外使用时，应设有遮风避雨的装置，防止雨雪和粉尘的侵入及烈日曝晒，以防止由于运输、安装和使用方法不当，电焊机受到严重振动、冲击、碰撞等机械性损伤，使绕组的绝缘损坏。

（3）电焊机的接线端子应安装防护罩，有插销孔接头的电焊机，插销孔的导体必须隐蔽在绝缘板内。

（4）电焊机工作场所及存放场所的各种物品应当摆放有序，严防金属屑、铁丝头、粉尘等杂物对电焊机造成的短路、旁路等危害。

（5）配电电器的选用和安装应合理、规范，各类电器元件型号及参数的选用应规范、正确。

（6）连接电焊机电源线前，必须测量配电箱接线端子的输出电压，必须与电焊机一次侧接线端子的要求电压相符合；对于使用中的电焊机，应经常检查供电线路及配电装置有无异常。

（7）焊接工艺及焊条的选用均不得超过电焊机的额定焊接电流和额定负载持续率，不得超负荷使用，以防因过载而损害或烧毁内部绝缘。当焊接结束或焊工暂时离开工作现场时，应切断电源。

（8）电焊机必须采取 TN-S 接零保护系统，即把电焊机的外壳和二次侧与焊件相连的一端接到保护接零线上。

（9）对于电焊机及其电源电缆、配电电器等应做好维护和保养，除日常检查外应每半年进行一次保养，重点检查电焊机及线缆的绝缘电阻不得低于 $1M\Omega$；用干燥的压缩空气吹净电焊机内外的灰尘，必要时应驱潮；检查绕组及引线各接线点有否松动或损坏等，发现问题及时修复。

7.3.5　更换焊条时触电身亡

1. 事故经过

某现场，电焊工张某在进行焊接作业时，因周围环境温度较高，且通风不良，张某身上的大量汗水将其所穿的工作服和佩戴的普通线织手套湿透。当张某在更换焊条时，不小心触及了焊钳钳口，身体出现痉挛后，仰面跌倒，焊钳落在了他的颈部，未能及时摆脱，造成电击，致其当场触电死亡。

2. 主要原因分析

（1）电焊机的二次侧未安装二次侧触电保护器（二次降压保护装置），电焊机的空载电压致该电焊工触电死亡是事故发生的直接原因。

（2）作业周围的环境温度较高，电焊工张某大量出汗，人体电阻降低，触电的危险性增大是事故发生的间接因素。

（3）电焊工张某所佩戴的线织手套不能满足合格的绝缘手套的防护性能，经汗水浸泡后不能起到绝缘作用是发生事故的另一个原因。

（4）电焊工张某触电后未被及时发现，电流通过人体的持续时间较长也是发生事故的一个重要原因。

3. 主要预防措施

（1）现场使用电焊机实施焊接作业时，应按要求安装二次侧触电保护器（二次侧降压保护装置）。

（2）焊接作业时，焊接作业周围环境应保持通风良好，作业人员应在上风向口的地方实施焊接操作。

（3）现场应为电焊作业人员配备合格的劳动防护用品，不得以次充好。

（4）焊接作业人员在特殊环境条件下工作时，要安排专人进行监护，随时注意操作者的动态，遇到危险征兆时，应立即采取措施。

（5）焊接作业人员在特殊环境条件下工作时，应适当减少其工作时间，减轻其劳动强度。

7.3.6　赤膊施焊导致触电事故

1. 事故经过

某施工现场，钢筋工丁某洗澡后，脚穿拖鞋，光着上身来到了电焊作业场地。丁某拿起一个电焊面罩，站在焊工陈某的背后看其施焊。过了一会儿，丁某说道："你焊得不好，看我的!"陈某从背后把焊钳递给他，丁某接过焊钳后，随即就倒在了地上，脸朝上，双目紧闭，而右手拿着的焊钳也跌落到了他的左胸口处。事故发生后，陈某迅速关闭了电源，并组织人员将丁某送到了医院，虽经多方抢救，还是不幸死亡。

2. 主要原因分析

（1）丁某接过焊钳时，其右手接触到了不绝缘的焊钳钳口，经电焊机空载电压电击后倒地，焊钳随即又落到了其左胸口处，致电流通过其心脏处的持续时间较长，这是发生事故的直接原因。

（2）丁某仅为一个钢筋工，未经专门的培训，亦未取得建设行政主管部门颁发的特种作业操作资格证书，却要进行焊接作业，属于无证操作，这是发生事故的一个重要原因。

（3）现场所使用的电焊机未按规定安装二次侧触电保护器（二次侧降压保护装置），致使电焊机在空载时的电压达不到安全电压的要求，致丁某在接触到焊钳钳口后触电，这是发生事故的另一个重要原因。

（4）电焊工陈某在明知丁某不是电焊工的情况下，把焊钳交给丁某，并允许其实施焊接作业；丁某光着身子、穿着拖鞋进入施工现场，且又在没有佩戴任何劳动防护用品（未戴绝缘手套、未穿工作服和绝缘鞋）的前提下实施焊接作业，二人都严重违反劳动纪律，这也是发生事故的一个重要原因。

（5）丁某触电后，电焊工陈某虽然及时将电源切断，并组织人员将其送往了医院，却没有立即对丁某实施人工急救，错失了救护的最佳时机，导致了丁某的死亡。

3. 主要预防措施

（1）现场使用电焊机实施焊接作业时，应按要求安装二次侧触电保护器（二次侧降压保护装置），确保电焊机空载时的空载电压为安全电压。

（2）电焊作业人员必须按照规定，通过必要的安全培训，并经考核合格，依法取得建设行政主管部门颁发的特种作业资格证书后方可上岗。

（3）现场焊接作业时，电焊工应严格按照要求，正确佩戴各类防护用品，如戴绝缘手套，穿绝缘鞋等。

（4）现场应加强对作业人员的安全教育和安全培训，加强安全检查，杜绝违章作业行为的发生。

（5）现场应加强对作业人员触电急救知识的教育和培训，增强职工（包括电焊工）对触电事故的应急能力和自救能力。

7.4 其他类型事故

7.4.1 点焊不牢固上人导致坠落死亡事故

1. 事故经过

某施工现场，钢筋工徐某在 12.4m 高的钢屋架上焊接钢筋支撑时，未系安全带，也没有采取其他安全防护措施。工作 1h 后，辅助工陈某到地面上去取焊条，此时，仍在屋架上的徐某由于没有陈某的协助，便左手扶持着待焊的钢筋，右手拿着焊钳，闭着眼睛进行操作。徐某先把钢筋的一端点焊到了钢屋架上，然后，左手把持着只是点焊了一端的钢筋探身向前去焊接钢筋的另一端。徐某刚一闭眼，左手把持着的钢筋因焊接不牢，支持不住其身体的重量，突然脱焊，徐某与脱落的钢筋一起从钢屋架上坠落，当场死亡。

2. 主要原因分析

（1）钢筋工徐某在尚未确认只点焊了一端的钢筋是否牢固的情况下，即将身体的重量施加上去，最终导致钢筋脱落，坠地，导致事故，这是事故发生的直接原因。

（2）徐某仅为一个钢筋工，未经专门的培训，亦未取得建设行政主管部门颁发的特种作业操作资格证书，属于无证操作，导致事故，这是事故发生的一个重要原因。

（3）徐某从事高处焊接作业时，不按照规定系安全带也没有采取其他安全防护措施，导致事故，这是事故发生的主要原因。

3. 主要预防措施

（1）电焊作业人员必须按照规定，通过必要的安全培训，并经考核合格，依法取得建设行政主管部门颁发的特种作业资格证书后方可上岗。

（2）高处作业时，必须督促作业人员系好安全带必须为从事高处作业的人员提供必要的安全防护措施，如搭设操作平台、架设安全网等。

7.4.2 焊炬漏气回火事故

1. 事故经过

某施工现场，气焊工赵某在施焊时，使用了漏气的焊炬，致使其手掌被气瓶上调节轮处冒出的火苗烧伤。赵某到诊所做了简单的处理，涂上一些獾油后，回到现场继续进行气焊作业。第二次施焊时，再一次发生回火现象，氧气胶管爆炸，减压阀着火烧毁，赵某紧急关闭氧气瓶阀门时，再一次被燃烧着的气体烧伤。

2. 主要原因分析

（1）漏气的焊炬容易发生回火。

（2）赵某手上涂有獾油，在调节氧气压力时，氧气瓶阀和减压器沾上了油脂，发生回火时，在压缩氧的强烈氧化作用下引起剧烈燃烧。

3. 主要预防措施

（1）气焊前应检查焊炬是否良好，发现漏气时严禁使用，并及时予以修复，未经修复好的焊炬不得继续使用。

（2）现场施焊作业时，不能用带有油脂的手套或沾有油脂的身体开启或接触氧气瓶阀和减压器。

7.4.3 未佩戴防护用品导致灼伤事故

1. 事故经过

某施工现场，3名焊工进行焊接作业时，由于焊件较大，并不时需要变换焊件位置，单靠电焊工自身3人难以独立完成作业，须有他人协助进行。现场管理人员在没有配发任何防护用品的情况下，即临时安排3名工人辅助电焊工进行操作。3名焊接辅助人员在焊接作业时，在距离光源大约1m的位置处帮助电焊工扶住焊件，每人每次工作约30min、60min不等。工作了半天，下班后不到4h，除电焊工因佩戴有劳动防护用品，没有发生身体灼伤外，其他3名焊接辅助人员都先后出现了眼睛剧痛、怕光、流泪、皮肤有灼热感、痛苦难忍等症状。后经医生检查发现，该3名焊接辅助人员的眼球结膜均充血、水肿，面部、颈部等暴露部位的皮肤均出现水肿性红斑，经数日治疗，3人眼部及皮肤灼伤部位的症状才得以消失，视力恢复，皮肤灼伤部位痊愈。

2. 主要原因分析

（1）焊接作业时，3名辅助焊接人员没有按照规定正确佩戴劳动防护用品。

（2）该现场的主要管理人员、电焊工及辅助焊接人员均缺乏电焊作业的基本安全知识。

3. 主要预防措施

（1）进行电焊作业时，操作人员及辅助焊接人员均必须严格按照要求正确佩戴劳动防护用品。

（2）现场对电焊工、辅助焊接人员等从事焊接作业人员应加强焊接作业安全知识教育，提高其自我保护的意识和能力。

7.4.4　开启阀门过快导致事故

1. 事故经过

某上、下水管焊接作业现场，辅助焊接作业的水暖工李某在开启氧气瓶阀门时，瓶内的氧气突然窜出，将接在减压器出气口处的氧气胶管冲落，恰好击中正在一旁等待焊接作业的电焊工徐某的左眼上，将徐某的眼球击裂，并致失明。

2. 主要原因分析

（1）氧气瓶内的压力较高，开启阀门时，因用力过大、过猛，阀门开启过快，致使瓶内气体受到猛烈冲击，并急速窜出。

（2）氧气胶管与减压器的连接不牢，这也是造成事故的一个重要原因。

（3）水暖工李某在未经焊接专业知识培训，不懂得气瓶安全操作知识的情况下，盲目地开启气瓶阀门，属于违章作业行为，酿成事故。

（4）电焊工徐某在明知李某不是专业焊工的情况下，允许其开启气瓶阀门，而其本人又违反安全操作规程，站在了气瓶出气口处，最终酿成事故。

3. 主要预防措施

（1）施工现场，非气焊工不得随意操作气焊设备及工具。

（2）开启气瓶阀门时，用力不应过大、过猛，应缓缓开启。

（3）开启气瓶阀门时，操作者应站在气瓶气体出口方向的侧面，其正面不得有任何人站立或经过。

（4）减压器出气嘴上的氧气胶管应与出气嘴牢固连接，并应随时进行检查。

7.4.5　电焊引弧烧损吊篮绳索导致坠落事故

1. 事故经过

某锅炉安装现场，电焊工游某、梁某 2 人在距地面 52m 高的高处作业吊篮内安装斜支撑钢梁上的固定钢板。游某在对固定钢板实施焊接作业时，将电焊机放置在吊篮内，未对悬挂高处作业吊篮的钢丝绳采取隔离保护措施，并将钢丝绳作为焊机的回线进行引弧，致使钢丝绳局部烧伤，高处作业吊篮坠落，电焊工游某、梁某随高处作业吊篮和电焊机一同坠落，当场全部死亡。

2. 主要原因分析

（1）电焊工游某、梁某在吊篮内实施焊接作业时，对悬挂吊篮的钢丝绳没有采取隔离保护措施，并把钢丝绳作为焊机的回线进行引弧，致使钢丝绳局部烧伤，这是发生事故的直接原因。

（2）现场未按规定在高处作业吊篮上设置作业人员专用的挂设安全带的安全绳及安全锁扣，致使游某和梁某不能正确地系挂安全带，这是发生事故的另一个直接原因。

3. 主要预防措施

（1）高处作业吊篮安装完成后应组织进行验收，未经验收合格的吊篮不得使用。

（2）高处作业吊篮应设置作业人员专用的挂安全带的安全绳及安全锁扣。安全绳应固定在建筑物可靠位置上，并不得与吊篮上任何部位有连接。

（3）吊篮内的作业人员应按照规定系安全带，并应将安全锁扣正确挂置在独立设置的安全绳上。

（4）在吊篮内进行电焊作业时，应对吊篮设备、钢丝绳、电缆采取保护隔离措施，不得将电焊机放置在吊篮内；电焊缆线不得与吊篮的任何部位接触；电焊钳不得搭挂在吊篮上，更不得以吊篮（包括钢丝绳）作为电焊机的回线进行引弧。

（5）当施工中发现吊篮设备故障和安全隐患时，应及时排除，对可能危及人身安全时，应停止作业，并应由专业人员进行维修。

模 拟 练 习

一、判断题

1. 不锈钢按合金元素的特点，划分为铬不锈钢和铬镍不锈钢。

【答案】正确

2. 钢材的工艺性能包括可切削性、可铸性、可锻性和可焊性。

【答案】正确

3. 基本的灭火方法有：隔离灭火法、窒息灭火法、冷却灭火法和抑制灭火法。

【答案】正确

4. 发生化学爆炸只需要可燃易爆物和着火源。

【答案】错误

【解析】化学爆炸必须同时具备三个条件：可燃易爆物；着火源；可燃易爆物与空气或氧气混合并达到爆炸极限，形成爆炸性混合物。

5. 稳压二极管使用时是处于反向击穿状态的。

【答案】正确

6. 漏电保护器用于保护人身以防因漏电发生电击伤亡及防止因电气设备或线路漏电引起电气火灾事故。

【答案】正确

7. 成型方便，适应性强是焊接的优点。

【答案】正确

8. 气割是利用可燃气体与氢气混合的火焰，将金属加热到燃烧点，并在氧气射流中剧烈燃烧而将金属分开的加工方法。

【答案】错误

【解析】气割是利用可燃气体与氧气混合燃烧的预热火焰，将金属加热到燃烧点，并在氧气射流中剧烈燃烧而将金属分开的加工方法。

9. 金属焊接方法按照焊接过程中金属所处的状态不同，可分为点焊、压力焊和钎焊三类。

【答案】错误

【解析】金属焊接方法按照焊接过程中金属所处的状态不同，可分为熔化焊、压力焊和钎焊三类。

10. 电阻焊分为点焊、缝焊和对焊三种形式。

【答案】正确

11. 钎焊接头强度高是钎焊的缺点。

【答案】错误

【解析】钎焊接头强度比较低是钎焊的缺点。

12. 金属切割方法分为十字切割和定向切割

【答案】错误

【解析】金属切割方法分为热切割和冷切割。

13. 交流电焊设备，输入电源频率为 50Hz 时，两极加热温度一样。

【答案】正确

14. 焊接回路电缆线总的电压降不得大于 4V。

【答案】正确

15. 焊条产生电弧，把电能转换成热能。

【答案】正确

16. 焊缝的力学性能取决于铁素体和珠光体的相对含量及晶粒的粗细程度。

【答案】正确

17. 钾水玻璃具有稳弧作用。

【答案】正确

18. 碱性焊条脱硫、脱磷、去氢能力强，焊缝的力学性能和抗裂性较好，用于合金钢焊接。

【答案】正确

19. 焊条前两位数字表示熔敷金属抗拉强度的最小值。

【答案】正确

20. 酸性焊条视受潮情况在 150℃ 左右的温度下烘焙 1～2 h。

【答案】正确

21. T 形接头通常作为一种联系焊缝，能承受各种方向上的力和力矩。

【答案】正确

22. 焊条重复烘干次数不宜超过 3 次，以免药皮变质、开裂而影响焊接质量。

【答案】正确

23. 乙炔燃烧时，可以用四氯化碳灭火。

【答案】错误

【解析】乙炔与氯或次氯酸盐等化合时也会发生燃烧或爆炸，因此，由乙炔引发火灾时，严禁采用四氯化碳灭火器灭火。

24. 气割的实质是被切割材料在纯氧中燃烧的过程，不是熔化过程。

【答案】正确

【解析】所谓气割，是利用气体火焰的热能将工件切割处预热到一定温度后，喷出高速切割氧流，使材料燃烧并放出热量实现切割的方法。

25. 凡是与乙炔接触的器具、设备不能用银或含铜量超过 70% 的铜或银合金制造。

【答案】正确

【解析】乙炔与铜、银等金属长期接触时，能生成乙炔铜或乙炔银等爆炸物质。

26. 安装氧气减压器之前，应先沿逆时针方向缓慢旋转氧气瓶阀上的手轮，利用瓶内高压氧气流吹除瓶阀出气口的污物，然后立即旋紧手轮。

【答案】正确

27. 回火防止器的工作压力应比乙炔发生器的工作压力低。

【答案】错误

【解析】回火防止器的工作压力应与乙炔发生器的工作压力相适应。

28. 左焊法的缺点是焊缝易氧化，冷却速度快，热量利用率低，且不易看清已焊好的焊缝。

【答案】错误

【解析】右焊法的缺点是不易看清已焊好的焊缝，因为其移动方向是从左端向右端。

29. 氩弧焊电弧引燃后要在焊件开始的地方预热 $3\sim5s$，形成熔池后开始送丝。

【答案】正确

【解析】氩弧焊放电熔接的电流一般都是不均匀的，不太好控制的。预热是为了减少焊件变形。

30. 侧面送风式碳弧气刨枪的特点是喷嘴外部与工件绝缘，压缩空气由碳棒四周喷出，碳棒冷却均匀，适合在各个方向操作。

【答案】错误

【解析】题目描述的特点是圆周送风式气刨枪的特点。

31. 常用的等离子弧的工作气体是氮、氩、氢以及它们的混合气体。

【答案】正确

32. 切割电流和工作电压决定等离子弧的功率。

【答案】正确

33. 激光切割的分类激光切割大致可分为汽化切割、熔化切割、氧助熔化切割和控制断裂切割，其中以汽化切割应用最广。

【答案】错误

【解析】氧助熔化切割应用最广。

34. 割炬内气体的喷射方向必须和反射镜的光轴同轴。

【答案】正确

35. 跨步电压与人体和接地体的距离、跨步的大小和方向、接地电流大小等因素有关。

【答案】正确

36. 经过打压测试的电缆、胶木闸刀等绝缘材料，即使长时间使用也不会漏电伤人。

【答案】错误

【解析】经过打压测试的绝缘材料也有可能老化，而漏电伤人。

37. 多台焊接与切割设备的重复接地装置可以串联。

【答案】错误

【解析】不得串联。

38. 受电击后金属化后的皮肤经过一段时间会自行脱落，所以无关紧要。

【答案】错误

【解析】受电击后金属化后的皮肤经过一段时间会自行脱落，所以无关紧要。

39. 电源相线接触、电弧伤害都属于直接接触触电。

【答案】正确

二、单选题

1. 低碳钢的含碳量小于（　　）。

A. 0.25％　　　　　　B. 0.5％　　　　　　C. 1％　　　　　　D. 5％

【答案】A

【解析】低碳钢，含碳量小于0.25％；中碳钢，含碳量为0.25％～0.60％；高碳钢，含碳量大于0.60％。普通低合金钢，合金元素总含量小于5％。

2. 钢在一定温度和应力作用下，随着时间的增长，慢慢地发生塑性变形的现象叫作（　　）。

A. 滑移　　　　　B. 疲劳　　　　　C. 蠕变　　　　　D. 热脆性

【答案】C

【解析】钢在一定温度和应力作用下，随着时间的增长，慢慢地发生塑性变形的现象叫作蠕变。它与塑性变形不同，塑性变形通常只是在应力超过弹性极限之后才会出现，而蠕变则是在应力小于弹性极限的情况下，只要保持相当长的应力作用时间，塑性变形也会出现。

3. 金属晶体随着温度的升高和其他元素的加入，金属的导电性（　　），延展性（　　）。

A. 提高；提高　　　B. 提高；降低　　　C. 降低；提高　　　D. 降低；降低

【答案】D

【解析】金属晶体随着温度的升高和其他元素的加入，金属的导电性降低，电阻率增大，延展性降低。而非金属晶体不具备金属晶体的特征，且与金属晶体相反，随着温度的升高，非金属的电阻率减小，导电性提高。

4. （ ）就是由于可燃性气体分子和空气分子互相扩散、混合，在浓度达到可燃极限范围时，形成的火焰使燃烧继续下去的现象。

A. 扩散燃烧 　　　　B. 蒸发燃烧 　　　　C. 分解燃烧 　　　　D. 表面燃烧

【答案】A

【解析】蒸发燃烧就是由于液体蒸发产生的蒸气被点燃起火后，形成的火焰温度进一步加热液体表面，从而促进它的蒸发，使燃烧继续下去的现象。分解燃烧是指很多固体或非挥发性液体，它们的燃烧是由热分解产生可燃性气体来实现的。表面燃烧是指当可燃固体（如木材）燃烧到最后，分解不出可燃性气体时，就会剩下炭和灰，此时没有可见火焰，燃烧转为表面燃烧。

5. 可燃液体表面挥发的蒸气与空气混合而形成混合气体，遇明火时发生一闪即灭的瞬间火苗或闪光，这种现象叫（ ）。

A. 燃爆 　　　　　　B. 闪燃 　　　　　　C. 扩散燃烧 　　　　D. 自燃

【答案】B

【解析】对于火炸药或爆炸性气体混合物的燃烧，由于其燃速很快，亦称为爆燃。扩散燃烧就是由于可燃性气体分子和空气分子互相扩散、混合，在浓度达到可燃极限范围时，形成的火焰使燃烧继续下去的现象。可燃物质在外部条件作用下，温度升高，当达到其自燃点时即着火燃烧，这种现象称为受热自燃。

6. 粉尘爆炸属于（ ）。

A. 物理爆炸 　　　　B. 化学爆炸 　　　　C. 气体爆炸 　　　　D. 固体爆炸

【答案】B

【解析】粉尘爆炸，指粉尘在爆炸极限范围内，遇到热源（明火或高温），火焰瞬间传播于整个混合粉尘空间，化学反应速度极快，同时释放大量的热，形成很高的温度和很大的压力，系统的能量转化为机械能以及光和热的辐射，具有很强的破坏力。属于化学爆炸。

7. 将交流电源整流成为直流电流的元件是（ ）。

A. 电阻 　　　　　　B. 二极管 　　　　　C. 三极管 　　　　　D. 场效应管

【答案】B

8. 电路中的电阻由外电阻和（ ）组成。

A. 电源内阻 　　　　B. 电容 　　　　　　C. 三极管 　　　　　D. 二极管

【答案】A

9. 电阻常见的表示方法有直接标注法（ ）。

A. 色环标注法 　　　B. 雕刻法 　　　　　C. 查表法 　　　　　D. 归纳总结法

【答案】A

10. 以下不是焊接技术优点的是（　　）。

A. 节省材料

B. 生产成本低

C. 可制作双金属

D. 强化结构的承载能力

【答案】D

【解析】焊接技术会削弱结构的承载能力。

11. 以下不是气割的优点的是（　　）。

A. 速度较快

B. 易改变方向

C. 适用的材料范围窄

D. 易携带不需外部电源

【答案】C

【解析】气割适用的材料范围窄是气割的缺点。

12. 以下不是熔化焊的是（　　）。

A. 气焊　　　　　B. 电弧焊　　　　　C. 电阻焊　　　　　D. 电渣焊

【答案】C

【解析】电阻焊属于压力焊的一种。

13. （　　）具有生产率高、焊件变形小、焊工劳动条件好、不需要添加焊接材料、易于自动化等特点，但设备较一般熔化焊复杂、耗电量大。

A. 电弧焊　　　　　B. 电阻焊　　　　　C. 电渣焊　　　　　D. 气压焊

【答案】B

14. 以下不是热切割的是（　　）。

A. 火焰切割　　　　B. 等离子切割　　　　C. 电弧切割　　　　D. 线切割

【答案】D

【解析】线切割属于冷切割的一种。

15. 以下不是钎焊优点的是（　　）。

A. 工件变形较小

B. 生产效率高

C. 可以实现异种金属或合金以及金属与非金属的连接

D. 钎焊加热温度较高

【答案】D

【解析】钎焊加热温度较低，对母材组织性能影响较小

16. 焊接区存在的气体中，（　　）对焊接质量的影响最大。

A. 一氧化碳　　　　B. 二氧化碳　　　　C. 氮气　　　　　D. 氧气

【答案】C

17. （　　）体的产生，会使焊缝的脆性增大，硬度增加。

A. 铁素体和珠光体　　　　　　　　　B. 贝氏体和珠光体

C. 贝氏体和马氏　　　　　　　　　　D. 铁素体和马氏

【答案】C

18. 交流弧焊机的接地线推荐采用截面积不小于(　　)的铜芯线。

A. 2.5mm² 　　　　B. 6mm² 　　　　C. 4mm² 　　　　D. 10mm²

【答案】B

19. 直流弧焊机可用(　　)兆欧表测定其绝缘电阻。

A. 500V 　　　　B. 1000V 　　　　C. 220V 　　　　D. 380V

【答案】A

20. 焊接电缆线应采用(　　)。

A. 橡皮绝缘多股软电缆线　　　　　　B. 扁铁、螺纹钢搭接

C. 铝多芯电缆　　　　　　　　　　　D. 铜线多芯电缆

【答案】A

21. 在狭小密封空间内适合采用(　　)。

A. 酸性焊条　　　B. 碱性焊条　　　C. 不锈钢焊条　　　D. 铸铁焊条

【答案】A

22. 焊条浸泡在15～25℃的水中(　　)后，药皮不应有胀开和剥落现象。

A. 1h 　　　　B. 2h 　　　　C. 3h 　　　　D. 4h

【答案】D

23. 焊条一次出库量不能超过(　　)的用量。

A. 1d 　　　　B. 2d 　　　　C. 3d 　　　　D. 4d

【答案】B

24. 横焊及仰焊时，所选用的焊条直径不应超过(　　)。

A. 2mm 　　　　B. 3.2mm 　　　　C. 4mm 　　　　D. 5mm

【答案】C

25. 一般二氧化碳气体流量的范围为(　　)L/min。

A. 8～25 　　　　B. 5～15 　　　　C. 10～25 　　　　D. 25～40

【答案】A

26. 焊接电缆线长度一般不宜超过(　　)m。

A. 10 　　　　B. 20 　　　　C. 30 　　　　D. 40

【答案】C

27. 交流弧焊机是一种特殊的(　　)。

A. 变压器　　　B. 整流器　　　C. 变频器　　　D. 电感器

【答案】A

28. 手工电弧焊电弧的伏安特性为( )。

A. 平特性 B. 陡特性 C. 圆弧特性 D. 椭圆特性

【答案】A

29. 引弧端焊芯端面的氧化色为( )时，一般在 300 ℃以上。

A. 无氧化色 B. 淡黄色 C. 金属色 D. 深蓝色

【答案】D

30. 手工电弧焊的熔深一般为( )mm。

A. 2～4 B. 3～5 C. 5～7 D. 6～10

【答案】A

31. 横焊缝是指在倾角为( )横向位置上施焊的焊缝。

A. 0°～5° B. 70°～90° C. 80°～90° D. 0°～10°

【答案】A

32. 以下不是乙炔气体特点的是( )。

A. 无色 B. 无味 C. 易燃易爆 D. 放热量大

【答案】B

【解析】乙炔具有一种特殊臭味。

33. 液化石油气在气态时是一种( )，比空气重。

A. 略带臭味的无色气体 B. 略带气味的白色气体

C. 无臭味的有色气体 D. 略带香味的无色气体

【答案】A

34. 回火防止器可以接( )个焊炬或割炬。

A. 1 B. 2 C. 3 D. 4

【答案】A

【解析】每个回火防止器只能接一个焊炬或割炬。

35. 以下哪项不是棒料的常用的气焊接头形式( )。

A. I 形坡口对接接头 B. V 形坡口对接接头

C. 双 V 形坡口对接接头 D. T 形对接接头

【答案】D

【解析】T 形接头是板料常用气焊接头形式。

36. 若工件较薄时，直缝的定位焊应从工件的中间开始。定位焊间隔为( )。

A. 5～7mm B. 20～30mm C. 50～100mm D. 200～300mm

【答案】C

【解析】若工件较薄时，定位焊应从工件的中间开始。定位焊的长度一般为 5～7mm，间隔为 50～100mm。若工件较厚，可从两头开始，定位焊的长度应为 20～

30mm，间隔为 200～300mm。

37. 遇有两种不同厚度工件定位焊时，火焰要侧重于(　　)加热。

A. 较厚一边　　　　　　　　　　　B. 较薄一边

C. 两个工件中间　　　　　　　　　D. 容易变形的位置

【答案】A

【解析】遇有两种不同厚度工件定位焊时，火焰要侧重于较厚工件一边加热；否则，薄件容易烧穿。定位焊点应选择在结构中最重要和难以变形的部位上。

38. (　　)是指焊接热源从接头的右端向左端移动，并指向待焊部分的操作方法，仅适用于焊接(　　)以下的薄板或低熔点金属

A. 左焊法；5mm　　　　　　　　　B. 右焊法；5mm

C. 左焊法；10mm　　　　　　　　D. 右焊法；10mm

【答案】A

【解析】左焊法的缺点是焊缝易氧化，冷却速度快，热量利用率低，因此仅适用于焊接 5mm 以下的薄板或低熔点金属。右焊法是指焊接热源从接头的左端向右端移动并指向已焊部分的操作方法。

39. 右焊法适用于厚度(　　)、熔点较(　　)的工件

A. 大；低　　　　B. 大；高　　　　C. 小；低　　　　D. 小；高

【答案】B

【解析】右焊法适用于厚度大、熔点较高的工件。左焊法使用于厚度小、熔点低的工件。

40. 氧气-乙炔切割操作技术前准备工作错误的是(　　)。

A. 将工件垫平

B. 氧气调节到所需压力

C. 检查风线

D. 只须检查乙炔瓶或乙炔发生器是否正常。

【答案】D

【解析】检查工作场地是否符合安全要求，检查割炬、橡胶管、乙炔瓶或乙炔发生器及回火防止器是否正常。

41. 气割薄钢板时，应注意(　　)。

A. 预热火焰能率要小，加热点落在切割线上，并处于切割氧流的正后方

B. 割嘴应向前倾斜，与钢板成 45°～90°角

C. 割嘴与割件表面的距离为 10～15mm

D. 切割速度要尽可能放慢，平缓

【答案】C

【解析】预热火焰能率要小,加热点落在切割线上,并处于切割氧流的正前方,不是正后方,A 错误。割嘴应向前倾斜,与钢板成 25°～45°角,B 错误。切割速度要尽可能快,D 错误。

42. 氩弧焊的保护气体氩气属于一种(　　)气体。

A. 惰性　　　　　　B. 还原性　　　　　　C. 氧化性　　　　　　D. 活泼性

【答案】A

【解析】氩气是一种惰性气体,不与金属起化学反应,所以不会使被焊金属中的合金元素烧损,能充分保护金属熔池不被氧化。

43. 下列(　　)的焊接方法英文缩写为 TIG。

A. 钨极氩弧焊　　　　　　　　　　B. 熔化极惰性气体焊

C. CO_2 气体保护焊　　　　　　　　D. 焊条电弧焊

【答案】A

【解析】B 选项英文缩写为 TIG。C 选项的缩写为 GMAW。D 选项的缩写为 SMAW。

44. (　　)是焊丝做电极,并被不断熔化填入熔池,冷凝后形成焊缝,有轻微的金属飞溅。

A. 熔化极氩弧焊　　B. 非熔化极氩弧焊　　C. 钨极氩弧焊　　D. 脉冲氩弧焊

【答案】A

【解析】非熔化极氩弧焊(钨极氩弧焊),在焊接过程中,钨极作为电极与熔池产生电弧,钨极是不熔化的,而焊丝是通过侧向添加后,利用电弧热量将熔化的焊丝送入熔池冷凝后形成焊缝,其过程是不经过焊接电流的,不产生飞溅。B、C 错误。脉冲氩弧焊采用脉冲焊接电流,脉冲氩弧焊电源由两个电源并联组成,同时接到电极(或焊丝)与焊件上,维弧电源对电极(或焊丝)与焊件起着预热作用,脉冲电源用来熔化金属。

45. 碳弧气刨时,当碳棒烧损(　　),应及时调整。

A. 10～20mm　　　　B. 20～30mm　　　　C. 30～40mm　　　　D. 40～50mm

【答案】B

【解析】一般碳棒伸出长度为 80～100m,当烧损 20～30mm 时,就需要及时调整。

46. 碳弧气刨时,弧长过(　　)时,容易引起"夹碳";过长时,电弧(　　)。

A. 短;稳定　　　　B. 短;不稳定　　　　C. 长;稳定　　　　D. 长;不稳定

【答案】B

【解析】碳弧气刨时,弧长通常控制在 1～3mm 范围内。弧长过短时,容易引起"夹碳";过长时,电弧不稳定,引起刨槽高低不平、宽窄不均。

47. 下列(　　)缺陷可以通过"保持刨削速度和碳棒送进速度稳定均匀"来避免。

A. 夹碳　　　　B. 粘渣　　　　C. 刨偏　　　　D. 铜斑

【答案】A

【解析】粘渣通过机械消除后调整工艺参数。刨偏用机械方法消除缺陷后再进行刨削，工人需提高操作熟练度来预防缺陷发生。避免出现铜斑可以选用镀层质量好的碳棒，采用合适的电流，并注意焊前用钢丝刷或砂轮机清理干净。

48. 等离子切割机产生"双弧"现象可能是因为（　　　）。

A. 空气压缩机的容量太小　　　　B. 切割电流过大

C. 电极对中不良　　　　　　　　D. 电极与喷嘴的同心度不好

【答案】C

【解析】空气压缩机的容量太小是因为切割过程中自动熄弧，切割电流过大是因为喷嘴容易烧损，电极与喷嘴的同心度不好是因为喷嘴容易烧损。

49. 以下不是等离子弧焊焊接参数的选择对焊接接头质量的影响的因素是（　　　）。

A. 焊接电流　　　　　　　　B. 离子气及保护气流量

C. 直流电压　　　　　　　　D. 引、收弧

【答案】C

【解析】等离子弧焊焊接参数的选择对焊接接头质量的影响的因素有焊接电流，焊接速度，离子气及保护气流量，引、收弧。

50. 下列（　　　）不是激光切割的缺点。

A. 只能切割中、小厚度的板材和管材

B. 随着工件厚度的增加，切割速度明显下降

C. 接触式切割，耗损工具

D. 激光切割设备费用高，一次性投资大

【答案】C

【解析】非接触式切割。激光切割时割炬与工件并没有接触，也就不存在工具的磨损。加工不同形状的零件的时候，不需要更换"刀具"，只需改变激光器的输出参数。

51. 下列（　　　）不是解决激光切割时末端翘起的方法。

A. 在零件的末端设置微连接

B. 不让加工头在末端停止，而是在经过末端后再停止

C. 调整加工形状与工件支撑件间的位置关系，使支撑件能支撑住零件

D. 提高激光切割温度

【答案】D

【解析】末端翘起原因有二个，第一是因为热变形引起的翘起，第二是因为零件掉落而造成翘起，ABC 可以解决这两种问题。

52. 焊工操作人员必须穿（　　　）。

A. 运动鞋   B. 橡胶底鞋

C. 皮鞋   D. 专用的绝缘鞋

【答案】D

53. 潮湿和易触及带电体场所的照明，电源电压不得大于（　　）。

【答案】D

A. 6V   B. 12V   C. 18V   D. 24V

54. 国家标准规定若噪声超过（　　）时，应采取隔声消声减振阻尼等控制技术。

A. 65dB   B. 75dB   C. 85dB   D. 95dB

【答案】C

55. 相对来讲，不同种类的电流，对人体的伤害也不不同，对人体伤害最严重的是（　　）。

A. 工频电流   B. 高频电流   C. 冲击电流   D. 直流电流

【答案】A

56. 无法确认设备是否带电，均需要（　　）。

A. 看看指示灯   B. 验电处理

C. 用耳朵听听   D. 用手感触试试

【答案】B

57. 电焊作业中产生的弧光，对人体伤害最大的是（　　）。

【答案】A

A. 紫外线   B. 红外线   C. 强光   D. 蓝光

58. 焊接作业中，高温作用下蒸发会产生各种金属烟尘，直径（　　）的称为尘，有害人体。

A. 0.01～0.1μm   B. 0.1～10μm   C. 10～100μm   D. 10～1000μm

【答案】B

三、多选题

1. 燃烧的三要素是（　　）。

A. 可燃物   B. 助燃物   C. 着火源   D. 适宜环境

【答案】ABC

【解析】发生燃烧必须同时具备三个条件，即可燃物、助燃物和着火源。

2. 钢的热处理方法有（　　）。

A. 退火   B. 回火   C. 淬火   D. 正火

【答案】ABCD

【解析】所谓钢的热处理，就是把钢在固态下加热到一定的温度，进行必要的保温，并以适当的速度冷却到常温，以改变钢的内部组织，从而得到所需性能的工艺方法。常用的热处理方法主要有退火、正火、淬火和回火。

3. 变压器具有(　　)的作用。

A. 变压　　　　　　B. 变流　　　　　　C. 变阻抗　　　　　　D. 变换方向

【答案】ABC

4. 电阻的电阻大小与导体(　　)有关。

A. 材料　　　　　　B. 横截面积　　　　　C. 长度　　　　　　D. 环境温度

【答案】ABCD

5. 利用三极管的(　　)状态，做成了开关电源。

A. 饱和　　　　　　B. 截止　　　　　　C. 放大　　　　　　D. 死区

【答案】AB

6. 钎焊的优点有(　　)。

A. 钎焊接头光滑平整　　　　　　　　　B. 工件变形较小

C. 钎焊加热温度较低　　　　　　　　　D. 生产效率高

E. 可以实现异种金属或合金以及金属与非金属的连接

【答案】ABCDE

【解析】钎焊具有以下优点：

(1) 钎焊接头光滑平整、外观美观。

(2) 工件变形较小，尤其是对工件采用整体均匀加热的钎焊方法。

(3) 钎焊加热温度较低，对母材组织性能影响较小。

(4) 某些钎焊方法一次可焊成几十条或成百条焊缝，生产效率高。

(5) 可以实现异种金属或合金以及金属与非金属的连接。

7. 电阻焊分为(　　)。

A. 点焊　　　　　　B. 缝焊　　　　　　C. 对焊　　　　　　D. 线焊

【答案】ABC

【解析】电阻焊分为点焊、缝焊、对焊。

8. 气割的优点有(　　)。

A. 气割速度较快

B. 气割切割物体时的形状和厚度更为灵活

C. 气割在小范围内操作时易改变方向

D. 气割不需要外接电源，更易携带

【答案】ABCD

9. 电焊作业中，电弧形成的必要条件是(　　)和(　　)。

A. 有电压　　　　　　B. 气体电离　　　　　C. 有电流　　　　　D. 阴极电子发射

【答案】BD

10. 一般情况下电弧电压在( )范围内，为空载电压通常控制在( )。

A. 220V B. 380V C. 16～35V D. 60～80V

【答案】CD

11. 焊条药皮起到( )作用。

A. 稳弧剂 B. 造气剂 C. 脱氧剂 D. 增白剂

【答案】ABC

12. 焊条的外观质量检验一般含( )。

A. 偏心度的检验 B. 焊条焊接工艺性能的检验

C. 焊条直径 D. 药皮耐潮性检验

【答案】ACD

13. 手工电弧焊的基本操作( )。

A. 引弧 B. 收弧 C. 运条 D. 放弧

【答案】ABC

14. 电渣压力焊的焊接过程包括( )。

A. 引弧过程 B. 电弧过程 C. 电渣过程 D. 顶压过程

【答案】ABCD

15. 减压器的作用( )。

A. 减压作用 B. 稳压作用 C. 计测作用 D. 抽气作用

【答案】ABC

【解析】不论高压气体的压力如何变化，减压器都能使工作压力基本保持稳定，同时兼具对瓶内气体的压力和减压后气体的压力进行计测功能。即减压器有三个方面的作用：一是减压作用；二是稳压作用；三是计测作用。

16. 射吸式焊炬的使用正确的有( )。

A. 有什么型号的焊嘴就用相应的焊嘴

B. 使用前，应检查其射吸性能

C. 将各气阀关闭，检查焊嘴及各气阀处有无漏气现象

D. 停止使用时，应先关闭乙炔阀，然后关闭氧气阀，以防止火焰倒吸和产生烟尘

E. 焊炬各气体通路均不许沾染油脂，以防氧气遇到油脂燃烧爆炸

【答案】BCDE

【解析】应根据工件厚度选择适当的焊嘴

17. 板料的常用气焊接头形式有( )。

A. 卷边接头 B. 对接接头 C. 角接接头 D. T形接头

E. 搭接接头

【答案】ABCDE

18. 低碳钢气焊的常见缺陷有(　　　)。

A. 过热和过烧　　　　B. 热熔　　　　　　C. 气孔　　　　　　　D. 夹渣

E. 咬边

【答案】ACDE

【解析】低碳钢气焊的常见缺陷有过热和过烧、气孔、夹渣、咬边、裂纹、未焊透、焊瘤

19. 氩弧焊的特点是(　　　)。

A. 明弧操作，容易控制

B. 焊接热影响区大

C. 氩气的保护性能好，可焊的材料范围广

D. 有利于焊接过程的机械化和自动化，特别是空间位置的机械化焊接

【答案】ACD

【解析】焊接热影响区小。电弧在保护气流压缩下热量集中，焊接速度较快，熔池较小，保护气体对焊缝具有一定的冷却作用，使焊缝热影响区狭窄，焊件焊后变形小，尤其适用于薄板焊接。

20. 下列碳弧气刨操作正确的是(　　　)。

A. 首先打开气阀，必须先送压缩空气，再引燃电弧

B. 在垂直位置切割时，应由上向下切削

C. 碳棒与刨槽夹角大，刨槽深；夹角小，刨槽浅

D. 刨削时，均匀清脆的"撕、嘶"声表示电弧稳定

【答案】ABCD

21. 等离子弧焊的优点的有(　　　)。

A. 电弧能量集中，故焊缝深宽比大，截面积小

B. 电弧挺度大

C. 电弧的稳定性好

D. 等离子弧焊的钨极缩在喷嘴表面，不会与焊件接触

【答案】ABCD

【解析】等离子弧焊的优点

(1) 电弧能量集中，故焊缝深宽比大，截面积小；焊接速度快，尤其是焊接厚度大于3.2mm的材料更为明显；焊接薄板时变形小，焊接厚板时热影响区较窄。

(2) 电弧挺度大，如焊接电流为10A时，等离子弧喷嘴的高度（喷嘴到焊件表面的距离）可达6.4mm，其弧柱仍较挺直。

(3) 电弧的稳定性好，如微束等离子弧焊的电流可小至0.1A，仍能稳定燃烧。

(4) 等离子弧焊的钨极缩在喷嘴表面，不会与焊件接触，故焊缝不可能有家夹钨缺欠。

22. 关于 CO_2 激光器和 YAG 激光器描述错误的是( )。

A. 使用 CO_2 激光器，常温下金属对激光的吸收率高

B. YAG 激光器结构紧凑，体积小，光路和光学零件简单

C. YAG 激光器可利用光纤传输光多个工位，也能多台同型激光器连用

D. CO_2 激光器切割性能差，切割厚度小，切割速度慢

【答案】AD

【解析】使用 CO_2 激光器，常温下金属对激光的吸收率低。CO_2 激光器切割性能好，切割厚度大，切割速度快。

23. 电流对人体的破坏作用表现为( )。

A. 生物效应　　　　B. 热效应　　　　C. 化学效应　　　　D. 机械效应

【答案】ABCD

24. 人体触电的主要触电方式有( )两种。

A. 直接触电　　　　B. 高压电场　　　　C. 间接触电　　　　D. 静电感应

【答案】AC

25. 焊接用防护工作服，主要起到( )作用，以保护人体免受伤害。

A. 反射　　　　B. 隔热　　　　C. 吸收　　　　D. 防潮

【答案】ABC

四、案例题

1. 某船厂的焊工顾某向驻船消防员申请动火，但是在消防员还未到现场的情况下就批准动火。顾某气割暴丝后，船底的油污遇到火花飞溅，引燃熊熊大火，在场人员用水和灭火剂扑救不成，造成 5 人死亡、1 人重伤、3 人轻伤。

(1) 判断题

1) 消防员接申请动火报告后，要深入现场察看，确认安全后才能发动火证。

【答案】正确

2) 动火部位下方有油污可以不清除。

【答案】错误

(2) 单选题

1) 施工现场动火证由( )审批。

A. 公司安全科　　B. 项目技术负责人　　C. 项目负责人　　　　D. 安全员

【答案】B

2) 下列施工作业中，动火等级最低的是( )。

A. 钢构焊接　　　　　　　　　　　B. 登高焊接

C. 设备管道焊接　　　　　　　　　D. 办公区大门焊接

【答案】D

（3）多选题

下列施工现场动火作业说法正确的是（　　）。

A. 施工现场动火作业前，应由动火作业人提出动火作业申请

B. 动火操作人员应按照相关规定，具有相应资格，并持证上岗作业

C. 裸露的可燃材料上可直接进行动火作业

D. 五级（含五级）以上风力时，应停止焊接、切割等室外动火作业

E. 固定动火作业场应布置在易燃易爆危险品库房等全年最小频率风向的上风侧

【答案】ABDE

2. 电焊工甲在喷漆房内焊接一工件时，电焊火花飞溅到附近积有较厚的油漆膜的木板而起火。在场工人见状都惊慌不已，有用扫帚拍打的，有用压缩空气机吹火的，最终导致火势扩大。后经消防队半小时抢救，终于将火熄灭，虽然未有人受伤，但是造成了财物的严重损失。

（1）判断题

1）使用压缩空气机吹火进行灭火。

【答案】错误

2）未经清除房内的油漆膜和采取任何防火措施，就进行动火作业。

【答案】错误

（2）单选题

1）施工现场动火管理要求，（　　）以上风力时，应停止焊接、切割等室外动火作业。

A. 三级（含三级）　　　　　　　　B. 四级（含四级）

C. 五级（含五级）　　　　　　　　D. 六级（含六级）

【答案】C

2）下列气体会严重危害焊工身体健康的是（　　）。

A. CO　　　　　　B. HF　　　　　　C. N　　　　　　D. Ar

【答案】B

（3）多选题

施工现场动火作业前必须申请办理动火证，动火证必须注明（　　）等内容。

A. 动火地点、时间　　　　　　　　B. 动火人

C. 现场监护人　　　　　　　　　　D. 批准人

E. 防火措施

【答案】ABCDE

3. 在某个五金商店中，一位焊工正在大堂内维修压缩机和冷凝器，在进行最后的气压试验时，因无法压缩空气，焊工用氧气来代替，当试压至 0.98MPa 时，压缩机出

现漏气，该焊工立即进行补焊，在引弧的一瞬间，压缩机立即爆炸，店堂炸毁，焊工当场炸死，造成多人受伤。

（1）判断题

1）店堂内可作为焊接场所。

【答案】错误

2）焊补前应该打开一切孔盖，必须在没有压力的情况下进行补焊。

【答案】正确

（2）单选题

1）氧气压力表和乙炔压力表（　　　）调换使用。

A. 可以　　　　　　B. 不能　　　　　　C. 无所谓　　　　　　D. 视情况而定

【答案】B

2）补漏工作应在（　　　）后完成。

A. 泄压　　　　　　B. 打压　　　　　　C. 保压　　　　　　D. 均压

【答案】A

（3）多选题

下述关于压力容器焊接控制的描述，（　　　）是正确的。

A. 受压元件焊缝的焊工应该持有相应资格

B. 焊接可以全天候作业

C. 焊接工艺应该经过评定合格

D. 焊工应当按照批准的焊接工艺施焊

E. 焊接可以不用太注意场合

【答案】ACD

4. 某地的某部队用汽车拉来一个盛过汽油的空桶，未经任何手续，直接找到了气焊工甲要求把空油桶从中间隔开。当时甲要求清理后才能切割，两名战士便把油桶带走了。一小时后，战士又把油桶带了回来，并对焊工甲说"用两斤碱和热水清洗了两遍，又用清水洗了两遍"，于是焊工甲便将油桶大小盖子打开，横放在地上，站在桶底一端切割，刚割穿一个小洞，油桶就发生了爆炸，焊工甲的双腿被炸成粉碎性骨折。

（1）判断题

1）油桶经清洗后未进行气体分析，盲目切割、酿成事故。

【答案】正确

2）焊接、切割盛燃油的容器前必须经严格的清洗、置换等安全处理。

【答案】正确

（2）单选题

1）气割气焊中，乙炔瓶距离明火的距离不应小于(　　　)m。

A. 3   B. 5   C. 10   D. 15

【答案】C

2）氧气瓶冻结时，应采用（　　）解冻。

A. 火烤   B. 蒸汽   C. 40℃以下的温水   D. 敲击

【答案】C

（3）多选题

焊接、切割盛燃油的容器下列说法正确的是（　　）。

A. 必须经严格的清洗

B. 必须经严格的置换

C. 补焊或切割空油桶都应开孔盖，将油桶横放在地上

D. 操作者应立在桶的侧面，侧面油桶盖操作

E. 必须经气体分析检测合格后才可动车焊补或切割

【答案】ABCDE

5. 某公司丙烯醛车间冷冻盐水管道焊接过程中，盐水槽发生闪爆，承包商 2 名员工受伤送医院抢救无效于死亡。

（1）判断题

1）焊接施工时焊渣掉入盐水槽遇浓度达到爆炸极限的可燃气体发生闪爆。

【答案】正确

2）混合物的原始温度越高，则爆炸下限降低，上限增高，爆炸极限范围扩大。

【答案】正确

（2）单选题

1）爆炸极限是指：可燃气体、液体蒸汽或粉尘与空气混合后，遇火产生爆炸的（　　）。

A. 最低浓度   B. 最高浓度

C. 最低浓度和最高浓度   D. 危险浓度

【答案】A

2）爆炸极限范围越宽越，爆炸下限越低越（　　）。

A. 安全   B. 危险   C. 燃烧   D. 着火

【答案】B

（3）多选题

防止化学性爆炸的措施（　　）。

A. 采取各种措施，防止爆炸混合物的形成

B. 严格控制着火源，切断爆炸条件

C. 防爆装置安全好用，爆炸开始就及时泄出压力

D. 切断爆炸传播途径，减弱爆炸压力和冲击波对人员、设备和建筑的损坏

E. 采取检测报警装置，及时发现隐患，将事故消灭在萌芽状态之中

【答案】ABCDE

6. 某高层公寓外墙保温施工过程中，2 名电焊工焊接作业时，飞溅的电焊火花引燃了外墙上的保温材料，以及外脚手架上的密目安全网和竹笆等可燃材料，短时间内形成密集火势，发生特大火灾。大火持续数小时后被扑灭，导致 58 人遇难、71 人受伤，直接经济损失 1.58 亿元。

（1）判断题

1）该火灾属于一场特大居民火灾。

【答案】正确

2）事故原因是由无证电焊工违章操作引起的。

【答案】正确

（2）单选题

1）下面不属于该火灾描述的是（ ）。

A. 燃烧猛烈，蔓延速度快   B. 周围可燃物较多

C. 火灾过程产生大量有毒烟气   D. 大火持续了近 40 个小时

【答案】D

2）以下哪一项不属于燃烧发生的必要要素（ ）。

A. 可燃物   B. 二氧化碳   C. 助燃物   D. 火源

【答案】B

（3）多选题

发生火灾后，逃生方式有（ ）。

A. 发生火灾后，选择最近的逃生出口

B. 逃离火场的路线上遇有浓烟烈火时，必须把自己的衣服淋湿；再找一块湿毛巾捂住口鼻，以起到隔热滤毒的作用

C. 在有浓烟的情况下，采用低姿势撤离，视线不清时，手摸墙壁徐徐撤离

D. 楼道内烟雾过浓，无法冲出时，应利用窗户阳台逃生，拴上安全绳或床单逃生

E. 冲到楼顶，等待救援

【答案】ABCD